Veröffentlichungen des Verbandes Deutscher Elektrotechniker.

Normalien, Vorschriften und Leitsätze des Verbandes Deutscher Elektrotechniker.

Herausgegeben von **Georg Dettmar**, Generalsekretär.
Neunte Auflage.
Mit Berücksichtigung der Beschlüsse bis zur Jahresversammlung 1914.
In Leinwand gebunden Preis M. 5.—.

Statistik der Elektrizitätswerke in Deutschland nach dem Stande vom 1. IV. 1913.

Preis für Mitglieder (von der Geschäftsstelle direkt bezogen einschließlich Versandkosten) M. 5,50; Preis für Nichtmitglieder M. 8,—.

Vorschriften für die Errichtung und den Betrieb elektrischer Starkstromanlagen nebst Ausführungsregeln.

Anleitung zur ersten Hilfeleistung usw. — Empfehlenswerte Maßnahmen bei Bränden.
In einem Bande. Ausgabe 1915. Taschenformat Preis kart. M. —,80.
10 Expl. M. 7,50; 25 Expl. M. 17,—; 100 Expl. M. 60,—.

Dasselbe. Ausgabe für Bergwerke.
Taschenformat Preis M. 1,—.
10 Expl. M. 9,50; 25 Expl. M. 22,—; 100 Expl. M. 75,—.

Betriebsvorschriften.

(Zweiter Teil der „Vorschriften für die Errichtung und den Betrieb elektrischer Starkstromanlagen"). — Anleitung zur ersten Hilfeleistung usw. — Empfehlenswerte Maßnahmen bei Bränden.
In einem Bande. Ausgabe 1915.
Taschenformat Preis M. —,30.
10 Expl. M. 2,60; 25 Expl. M. 6,25; 100 Expl. M. 22,—.

Dasselbe. Plakatformat auf Kartonpapier.
10 Expl. M. 3,—; 25 Expl. M. 6,—.

Sammlung von Fragen und Antworten zu den Errichtungs- und Betriebsvorschriften vom 1. Januar 1908 bezw. 1910.

Inhalt: Frage 198—247.　　　　　　　　　　Preis M. —,30.

Leitsätze über Schutzerdungen nebst Erläuterungen.

Preis M. —,25. 10 Expl. M. 2.—; 50 Expl. M. 3,—; 100 Expl. M. 12,—;
500 Expl. M. 40,—; 1000 Expl. M. 60,—.

Leitsätze für die Ausführung von Schlagwetter-Schutzvorrichtungen an elektrischen Maschinen, Transformatoren und Apparaten.

10 Expl. Preis M. —,40.

Sicherheitsvorschriften für elektrische Straßenbahnen und straßenbahnähnliche Kleinbahnen.

Taschenformat Preis kart. M. —,50.
10 Expl. M. 4,50; 25 Expl. M. 10,—; 100 Expl. M. 35,—.

Vorschriften zum Schutze der Gas- und Wasserröhren gegen schädliche Einwirkungen der Ströme elektrischer Gleichstrombahnen, die die Schienen als Leiter benutzen.

(Mit Erläuterungen.)　　　　　　　　　　Preis M. —,40.

Springer-Verlag Berlin Heidelberg GmbH

Veröffentlichungen des Verbandes Deutscher Elektrotechniker.

Anleitung zur ersten Hilfeleistung bei Unglücksfällen in elektrischen Betrieben.
(Mit Erläuterungen.)
Taschenformat. 10 Expl. M. —,60; 100 Expl. M. 5,—.
Plakatformat auf Kartonpapier. 10 Expl. M. 3,—; 25 Expl. M. 6,—.

Empfehlenswerte Maßnahmen bei Bränden.
Taschenformat. 10 Expl. M. —,25; 100 Expl. M. 2,—.
Plakatformat auf Kartonpapier. 10 Expl. M. 3,—; 25 Expl. M. 6,—.

Merkblatt für Verhaltungsmaßregeln gegenüber elektrischen Freileitungen.
10 Expl. M. —,25; 50 Expl. M. 1,10; 100 Expl. M. 2,—; 1000 Expl. M. 18,—.
Plakatformat auf Kartonpapier.
5 Expl. M. 1,60; 10 Expl. M. 3,—; 25 Expl. M. 6,—.

Leitsätze für die Konstruktion und Prüfung elektrischer Starkstrom-Handapparate für Niederspannungsanlagen (ausschließlich Koch- und Heizapparate).
10 Expl. M. —,25; 100 Expl. M. 2,—.

Normalien für isolierte Leitungen in Starkstromanlagen.
Preis M. —,40. 10 Expl. M. 3.50; 50 Expl. M. 17,—; 100 Expl. M. 30,—.

Normalien für isolierte Leitungen in Fernmeldeanlagen (Schwachstromleitungen).
Preis M. —,25. 10 Expl. M. 2,—; 25 Expl. M. 4,—; 100 Expl. M. 12,—.

Normalien für Freileitungen nebst Erläuterungen.
Preis M. —,60. 10 Expl. M. 5,—; 50 Expl. M. 22,50; 100 Expl. M. 40,—.

Allgemeine Vorschriften für die Ausführung elektrischer Starkstromanlagen bei Kreuzungen und Näherungen von Bahnanlagen.
Allgemeine Vorschriften für die Ausführung und den Betrieb neuer elektrischer Starkstromanlagen (ausschließlich der elektrischen Bahnen) bei Kreuzungen und Näherungen von Telegraphen- und Fernsprechleitungen.
Preis M. —,30.

Normalien für Bewertung und Prüfung von elektrischen Maschinen und Transformatoren.
Normalien für die Bezeichnung von Klemmen bei Maschinen, Anlassern, Regulatoren und Transformatoren.
Normale Bedingungen für den Anschluß von Motoren an öffentliche Elektrizitätswerke.
Normalien für die Verwendung von Elektrizität auf Schiffen.
In einem Bande. Taschenformat Preis kart. M. —,80.
10 Expl. M. 7,50; 25 Expl. M. 17,—; 100 Expl. M. 60,—.

Springer-Verlag Berlin Heidelberg GmbH

Veröffentlichungen des Verbandes Deutscher Elektrotechniker.

Vorschriften für die Konstruktion und Prüfung von Installationsmaterial.
Ausgabe 1915.
Preis M. —,60. 10 Expl. M. 5,—; 25 Expl. M. 11,25; 100 Expl. M. 40,—.

Vorschriften für die Konstruktion und Prüfung von Schaltapparaten für Spannungen bis einschl. 750 V.
Preis M. —,40. 10 Expl. M. 3,50; 25 Expl. M. 8,50; 100 Expl. M. 30,—.

Richtlinien für die Konstruktion und Prüfung von Wechselstrom-Hochspannungsapparaten von einschl. 1500 V Nennspannung aufwärts.
Preis M. —,40. 10 Expl. M. 3,50; 50 Expl. M. 17,—; 100 Expl. M. 30,—.

Leitsätze für die Errichtung elektrischer Fernmeldeanlagen (Schwachstromanlagen).
Normalien für isolierte Leitungen in Fernmeldeanlagen (Schwachstromleitungen).
Leitsätze für den Anschluß von Schwachstromanlagen an Starkstromnetze durch Transformatoren oder Kondensatoren.
In einem Bande. M. —,40.
10 Expl. M. 3,50; 25 Expl. M. 8,50; 100 Expl. M. 30,—.

Leitsätze für die Herstellung und Einrichtung von Gebäuden bezüglich Versorgung mit Elektrizität.
M. —,25. 10 Expl. M. 2,—; 50 Expl. M. 8,—; 100 Expl. M. 12,—; 500 Expl. M. 40,—; 1000 Expl. M. 60,—.

Leitsätze über den Schutz der Gebäude gegen den Blitz.
10 Expl. M. —,25; 50 Expl. M. 1,10; 100 Expl. M. 2,—; 1000 Expl. M. 18,—.

Leitsätze über den Schutz der Gebäude gegen den Blitz,
nebst Erläuterungen, Ausführungsvorschlägen und Anhängen 1—3.
M. —,80. 10 Expl. M. 2,60; 25 Expl. M. 6,25; 100 Expl. M. 22,—.

Photometrische Einheiten.
Vorschriften für die Messung der mittleren horizontalen Lichtstärke von Glühlampen. — Normalien für Bogenlampen. — Vorschriften für die Photometrierung von Bogenlampen. — Normalien für die Beurteilung der Beleuchtung. — Einheitliche Bezeichnung von Bogenlampen.
M. —,40. 10 Expl. M. 3,50; 50 Expl. M. 17,—; 100 Expl. M. 30,—.

Außerdem werden im Auftrage des Verbandes herausgegeben:
Erläuterungen zu den Vorschriften für die Errichtung und den Betrieb elektrischer Starkstromanlagen und Bahnen (einschl. Bergwerksvorschriften).
Von Dr. C. L. Weber. Zwölfte, vermehrte und verbesserte Auflage.
Preis gebunden M. 5,—.

Erläuterungen zu den Maschinen-Normalien, Anschlußbedingungen für Motoren und Klemmenbezeichnungen.
Von G. Dettmar.
4. Auflage. Preis gebunden M. 3,—.

Springer-Verlag Berlin Heidelberg GmbH

Erläuterungen

zu den

Vorschriften für die Konstruktion und Prüfung von Installationsmaterial,

den

Vorschriften für die Konstruktion und Prüfung von Schaltapparaten für Spannungen bis einschl. 750 V

und den

Normalien über die Abstufung von Stromstärken und über Anschlußbolzen.

Im Auftrage des Verbandes Deutscher Elektrotechniker

herausgegeben von

Georg Dettmar,
Generalsekretär des Verbandes

Mit 46 Textabbildungen.

Springer-Verlag Berlin Heidelberg GmbH
1915.

Additional material to this book can be downloaded from http://extras.springer.com

ISBN 978-3-642-52157-7   ISBN 978-3-642-52158-4 (eBook)
DOI 10.1007/978-3-642-52158-4

Alle Rechte, insbesondere das der Übersetzung in fremde Sprachen, vorbehalten.

Reprint of the original edition 1915

Vorwort.

Die Vorschriften betreffend „Installationsmaterial" und „Schaltapparate" sind von der letzten Jahresversammlung des Verbandes Deutscher Elektrotechniker in vollkommen neuer Bearbeitung angenommen worden. Gleichzeitig wurden auch die Errichtungsvorschriften einer gründlichen Durchsicht unterzogen und in Zusammenhang damit ein großer Teil der anderen Arbeiten des Verbandes. Dadurch ist ein wichtiger Abschnitt in der Tätigkeit des Verbandes geschaffen worden, und es ist somit jetzt der geeignete Moment, die früher in vielen einzelnen Veröffentlichungen zerstreuten Erläuterungen über Apparate zusammengefaßt als Buch herauszugeben. Dies ist auf Wunsch der Kommission von mir nunmehr ausgeführt worden, und ich habe mich dabei der weitgehendsten Unterstützung der Mitglieder der Kommission erfreuen können. Diesen allen sage ich hierfür meinen besten Dank.

Um dem Benutzer des Buches das Nachschlagen von Verbandsbestimmungen, auf welche in den hier erläuterten Vorschriften manchmal Bezug genommen ist, zu erleichtern, wurden derartige Verbandsarbeiten im Anhang abgedruckt. Um Platz zu sparen, geschah dies teilweise nur im Auszuge.

Berlin, im Dezember 1914.

Georg Dettmar.

Inhaltsverzeichnis.

Seite
- I. Allgemeines 7
- II. Erläuterungen zu den Vorschriften für die Konstruktion und Prüfung von Installationsmaterial 13
  - A. Vorbemerkungen 15
  - B. Geltungsbereich § 1 17
  - C. Begriffsbestimmungen § 2 18
  - D. Allgemeines § 3 20
  - E. Dosenschalter §§ 4 bis 14 23
  - F. Steckvorrichtungen §§ 15 bis 23 34
  - G. Sicherungen mit geschlossenem Schmelzeinsatz §§ 24 bis 33 46
  - H. Fassungen und Lampenfüße §§ 34 bis 45 64
  - J. Edisongewinde § 46 87
  - K. Nippel § 47 91
  - L. Handlampen § 48 93
  - M. Papierrohre (Isolierrohre) mit Metallmantel und Metallrohre für Verschraubung § 49 96
  - N. Verteilungstafeln § 50 98
- III. Erläuterungen zu den Vorschriften für die Konstruktion und Prüfung von Schaltapparaten für Spannungen bis einschließlich 750 V 101
  - A. Vorbemerkungen 102
  - B. Geltungsbereich § 1 104
  - C. Begriffsbestimmungen § 2 105
  - D. Allgemeines § 3 107
  - E. Hebelschalter und Ölschalter §§ 4 bis 21 111
  - F. Offene Schmelzsicherungen §§ 22 bis 25 . 128
  - G. Anlasser und Regulierwiderstände §§ 26 bis 38 131
- IV. Erläuterungen zu den Normalien über die Abstufung von Stromstärken bei Apparaten 137
- V. Erläuterungen zu den Normalien über Anschlußbolzen und ebene Schraubkontakte für Stromstärken von 10 bis 1500 A 137
- VI. Anhang 139
  1. Auszug aus „Vorschriften für die Errichtung und den Betrieb elektrischer Starkstromanlagen nebst Ausführungsregeln" 139
  2. Auszug aus „Sicherheitsvorschriften für elektrische Straßenbahnen und straßenbahnähnliche Kleinbahnen 162
  3. Leitsätze für Schutzerdungen 168
  4. Leitsätze für die Ausführung von Schlagwetter-Schutzvorrichtungen an elektrischen Maschinen, Transformatoren und Apparaten 175

5. Auszug aus „Normalien für die Bezeichnung von Klemmen bei Maschinen, Anlassern, Regulatoren und Transformatoren" 179
6. Prüfvorschriften für die gekürzte Untersuchung elektrischer Isolierstoffe 182
7. Angaben über die früher normalisierten Glühlampenfüße und Fassungen mit Bajonettkontakt 190
8. Prüfungsbestimmungen der Physikalisch-Technischen Reichsanstalt 191

Sachverzeichnis 199

I. Allgemeines.

Die Arbeiten des Verbandes Deutscher Elektrotechniker über Apparate stellen den Anfang seiner umfangreichen Tätigkeit bezüglich Aufstellung von Normalien usw. überhaupt dar. Schon auf der ersten Jahresversammlung in Köln im Jahre 1893 hat Herr Fabrikbesitzer Voigt einen Vortrag gehalten über „Vorschläge zur Einführung einheitlicher Kontaktgrößen und Schrauben bei Ausschaltern, Sicherungen sowie größeren Apparaten von 50 A an". Darin war mit außerordentlicher Klarheit auf die Wichtigkeit der Schaffung einheitlicher Grundlagen für den Bau elektrischer Apparate hingewiesen worden. Die Anregung wurde von der Jahresversammlung gern aufgenommen und eine Kommission zur Bearbeitung der Frage eingesetzt. Diese hatte schon nach zweijähriger Arbeit ihren Auftrag erledigt und der Jahresversammlung in München das Resultat vorgelegt. Es bezog sich nicht nur auf die Kontaktgrößen und Schrauben für Apparate, sondern es wurden auch schon damals gleich Normalien für die Abstufung unverwechselbarer Schmelzsicherungen, die Schraubenabstände von Bleistreifen, die Normalabstufungen für Ausschalter und die Abstufungen für Drahtquerschnitte festgelegt. Ebenso wurde auch das Edisongewinde damals schon normalisiert. Es folgte dann die Normalisierung von Edison- und Bajonettfassungen, die im Jahre 1896 angeregt und 1898 bzw. 1899 fertiggestellt wurde. Im Jahre 1902 sind die Vorschriften für die Konstruktion und Prüfung von Installationsmaterial angenommen worden, welche sich bald zur wichtigsten Arbeit bezüglich kleinerer Apparate entwickelten und den Grundstock für die weitere Ausbildung der auf Installationsmaterial bezüglichen Apparatevorschriften bildeten. Es folgten später noch eine Reihe von Sondervorschriften, welche dann alle im Jahre 1914 einheitlich bearbeitet und in die Vorschriften für die Konstruktion und Prüfung von Installationsmaterial eingegliedert wurden. Ausgenommen hiervon waren nur die Normalien über die Abstufung von Stromstärken und über die Abmessungen von Anschlußbolzen. Diese beiden Bestimmungen blieben getrennt bestehen, weil sie nicht nur für Installationsmaterial, sondern für alle anderen Apparate-Vorschriften Bedeutung haben und somit als allgemeine Bestimmungen zweckmäßiger unabhängig sind.

Aus der Kommission für Installationsmaterial, welche auch allmählich die Bearbeitung von größeren Schaltapparaten in Angriff genommen hatte, zweigte sich im Jahre 1911 die Kommission für Schaltapparate ab, die nunmehr die größeren Apparate als besonderes Arbeitsgebiet zugewiesen erhielt.

Im Jahre 1910 wurde von den Siemens-Schuckertwerken beim Verbande beantragt, daß er seine Arbeiten über Apparate auf das ganze Hochspannungsgebiet ausdehnt. Es wurde hierfür eine besondere Kommission eingesetzt, deren Ergebnisse zunächst vom Ausschuß des Verbandes im Jahre 1912 als „Vorläufige Richtlinien für die Konstruktion und Prüfung von Wechselstrom-Hochspannungsapparaten von einschließlich 1500 V Nennspannung aufwärts für Innenräume" angenommen worden sind. Die Jahresversammlung 1913 hat dann die nochmals umgearbeiteten Bestimmungen über Hochspannungsapparate als „Richtlinien" angenommen, in welcher Form sie zurzeit noch bestehen. Da diese Arbeit aber über den Rahmen des hier wesentlich in Betracht zu ziehenden Gebietes des Apparatebaues hinausfällt, ist sie nicht mit aufgenommen worden.

Die „Vorschriften für die Konstruktion und Prüfung von Installationsmaterial" und die „Vorschriften für die Konstruktion und Prüfung von Schaltapparaten für Spannungen bis einschließlich 750 V" sind nach zweijähriger gründlicher Neubearbeitung im Jahre 1914 mit Gültigkeit vom 1. Juli 1915 ab vom Verbande angenommen worden. Diese neubearbeiteten Fassungen sollen nun auf lange Zeit hinaus eine sichere Grundlage für den Apparatebau bilden. Es war anfangs beabsichtigt, diese beiden Vorschriften schon ein Jahr früher herauszugeben. Davon wurde aber damals abgesehen, weil im Jahre 1913 beschlossen wurde, die Errichtungsvorschriften einer gründlichen Umarbeitung zu unterziehen. Damit nun völlige Übereinstimmung zwischen den Sonderbestimmungen für Apparate und den allgemeinen Errichtungsvorschriften vorhanden ist, hat man die Fertigstellung der Vorschriften über Apparate um ein Jahr verschoben und sie völlig mit den neuen Errichtungsvorschriften in Einklang gebracht. Dieser wichtige Zeitabschnitt wurde nunmehr auch zum Anlaß genommen, die Erläuterungen zu den Apparatevorschriften, welche früher in einer großen Anzahl von einzelnen Abhandlungen in der Elektrotechnischen Zeitschrift erschienen waren, als besonderes Buch herauszugeben.

Die beiden Kommissionen, welche die Vorschriften über Installationsmaterial und über Schaltapparate bearbeitet haben, beabsichtigen nunmehr, nachdem auch die Erläuterungen, wie sie nachstehend hier aufgenommen sind, von der Kommission festgelegt wurden, noch Anwendungsregeln aufzustellen. Hierdurch soll denjenigen, welche Installationen ausführen, gezeigt werden, wie die vorschriftsmäßig gebauten Apparate richtig zu benutzen und einzubauen sind. Außerdem werden die Kommissionen auch noch die Prüfmethoden weiter ausarbeiten und eine einheitliche Zusammenstellung der Einzelheiten für die Durchführung der Prüfungen geben. Dadurch soll erreicht werden, daß an allen Stellen, welche für die Prüfung in Frage kommen, auch stets die gleichen Resultate erzielt werden. Bei verschiedener Einrichtung und verschiedenen Methoden könnten sich leicht unter den Ergebnissen Abweichungen herausstellen, so daß dann Unklarheiten über die Zulässigkeit verschiedener Fabrikate entstehen können. Diese Arbeiten befinden sich bei den Kommissionen noch im Gang und es wird das Resultat derselben bei späteren Auflagen dieses Buches Berücksichtigung finden.

Es wird sicher viele Benutzer dieses Buches interessieren, zu wissen, wie die Kommissionen, welche die hier behandelten Vorschriften ausarbeiten, zusammengesetzt sind. Es seien daher nachstehend hierüber die für das Arbeitsjahr 1914/15 des Verbandes Deutscher Elektrotechniker gültigen Angaben gemacht.

Allgemeines.

Die Kommission für Installationsmaterial hat zurzeit folgende Zusammensetzung:

Vorsitzender: Dettmar, Gg., Generalsekretär, Berlin,
Bundzus, A. R., Fabrikdirektor, Berlin,
Edelmann, Otto, Dr. phil., Prof., Oberingenieur bei der Bayerischen Landesgewerbeanstalt Nürnberg,
Eswein, Rud., Dr. phil., Dipl.-Ing., Dresden,
Hermanni, Alfred, Oberingenieur, Berlin-Niederschönhausen,
Hoechtl, A., Oberingenieur, München,
Jaeger, H. C., Fabrikant, Schalksmühle i. W.,
Klement, Wilhelm, Oberingenieur, Finkenkrug,
Lux, G., Oberingenieur, Charlottenburg,
Meyer, P., Dr. phil., Baurat, Direktor, Berlin,
Montanus, Georg, Fabrikbesitzer, Frankfurt a. M.,
Passavant, H., Dr. phil., Direktor, Berlin,
Perls, Paul, Fabrikdirektor, Berlin,
Ruppel, S., Professor, Frankfurt a. M.,
Schneider, Paul, Oberingenieur, Frankfurt a. M.,
Wentzke, R., Ingenieur, Dresden,
Wunder, W., Direktor, Stuttgart,
Zaudy, R., Oberingenieur, Berlin-Schöneberg.
Zeidler, Jos., Ingenieur, Berlin-Pankow.

Die Kommission für Schaltapparate hat zurzeit folgende Zusammensetzung:

Vorsitzender: Lux, G., Oberingenieur, Charlottenburg,
Birrenbach, H., Dr.-Ing., Betriebsinspektor, Köln a. Rhein,
Bundzus, A. R., Fabrikdirektor, Berlin,
Ely, Direktor, Nürnberg,
Fleischhauer, G., Ingenieur, Magdeburg,
Hoepp, W., Oberingenieur, Berlin,
Jaeger, Wilhelm, Schalksmühle i. W.,
Meyer, Georg, Dr.-Ing., Direktor, Berlin,
Passavant, H., Dr. phil., Direktor, Berlin,
Schaefer, Hermann, Oberingenieur, Essen-Ruhr,
Vogel, Wilhelm, Oberingenieur, Kattowitz,
Vogelsang, M., Direktor, Frankfurt a. M.

In gewissem Zusammenhang mit den Arbeiten der Kommissionen bezüglich Installationsmaterial und Schaltapparate stehen auch die der Kommission für Isolierstoffe. Die Benutzung dieser Stoffe ist beim Apparatebau eine so außerordentlich vielseitige, daß ihre Eigenschaften auch von bedeutendem Einfluß auf die Wirksamkeit der Apparate sind. Die Arbeiten der Kommission für Isolierstoffe sind deswegen im Anhange zum Abdruck gebracht. Es sei jedoch hier darauf hingewiesen, daß ein wichtiger Teil des Arbeitsgebietes dieser Kommission noch unerledigt ist, nämlich die Klassifizierung der Isolierstoffe. Diese befindet sich in einem Stadium, daß der Abschluß der Arbeiten voraussichtlich schon in kurzer Zeit erfolgen wird. Durch die Klassifizierung von Isolierstoffen sollen Grundlagen gegeben werden für die Verwendung der verschiedenen Kategorien von Isolierstoffen für verschiedene Teile von Apparaten, je nach den Anforderungen, welche an die einzelnen Teile bei ihrer Benutzung zu stellen sind. Man wird z. B. im allgemeinen nicht den gleichen Isolierstoff für Schaltergriffe und für Zwischenstücke, welche dem Lichtbogen ausgesetzt sind, verwenden. Es gibt schon heute eine große Zahl von Isolierstoffen mit sehr verschiedenen Eigenschaften und es ist erwünscht, Unterlagen zu besitzen, nach denen man feststellen kann, welches Material sich für jeden einzelnen Verwendungszweck empfiehlt.

Die Erläuterungen sollen im nachstehenden so angeordnet werden, daß auf jeden Absatz einer Vorschrift die dazugehörige Erläuterung folgt. Der Wortlaut der Normalien selbst soll dadurch besonders gekennzeichnet werden, daß seitlich ein Strich angebracht wird. Bei den Erläuterungen ist ein solcher Strich nicht vorhanden, so daß man dadurch sofort ersieht, ob es sich um Vorschriften oder Erläuterungen handelt.

Unter den Erläuterungen wird nun wiederum noch ein Unterschied gemacht. Die beiden Kommissionen, welche hier in Frage kommen, haben Erläuterungen zu den Vorschriften selbst durchberaten und im einzelnen ihren Wortlaut festgelegt, so daß also diese Erläuterungen eine sehr weitgehende Bedeutung haben, denn sie sind von der gleichen Kommission verfaßt, welche die Vorschriften selbst aufgestellt hat, u. zw. sind die Erläuterungen z. T. direkt im Anschluß an die Vorschriften fertiggestellt worden. In den früheren Veröffentlichungen sowie in der Literatur finden sich nun aber eine Reihe von Angaben, welche für viele Hersteller und Benutzer der in Frage kommenden Apparate und Materialien von Bedeutung sind. Diese ganzen Veröffentlichungen konnten natürlich nicht von den ja verhältnismäßig großen Kommissionen bearbeitet werden. Das ist nun vom Herausgeber dieser Erläuterungen geschehen. Außerdem sind noch an mehreren Stellen Hinweise auf andere Verbandsbestimmungen aufgenommen worden, und es wurde auch verschiedentlich auf wichtige Literaturstellen hingewiesen. Bei der Wichtigkeit der Errichtungs-Vorschriften erschien es dem Herausgeber auch angebracht, auf einige Teile der von C. L. Weber hierzu bearbeiteten Erläuterungen hinzuweisen und solche Stellen daraus, welche auf Herstellung bzw. Verwendung einzelner Apparate Bezug haben, abschriftlich zu bringen. Bei den Kommissionsberatungen sind manchmal Vorschläge für die Aufnahme in die Verbandsbestimmungen gemacht worden, denen aber mit Rücksicht auf den Stand der Fabrikation oder mit Rücksicht auf die Forderungen der Abnehmer noch nicht entsprochen werden konnte. In solchen Fällen ist in den nachstehenden erläuternden Zusätzen des Herausgebers auf den Inhalt dieser Wünsche hingewiesen worden, um dadurch zu erreichen, daß für die zukünftige Entwicklung der Vorschriften schon das Feld geebnet wird. Die Konstrukteure werden aus diesen Hinweisen entnehmen können, wie sie in Zukunft zweckmäßigerweise den Bau der Apparate auszugestalten haben. Auch nach manchen anderen Richtungen hin haben die Kommissionsberatungen bzw. Material, welches im Zusammenhang mit diesen dem Herausgeber bekannt geworden ist, zu erläuternden Bemerkungen Veranlassung gegeben. [Diese erläuternden Zusätze des Herausgebers sind nun dadurch besonders kenntlich gemacht, daß sie in fett gedruckte eckige Klammern gesetzt sind.] Damit es nun für den Leser leicht ist, zu finden, ob irgend ein Teil des Erläuterungstextes auf die Kommission oder auf den Herausgeber zurückzuführen ist, wurde der letztere in möglichst viele einzelne Absätze geteilt, und jeder Absatz in die erwähnten fett gedruckten eckigen Klammern gesetzt.

Dem Hauptteil des Buches, welcher die Erläuterungen enthält, ist noch ein Anhang beigegeben worden, welcher alle diejenigen Bestimmungen des Verbandes Deutscher Elektrotechniker enthält, welche zu dem Apparatebau in Beziehung stehen. Es sind dies zunächst diejenigen Teile der Errichtungs- und der Bahnvorschriften, welche selbst Bestimmungen über die Herstellung bzw. Verwendung von Apparaten enthalten. Hierzu sei noch besonders bemerkt, daß die Errichtungsvorschriften mit den Apparatevorschriften, wie vorstehend bereits angegeben, völlig im Einklang sind. Anders ist dies dagegen bei den bereits im Jahre 1906 aufgestellten Bahnvorschriften. Zwischen diesen und den acht Jahre später aufgestellten Apparatevorschriften sind an einigen Stellen kleine Abweichungen vorhanden.

Der Anhang bringt weiter noch die vom Verbande fallen gelassenen Bestimmungen über die Glühlampenfüße und Fassungen mit Bajonettkontakt. Sie wurden auf der Jahresversammlung 1914 außer Gültigkeit gesetzt, weil solche Lampenfüße und Fassungen in Deutschland keine nennenswerte Bedeutung mehr haben. Für das Ausland werden sie aber noch teilweise hergestellt und infolgedessen sind diese Bestimmungen, welche jetzt natürlich nicht mehr als Normalien des Verbandes bezeichnet werden können, hier mit eingefügt, um auch auf diese Weise die früher festgelegten Angaben über Maße für solche Fabrikanten, welche diese Lampenfüße noch herstellen, zu erhalten.

Schließlich sind im Anhang unter Nr. 8 noch die Prüfungsbestimmungen der Physikalisch-Technischen Reichsanstalt abgedruckt, weil sie für diejenigen, welche Apparate prüfen lassen, von Interesse sein werden.

Die anderen Prüfanstalten schließen sich meist den Normen der Reichsanstalt an mit Ausnahme des Laboratoriums der Städtischen Elektrizitätswerke München. Dieses berechnet die Gebühren nicht nach Einheitssätzen, sondern nach dem jeweiligen Aufwand an Arbeitszeit, Strom, Hilfsmitteln usw.

Die in Deutschland an verschiedenen Stellen bestehenden Prüfanstalten haben sich zu einer Vereinigung zusammengeschlossen, deren Geschäftsstelle sich in Nürnberg, Gewerbemuseumsplatz 2, befindet. Diese ist jederzeit bereit, Auskunft bezüglich Prüfungen zu erteilen und benennt auch auf Wunsch für den jeweiligen Fall in Frage kommende geeignete Prüfstellen.

Über die bei den einzelnen Apparaten eingeführten normalen Nennstromstärken sind jeweilig in den entsprechenden Abschnitten die Zahlenwerte angegeben. Es dürfte aber zweckmäßig sein, schon hier eine Übersicht zu geben, die für alle Apparate zeigt, welche Abstufungen üblich sind. Dies ist in nachstehender Tabelle geschehen. Das gleiche ist auch in einer weiteren Tabelle für die normalen Nennspannungen gemacht worden.

Obwohl hier direkt nur die Nennspannungen bis 750 V von Interesse sind, ist es vielleicht für manche Benutzer des Buches doch erwünscht, zu wissen, welches die normalen Nennspannungen über dieses Gebiet hinaus sind. Festgelegt sind die dann in Frage kommenden

Normale Nennstromstärken für Apparate bis 750 V. in A.

1. Normale Abstufung der Nennstromstärken	2	4	6	10	—	25	—	60	—	100	—	200	—	350	—	600	—	1000	1500	2000	3000	4000	6000
2. Anschlußbolzen und ebene Schrankkontakte	—	—	—	10	—	25	—	60	—	100	—	200	—	350	—	600	—	1000	1500	—	—	—	—
3. Dosenschalter	[¹)] 1	[²)] 2	[³)] 4	6	10	—	25	—	60	—	100	—	—	—	—	—	—	—	—	—	—	—	—	—
4. Hebelschalter und Ölschalter	—	—	—	—	—	[⁴)] 25	—	60	—	100	—	200	—	350	—	600	—	1000	1500	2000	3000	4000	6000
5. Steckvorrichtungen	—	—	—	6	—	25	—	60	—	—	—	—	—	—	—	—	—	—	—	—	—	—	—
6. Elemente für geschlossene Schmelzsicherungen	—	—	—	—	—	25	—	60	—	100	—	200	—	—	—	—	—	—	—	—	—	—	—
7. Geschlossene Schmelzeinsätze	—	—	—	6	10	15	20	25	35	60	80	100	125	160	200	—	—	—	—	—	—	—	—	—
8. Elemente für offene Schmelzsicherungen	—	—	—	—	—	25	—	60	—	100	—	200	—	350	—	600	—	1000	1500	2000	3000	4000	6000
9. Offene Schmelzeinsätze	—	—	—	6	10	15	20	25	35	60	80	100	125	160	200	225	260	300	350	400	500	600	700	850	1000	1500	2000	3000	4000	6000

¹) Nur für Umschalter bei 500 und 750 V zulässig. ²) Für Umschalter bei 250 bis 750 V und für Ausschalter bei 500 und 750 V zulässig.
³) Kleinste Stromstärke für Ausschalter bei 250 V. ⁴) Für Ölschalter nicht zulässig.

Allgemeines. 13

Normale Nennspannungen für Apparate bis 750 V.

1. Steckvorrichtungen und Glühlampenfassungen ..	250 V	500 V	750 V
2. Dosenschalter und Hebelschalter ...	250[1] „	500 „	750 „
3. Ölschalter	—	—	750[1] „
4. Offene Schmelzsicherungen ...	250 „	500 „	—
5. Geschlossene Schmelzsicherungen	—	500[1] „	750 „

Zahlen in den „Richtlinien für die Konstruktion und Prüfung von Wechselstrom-Hochspannungsapparaten von einschließlich 1500 V Nennspannung aufwärts", u. zw. im § 1 wie folgt: 1500, 3000, 6000, 12 000, 24 000, 35 000 (50 000, 80 000, 110 000, 150 000 und 200 000) Volt.

Die Bestimmungen über Installationsmaterial und über Schaltapparate beziehen sich naturgemäß auf neues unbenutztes Material. Es ist dementsprechend nicht ohne weiteres möglich, alte, bereits benutzte Apparate den gleichen Prüfbestimmungen zu unterwerfen.

II. Erläuterungen zu den Vorschriften für die Konstruktion und Prüfung von Installationsmaterial.

(Dosenschalter, Steckvorrichtungen, Sicherungen mit geschlossenem Schmelzeinsatz, Fassungen und Lampenfüße, Edisongewinde, Nippel, Handlampen, Rohre, Verteilungstafeln.)

Gültig ab 1. Juli 1915.

(Zur Erklärung: Die Vorschriften selbst sind durch einen seitlichen Strich gekennzeichnet. Alles andere sind Erläuterungen. Die in fett gedrucker eckiger Klammer stehenden Teile derselben stammen vom Herausgeber, die anderen von der Kommission.)

Die vorliegenden Vorschriften für die Konstruktion und Prüfung von Installationsmaterial beruhen auf Arbeiten, die z. T. sehr weit zurückliegen. Die ersten in dieses Gebiet fallenden Normalien wurden bereits auf der Jahresversammlung 1895 angenommen. Seitdem sind schrittweise eine Reihe einzelner Arbeiten entstanden, welche jeweilig irgendein Teilgebiet für sich behandelten und einzeln zur Beschlußfassung gelangten. Auf der Jahresversammlung 1902 wurden zum ersten Male „Vorschriften für Konstruktion und Prüfung von Installationsmaterial" angenommen, welche in zusammenfassender Weise Bestimmungen für einen größeren Teil des ganzen Gebietes ent-

---

[1] Niedrigere Nennspannungen sind unzulässig.

hielten. Der Umfang dieser Vorschriften war jedoch verhältnismäßig klein, und sie bestanden seither neben den oben erwähnten früheren Einzelarbeiten. Die jetzt vorliegende Fassung der Vorschriften stellt eine Zusammenfassung aller bisherigen Einzelvorschriften dar, bei der dem heutigen Stand der Technik entsprechend eine Reihe Bestimmungen geändert und neue aufgenommen sind. Durch diese neue Fassung, welche auf der Jahresversammlung 1914 beschlossen wurde und am 1. Juli 1915 in Kraft tritt, werden außer den bisherigen „Vorschriften für die Konstruktion und Prüfung von Installationsmaterial" folgende Vorschriften ungültig:

1. Normalien und Kaliberlehren für Lampenfüße und Fassungen mit Edison-Mignon-Gewinde-Kontakt;
2. desgl. mit Edison-Gewinde-Kontakt;
3. desgl. mit Edison-Goliath-Gewinde-Kontakt;
4. Vorschriften und Regeln für die Konstruktion und Prüfung von Glühlampenfassungen und Lampenfüßen;
5. Normalgewinde für Stöpselsicherungen mit Edison-Gewinde;
6. desgl. mit großem Edison-Gewinde;
7. Normalien über 2- und 3-polige Steckvorrichtungen für Spannungen bis 250 V;
8. Normalien für Fassungsnippel;
9. Normalien für Isolierrohre mit Metallmantel.

Außerdem werden auf Vorschlag der Kommission die bisherigen „Normalien für Glühlampenfüße und Fassungen mit Bajonettkontakt" außer Geltung gesetzt, da dieselben für Deutschland keine Bedeutung mehr haben.

Der Begriff „Installationsmaterial" läßt sich nicht so genau abgrenzen, daß in jedem Fall Zweifel darüber, ob ein Gegenstand in das mit diesem Namen bezeichnete Gebiet zu rechnen ist oder nicht, ausgeschlossen werden. Um in dieser Hinsicht keine Unklarheiten zu lassen, ist unter dem Titel in der Klammer eine Aufstellung aller derjenigen Apparate und Materialien gegeben, auf welche sich die Vorschriften beziehen. Für manche, in Installationen verwendete Materialien kommen andere als diese Vorschriften in Frage. Es sei insbesondere darauf hingewiesen, daß die Leitungsmaterialien in den „Normalien für isolierte Leitungen", und daß die Sicherungen mit offenem Schmelzeinsatz (sogenannte Streifensicherungen) sowie die Hebelschalter in den „Vorschriften für Konstruktion und Prüfung von Schaltapparaten" behandelt sind. Ferner sind natürlich bei der Installation selbst stets die Errichtungsvorschriften zu beachten. Durch diese wird die V e r w e n d u n g der einzelnen Materialien und Gegenstände geregelt, während die vorliegenden Vorschriften, wie ihr Name besagt, die K o n s t r u k t i o n u n d P r ü f u n g betreffen.

Vorbemerkungen.

A. Vorbemerkungen.
B. Geltungsbereich § 1.
C. Begriffsbestimmungen § 2.
D. Allgemeines § 3.
E. Dosenschalter §§ 4 bis 14.
F. Steckvorrichtungen §§ 15 bis 23.
G. Sicherungen mit geschlossenem Schmelzeinsatz §§ 24 bis 33.
H. Fassungen und Lampenfüße §§ 34 bis 45.
J. Edisongewinde § 46.
K. Nippel § 47.
L. Handlampen § 48.
M. Papierrohre (Isolierrohre) mit Metallmantel und Metallrohre für Verschraubung § 49.
N. Verteilungstafeln § 50.

A. Vorbemerkungen.

a) Die nachstehenden Vorschriften sind in der Weise geordnet, daß jeder Abschnitt für sich Konstruktions- und Prüfvorschriften enthält, und zwar sind stets zuerst die Konstruktions-, dann die Prüfvorschriften gegeben.

Die Prüfvorschriften sind äußerlich durch Kursivschrift gekennzeichnet.

1. Im Gegensatz zu den mit Buchstaben bezeichneten Absätzen, welche grundsätzliche Vorschriften darstellen, enthalten die mit Ziffern versehenen Absätze Ausführungsregeln und Normalabmessungen. Sie geben an, wie die Errichtungsvorschriften und die Vorschriften für Konstruktion und Prüfung von Installationsmaterial mit den üblichen Mitteln im allgemeinen zur Ausführung gebracht werden sollen.

Abweichende Ausführungen sollen nicht mit den normalen verwechselbar sein.

Erläuterungen zu Absatz A. Vorbemerkungen.

Zwischen den Vorschriften und Regeln besteht ein prinzipieller Unterschied. Die Vorschriften sind immer zu befolgen. Sie enthalten diejenigen Forderungen, die unabhängig vom Prinzip und System der Konstruktion als nach dem heutigen Stande der Technik unerläßliche Bedingungen betrachtet werden. Demgegenüber enthalten die Regeln Angaben über die normalen Ausführungen, meistens auch Abmessungen solcher Konstruktionen, die heute allgemein eingeführt sind, und bei denen es von großem Wert für die Fabrikation, den geschäftlichen Verkehr und für den Verbraucher ist, einheitliche Abmessungen an allen Fabrikaten zu haben. Es ist aber nicht beabsichtigt, Abweichungen von diesen Regeln als unzulässigen Verstoß gegen die heute anerkannten Grundsätze der Technik zu betrachten, wenn die „Vorschriften" durch die betreffende Konstruktion erfüllt sind.

Nach vorstehendem ist es möglich, Konstruktionen irgendeines Gegenstandes auszuführen, die den „Vorschriften" (auch den Errichtungsvorschriften) entsprechen, jedoch z. B. ein anderes System darstellen, als es in den Regeln normalisiert ist. In diesem Falle wird jedoch ausdrücklich gefordert, daß kein wesentlicher Teil dieser abweichenden Konstruktion verwechselbar ist mit entsprechenden Teilen der Normalkonstruktionen.

Was die Prüfvorschriften betrifft, so haben die von der Kommission ausgeführten Versuche gezeigt, daß ihre Anwendung und überhaupt die einwandfreie Prüfung eines Apparates durchaus nicht leicht ist. Dazu gehören nicht allein Betriebsmittel von genügender Leistung und sonstige Einrichtungen, sondern auch ein reiches Maß von Erfahrungen. Es ist beabsichtigt, später noch besondere Anweisungen für die Ausführung der Prüfungen herauszugeben.

Nachdem mehrfach Prüfungszeugnisse ausgestellt worden sind von Stellen, deren Betriebsmittel bei weitem nicht ausreichten, wird hier besonders hingewiesen auf die Schwierigkeit einer Prüfung, die einer sachlichen Kritik standhalten kann, und auf die Notwendigkeit, die Untersuchungen nur solchen Anstalten zu übertragen, welche mit den erforderlichen Hilfsmitteln genügend ausgestattet sind. Folgende Anstalten kommen für die verschiedenen Prüfungen zurzeit in Frage:

Physikalisch-Technische Reichsanstalt, Charlottenburg, Bayerische Landesgewerbeanstalt, Nürnberg, Großherzogl. Präzisionstechnische Anstalten, Ilmenau, Physikalisches Staatslaboratorium, Hamburg, Laboratorium der Städt. El.-Werke, München, Elektrotechn. Versuchsanstalt des Physikalischen Vereins, Frankfurt a. M., Königl. Elektrisches Prüfamt Chemnitz.

|Von der Physikalisch-Technischen Reichsanstalt sind Prüfungsbestimmungen, welche vom 8. April 1910 ab für das Deutsche Reich Geltung haben, herausgegeben worden. Sie sind im Anhange zu diesem Buche unter Nr. 8 abgedruckt, um dem Benutzer Gelegenheit zu geben, sich leicht über den Inhalt orientieren zu können.

Die anderen Prüfanstalten schließen sich meist den Normen der Reichsanstalt an mit Ausnahme des Laboratoriums der Städtischen Elektrizitätswerke München. Dieses berechnet die Gebühren nicht nach Einheitssätzen, sondern nach dem jeweiligen Aufwand an Arbeitszeit, Strom, Hilfsmitteln usw.|

|Es besteht die Absicht, für die Prüfung der am meisten vorkommenden Apparate normale Formulare auszuarbeiten. Durch diese soll erreicht werden, daß die Prüfungen einheitlich vorgenommen werden und daß der die Prüfung Ausführende stets alles wichtige berücksichtigt. Außerdem wird durch die einheitlichen Formulare die Vergleichbarkeit der Prüfungsergebnisse wesentlich gefördert. Die Prüfformulare werden, nachdem die Kommission sie fertiggestellt hat, vom Verbande herausgegeben werden.|

B. Geltungsbereich.

§ 1.

Die nachstehenden Vorschriften und Regeln beziehen sich auf Installationsmaterial für Nennspannungen bis 750 V.

Erläuterungen zu Absatz B. Geltungsbereich.

Zu § 1.

Mit Rücksicht auf die wachsende Verbreitung der Anlagen mit hoher Gebrauchsspannung sind die Vorschriften auf die Spannungsstufe von 750 V ausgedehnt worden.

Die Entscheidung, was für ein Apparat im Einzelfalle anzuwenden ist, richtet sich nach der höchsten Spannung, welche zwischen zwei Teilen auftreten kann.

In den in neuerer Zeit aufgekommenen Drehstromanlagen von 380 V Außenspannung mit geerdetem Nulleiter wird öfters der Fehler gemacht, daß an 380 V Apparate für 250 V Nennspannung angeschlossen werden in der Meinung, diese seien deshalb zulässig, weil infolge der Erdung des Nullleiters es sich um eine Niederspannungsanlage handelt. Diese Anwendung der Apparate für 250 V ist falsch. Wenn auch die Spannung gegen Erde nur 220 V beträgt und die Apparate daher nicht den in den Errichtungsvorschriften aufgestellten Forderungen für Hochspannungsanlagen zu entsprechen brauchen, so sind doch Apparate für 250 V nicht zulässig, weil die Betriebsspannung, welcher der Apparat ausgesetzt ist, in diesem Fall 380 V beträgt. Die Apparate für 250 V sind nur zwischen Außenleiter und geerdetem Nulleiter zulässig. (Vergl. Abb. 1.) Die

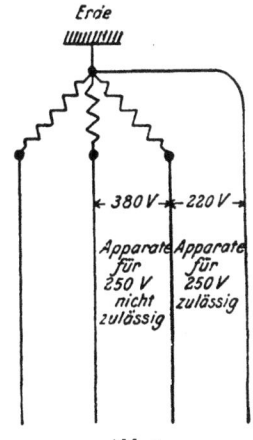

Abb. 1.

gleichen Ausführungen gelten auch für Dreileiteranlagen von 2 × 220 V bei Anschluß zwischen den Außenleitern.

Da in elektrischen Anlagen infolge des Spannungsabfalles an verschiedenen Stellen die Spannung sich ändert, so war es notwendig, eine feste Grundlage zur Entscheidung, in welche Spannungsgrenze eine Anlage einzurechnen ist, zu schaffen. Von der Kommission für Errichtungs- und Betriebsvorschriften ist hierfür schon vor langer Zeit ein Grundsatz aufgestellt worden, der für alle Verbandsvorschriften übernommen worden ist. Er ist dementsprechend auch hier anzuwenden. Nach den Erläuterungen zu den Errichtungsvorschriften von C. L. Weber ist dieser Grundsatz wie folgt gekennzeichnet:

„Maßgebend ist die Gebrauchsspannung, d. h. die an den Stromverbrauchern herrschende. Wenn also z. B. ein Netz für 2×220 V eingerichtet ist, hierbei aber etwa infolge großer Entfernung der Zentrale der Spannungsabfall in den Speiseleitungen den Betrag von 60 V überschreiten sollte, so daß die Stromerzeuger etwa mit 510 V arbeiten müßten, so soll diese Anlage noch nach den Vorschriften für Niederspannung behandelt werden.

Ebenso soll die für die Ladung von Akkumulatoren etwa notwendige Überspannung nicht die Einreihung der Anlage unter die schärferen Vorschriften für Hochspannung zur Folge haben, wenn bei der Entladung die Gebrauchsspannung 500 V nicht überschreitet."

C. Begriffsbestimmungen.

Siehe auch Err.-Vorschr. § 2, Bahnvorschr. § 2.

§ 2.

a) **Feuersicher** ist ein Gegenstand, der entweder nicht entzündet werden kann oder nach Entzündung nicht von selbst weiter brennt.

b) **Wärmesicher** ist ein Gegenstand, der bei der höchsten betriebsmäßig vorkommenden Temperatur keine den Gebrauch beeinträchtigende Veränderung erleidet[1]).

c) **Feuchtigkeitssicher** ist ein Gegenstand, der sich im Gebrauch durch Feuchtigkeitsaufnahme nicht so verändert, daß er für die Benutzung ungeeignet wird.

d) **Nennstrom, Nennspannung, Nennleistung** bezeichnen den Verwendungsbereich.

Erläuterungen zu Absatz C. Begriffsbestimmungen.

Zu § 2.

Es handelt sich hier nicht um die Beurteilung der physikalischen Eigenschaften der Rohmaterialien, sondern es sollen die Gegenstände, d. h. die Materialien in ihrer Verwendungsform untersucht werden. Für das Ergebnis ist dies durchaus wesentlich, da Größe und Form

---

[1]) Die genaue Festsetzung der Mindesttemperaturen, denen die einzelnen Konstruktionsteile unter allen Umständen müssen standhalten können, wird in einer besonderen Arbeit betr. Klassifizierung von Isolierstoffen gegeben werden.

der Stücke erhebliche Unterschiede im Verhalten den verschiedenen Einflüssen gegenüber bedingen können.

Die Prüfung der fertigen Konstruktionsteile gibt jedenfalls das für die Praxis richtige Bild über die Verwendbarkeit des betreffenden Materials zu dem vorliegenden Zweck.

a) Die Prüfung soll normalerweise in einer Bunsenflamme erfolgen und nicht etwa mit einem Streichholz oder einer ähnlichen kleinen Flamme, da die Größe und Temperatur der Wärmequelle von Einfluß auf die Brennbarkeit der Stoffe ist.

[Es sei hier auf die „Prüfvorschriften für die gekürzte Untersuchung elektrischer Isolierstoffe", welche im Anhange zu diesem Buche unter Nr. 6 abgedruckt sind, noch besonders verwiesen. Außerdem wird es sich empfehlen, die zurzeit noch in Bearbeitung befindliche Klassifizierung von Isolierstoffen, welche nachstehend unter b noch besonders behandelt ist, bei der Auswahl zu beachten.]

b) Die Änderungen, die auftreten können, sind chemischer und mechanischer Art. Auch die Untersuchung der Festigkeitsänderung ist wesentlich, da es Materialien gibt, die unter dem Einfluß der Wärme zwar keine merkliche Formveränderungen erleiden, jedoch so weich werden, daß sie selbst geringen mechanischen Beanspruchungen nicht mehr standhalten. Von der Angabe einer einzigen, allgemein gültigen Mindesttemperatur, der die Gegenstände schadlos müssen standhalten können, wurde abgesehen, da die praktischen Anforderungen, die an die verschiedenen Konstruktionsteile, z. B. Griffe, Schaltersockel, Sicherungselemente, Fassungssteine, gestellt werden, zu verschieden sind. Um hierfür genaue Unterlagen zu schaffen, wird von der Kommission für Isolierstoffe eine Aufstellung herausgegeben werden, in der die Bedingungen für die Wärmebeständigkeit der einzelnen Konstruktionsteile angegeben sind. Diese Arbeit ist bereits in Vorbereitung.

[Die in Aussicht genommene Klassifizierungstabelle wird auch die mechanische Festigkeit als besondere Eigenschaft mit aufführen, welche unter den Begriffsbestimmungen nicht besonders behandelt ist.]

[Es ist noch zu beachten, daß die drei Eigenschaften „feuersicher", wärmesicher und feuchtigkeitssicher" nicht nur Isolierstoffe betreffen, sondern auch alle anderen Materialien, also auch Metalle.]

d) [Es sei hier besonders darauf hingewiesen, daß in der Neubearbeitung dieser Vorschriften die Begriffe Nennstrom, Nennspannung und Nennleistung einheitlich durchgeführt sind, während früher in den einzelnen Arbeiten, welche zu verschiedenen Zeiten entstanden sind, eine Reihe von anderen Ausdrücken gebraucht wurden, wie z. B. Normalstrom, Betriebsstrom, Maximalspannung, Höchstspannung, Höchstleistung usw.]

[Außerdem wurde auch jetzt der Begriff „Normale Nennspannung" und „Normale Nennstromstärke" eingeführt, um eine Einheitlichkeit in den Nennspannungen und Nennstromstärken soweit irgend möglich zu erzielen. Es wird sich nicht immer vermeiden lassen, Apparate für Nennspannungen und Nennstromstärken zu verwenden, welche zwischen den normalen Werten liegen, doch soll dies tunlichst eingeschränkt werden, um sowohl für die Fabrikation wie auch für den Zwischenhandel und den Installateur eine möglichst geringe Zahl von Apparaten zu erzielen und dadurch die Lagerhaltung tunlichst zu verkleinern.]

[Über die bei den verschiedenen Apparaten festgesetzten normalen Nennstromstärken und normalen Nennspannungen ist näheres aus den beiden Tabellen unter „I. Allgemeines" zu ersehen.]

D. Allgemeines.

Siehe auch Err.-Vorschr. §§ 3, 4, 5, 10, 15, 23, 28, 35, 39, 41, Bahnvorschr. §§ 4, 5, 13, 15, 36.

§ 3.

a) Alle Installationsmaterialien müssen so gebaut und bemessen sein, daß durch die bei ihrem Betriebe auftretende Erwärmung weder die Wirkungsweise und Handhabung beeinträchtigt werden, noch eine für die Umgebung gefährliche Temperatur entstehen kann.

b) Die spannungführenden Teile müssen auf feuer-, wärme- und feuchtigkeitssicheren Körpern angebracht sein.

c) Abdeckungen müssen mechanisch widerstandsfähig, zuverlässig befestigt, wärmesicher und, wenn sie mit spannungführenden Teilen in Berührung stehen, auch feuchtigkeitssicher sein. Solche aus Isolierstoff, die im Gebrauch mit einem Lichtbogen in Berührung kommen können, müssen auch feuersicher sein.

d) Lackierung und Emaillierung von Metallteilen gilt nicht als Isolierung im Sinne des Berührungsschutzes.

e) Ortsfeste Apparate müssen für Anschluß der Leitungsdrähte durch Verschraubung oder gleichwertige Mittel eingerichtet sein.

f) Ein Erdungsanschluß muß als solcher gekennzeichnet („Erde", oder ⏚) und als Schraubkontakt ausgebildet sein.

g) Alle Schrauben, die Kontakte vermitteln, müssen metallenes Muttergewinde haben.

h) Für Installationsmaterial gelten die „Normalien für Anschlußbolzen und ebene Schraubkontakte für 10—1500 A."

i) Auf jedem Apparat müssen Nennstrom und Nennspannung verzeichnet sein. Werden die Bezeichnungen abgekürzt, so ist für den Nennstrom A, für die Nennspannung V zu verwenden.

k) Installationsmaterialien müssen ein Ursprungszeichen haben, das den Hersteller erkennen läßt.

Erläuterungen zu Absatz

D. Allgemeines.

Zu § 3.

[Die Bestimmungen der „Errichtungsvorschriften" und gegebenenfalls auch der „Bahnvorschriften" müssen naturgemäß von allen Apparaten eingehalten werden. Um die Hersteller und Verbraucher solcher Apparate hierauf hinzuweisen, ist in den „Vorschriften für die Konstruktion und Prüfung von Installationsmaterial" stets unter der Überschrift zu jedem Absatz darauf hingewiesen, welche Paragraphen der in Frage kommenden Vorschriften zu beachten sind. Es sei aber hier noch besonders hervorgehoben, daß bei Verwendung von Apparaten für Sonderzwecke auch die entsprechenden Bestimmungen berücksichtigt werden müssen. Das wird leider vielfach übersehen. Für den vorliegenden Fall kommen insbesondere aus den „Errichtungsvorschriften" die Sonderbestimmungen über explosionsgefährliche Betriebsstätten und Lagerräume, Theater und schlagwettergefährliche Grubenräume in Frage. Die genannten Bestimmungen sind im Anhange zu diesem Buche unter Nr. 2 abgedruckt.]

a) Für die hier in Frage kommende Temperatur läßt sich ein bestimmter Wert nicht angeben, da er je nach den verschiedenen Apparaten anders sein wird. Insbesondere wird man bei solchen Apparaten, deren Wirkung in einer hohen Temperatur begründet ist, wie z. B. Schmelzsicherungen, Widerstände, höhere Werte zulassen müssen und dementsprechend die Umgebung derselben einrichten.

b) Es ist zu beachten, daß auch bei Steckern Hartgummi nicht mehr zulässig ist.

[Über Feuersicherheit, Wärmesicherheit und Feuchtigkeitssicherheit sind Angaben in § 2 unter a bis c gemacht. Insbesondere ist bei der Auswahl der zur Verwendung kommenden Stoffe auch die in Aussicht genommene neue Klassifizierungstabelle später zu beachten.]

c) Die Außenseite der Abdeckungen braucht nicht wärme- und feuersicher zu sein, wenn die inneren dem Lichtbogen ausgesetzten Teile dieser Bedingung genügen.

[Für Drehschalter siehe hierüber auch noch die Erläuterung zu § 9.]

e) Unter Leitungsdrähten sind auch Kabel, Schienen usw. zu verstehen.

Unter Verschraubung ist eine Verbindung zu verstehen, bei welcher der Kontaktdruck durch eine Schraube erzeugt wird. (Siehe auch Erläuterung zu g.)

f) Die Erdungsanschlüsse müssen in elektrischer Beziehung den Anforderungen genügen, welche an stromführende Kontakte im allgemeinen gestellt werden. Über die für Erdleitungen in Betracht kommenden Querschnitte, denen die Anschlußstellen genügen müssen, siehe die „Leitsätze für Schutzerdungen". Sie sind im Anhange zu diesem Buche abgedruckt. Der Verband Deutscher Elektrotechniker beabsichtigt, diese Leitsätze in nächster Zeit zu ergänzen und dabei insbesondere die Frage der Erdung von Niederspannungsanlagen eingehend zu behandeln.

g) Für Schrauben ist Muttergewinde in Metall vorgeschrieben, weil Gewinde in Isolierstoff wegen dessen starker Schrumpfung nachgeben, so daß die Kontakte locker werden. Es soll auch möglichst vermieden werden, Schraubkontakte in der Weise zu verwenden, daß der Kontaktdruck über zwischengelagerten Isolierstoff erfolgt, gleichgültig, ob dieser nachgiebig oder starr (spröde) ist.

h) [Die „Normalien für Anschlußbolzen und ebene Schraubkontakte für 10 bis 1500 A" sind in diesem Buche unter V abgedruckt und mit Erläuterungen versehen.]

i) Bei Apparaten, die für die volle Bezeichnung nicht genügend Raum bieten, darf die Bezeichnung auch mit Bruchstrich gemacht werden, und zwar soll dann der Strom oben, die Spannung unten stehen.

[Der normale Nennstrom und die normale Nennspannung sollten stets auf dem Apparat verzeichnet sein, auch wenn der Apparat für eine andere Nennspannung oder einen anderen Nennstrom verwendet wird. In diesem Falle würden dann beide zu verzeichnen sein. Fehlt an einem Apparat der Normalnennstrom und die Normalnennspannung, so würde dies bedeuten, daß er für diese nicht gebaut, d. h. also abnormal ist.]

[Über die bei den verschiedenen Apparaten festgesetzten normalen Nennstromstärken und normalen Nennspannungen ist näheres aus den beiden Tabellen unter „I. Allgemeines" zu ersehen.]

k) Es sind mehrfach Anregungen und Wünsche an den Verband gelangt, daß ein bestimmtes „Verbandszeichen" geschaffen werde, mit dem Apparate, die den Verbandsvorschriften in jeder Beziehung entsprechen, versehen werden dürften. Ob in Zukunft eine derartige Einrichtung geschaffen werden soll, steht z. Zt. noch nicht fest. Um aber auf diesem Wege einen ersten Schritt vorwärts zu kommen und Fabrikanten sowie Abnehmer in diesem Sinne zu gewöhnen, ist die Angabe des Ursprungszeichens zunächst gefordert. Es ist hiermit nicht verlangt, daß jeder Apparat die volle Firma des Herstellers trage, vielmehr genügt ein bestimmtes dem Hersteller eventuell geschütztes und für ihn verbindliches kleines Zeichen. Die Anbringung desselben an dem Schutzkasten genügt nicht, vielmehr muß die Ausführung und Anbringung eines derartigen Zeichens, wenn es seinen Zweck erfüllen soll, so sein, daß es nicht ohne Beschädigung und ohne sichtbar bleibende Zerstörung entfernt werden kann.

[Als weiteren Schritt in dieser Richtung hat der Verband Deutscher Elektrotechniker eine Kontrolle des Marktes in gewissem Sinne in Aussicht genommen. Er hat die Absicht, eine Auskunftsstelle zu schaffen, durch welche sowohl Hersteller wie Verbraucher von Apparaten, welche in die Hände von Laien kommen, alles wünschenswerte erfahren können. Diese Stelle soll auch dazu dienen, wegen etwa auf den Markt kommender ungeeigneter Fabrikate, die in Hinsicht auf Sicherheit bezüglich Leben und Feuer den vom Verband aufgestellten Bestimmungen nicht genügen, geeignete Schritte in die Wege zu leiten. Die Beratungen zur Schaffung einer solchen Auskunfts- und Kontrollstelle sind zurzeit noch nicht abgeschlossen, doch ist anzunehmen, daß diese Stelle bald ins Leben treten wird.]

[Die allgemeinen Vorschriften dieses Paragraphen gelten nicht nur für die in den nächsten Absätzen noch besonders behandelten wichtigeren Apparategruppen, sondern für alle Arten von Installationsmaterial, z. B. also auch für Leitungsklemmen.]

E. Dosenschalter.

Siehe auch Err.-Vorschr. §§ 11, 28, 35, 36, 43, 45. Bahnvorschriften § 17.

§ 4.

a) Der geringste zulässige Nennstrom beträgt bei 250 V für Ausschalter 4 A, für Umschalter aller Arten 2 A, bei 500 und 750 V für Ausschalter 2 A, für Umschalter aller Arten 1 A.

1. Normale Nennstromstärken sind:

bei 250 V	für Ausschalter:	4 6 10 25 60 A.
	„ Umschalter:	2 4 6 10 25 60 „
bei 500 und	für Ausschalter:	2 4 6 10 25 60 „
750 V	„ Umschalter:	1 2 4 6 10 25 60 „

§ 5.

a) Alle Schalter müssen für mindestens 250 V gebaut sein.

1. Normale Nennspannungen sind: 250, 500, 750 V.

§ 6.

a) Nennstrom und Nennspannung müssen auf dem ortsfesten Teil des Schalters so verzeichnet sein, daß sie am montierten Schalter nach Entfernen der Abdeckung leicht und deutlich zu erkennen sind.

1. Die Bezeichnung soll auf dem Schalter so angebracht sein, daß sie nicht ohne weiteres entfernt werden kann.

§ 7.

Alle Metallteile des Mechanismus müssen gegen die spannungführenden Teile isoliert sein.

§ 8.

Die Kontakte müssen Schleifkontakte sein.

§ 9.

Abdeckungen und Gehäuseteile, welche der zufälligen Berührung zugängig sind, sowie Betätigungsorgane (Griffe, Ketten, Drücker etc.) müssen, wenn sie nicht für Erdung eingerichtet sind, aus Isolierstoff bestehen.

§ 10.

Bei Drehschaltern muß der Griff so befestigt sein, daß er sich beim **Rückwärtsdrehen** nicht ohne weiteres abschrauben läßt.

§ 11.

Zur Prüfung der mechanischen Haltbarkeit ist der Schalter, ohne Strom zu führen, absatzweise 5000 × einzuschalten und 5000 × auszuschalten, bei 700 bis 800 Ein- und Ausschaltungen pro Stunde. Drehschalter für Rechts- und Linksdrehung sind in jeder Drehrichtung mit 2500 Schaltungen zu prüfen.

Nach dieser Prüfung muß der Schalter die in §§ 12, 13 und 14 vorgeschriebenen Versuche noch aushalten.

§ 12.

Die spannungführenden Teile des Schalters müssen in eingeschalteter Stellung gegen die Befestigungsschrauben, gegen den Griffträger und gegen das Gehäuse, ferner in ausgeschalteter Stellung zwischen den Klemmen folgende Spannungen eine Minute lang aushalten:

bei 250 V Nennspannung 1500 V Wechselstr.
„ 500 „   „   2000 „   „
„ 750 „   „   2500 „   „

§ 13.

Die Kontaktteile des Schalters dürfen nach einstündiger Belastung mit dem 1,25-fachen des Nennstromes, jedoch mit nicht weniger als 6 A, bei geschlossenem Gehäuse und bei einer Raumtemperatur von ungefähr 20° C keine solche Temperatur annehmen, daß an irgend einer Stelle ein vor dem Versuch angedrücktes Kügelchen reinen Bienenwachses von etwa 3 mm Durchmesser nach Beendigung des Versuches geschmolzen ist.

§ 14.

Der Schalter muß bei 1,1 facher Nennspannung mit dem 1,25 fachen Nennstrom induktionsfrei belastet im Gebrauchszustand und in der Gebrauchslage während der Dauer von 3 Minuten die nachstehend verzeichnete Zahl von Stromunterbrechungen aushalten, ohne daß sich ein dauernder Lichtbogen bildet:

Größe des Schalters: bis 10A 25A 60A u. darüber
Zahl der Schal-
*   tungen in 3 Min.   90   60   30*

Die Schaltung bei der Prüfung ist
für einpolige Schalter nach Schema Abb. 2,
für zweipolige   „   „   „   „ 3,
für dreipolige   „   „   „   „ 4
vorzunehmen.

Hierin bedeuten:

W_1 Induktionsfreie Widerstände zur Verhinderung unmittelbarer Kurzschlüsse. Sie sollen den Kurzschlußstrom auf 550 A begrenzen, und es muß daher jeder einzelne die in folgender Tabelle angegebenen Widerstandswerte aufweisen.

Nennspannung in V	250	500	750
Prüfspannung in V	275	550	825
W_1 (in Ohm) bei zweipoligen Schaltern	0,25	0,50	0,75
dreipoligen Schaltern	0,25	0,50	0,75

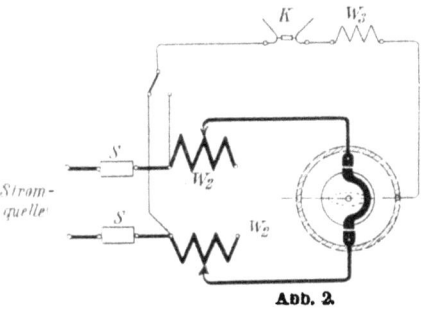

Abb. 2.

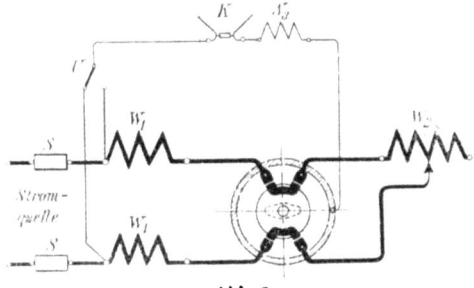

Abb. 3.

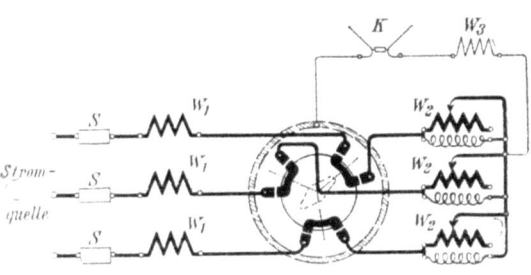

Abb. 4.

W_2 *Einstellbare Widerstände resp. Drosselspulen zur Einstellung des vorgeschriebenen Prüfstromes. Bei ein- und zweipoligen Schaltern müssen diese Widerstände induktionsfrei sein. Bei Drehstrom sind induktionsfreie Widerstände und Drosselspulen parallel zu schalten.*

Hintereinanderschaltung von Drosselspulen und Widerständen ist nicht statthaft.

Die Widerstände sind so abzugleichen, daß der Leistungsfaktor 0,3 nicht überschreitet.

W_3 *Widerstand zur Verhinderung eines unmittelbaren Kurzschlusses bei Überschlag nach dem Gehäuse, wenn dieses aus Metall besteht. Diese Widerstände sollen die Stromstärke auf 550 A begrenzen und betragen daher bei 275 V 0,5, bei 550 V 1,0 und bei 825 V 1,5 Ohm ($W_3 = 2 \times W_1$).*

K *Kennsicherung, bestehend aus blankem Widerstandsdraht (Rheotan) von 0,1 mm Durchmesser und mindestens 30 mm Länge.*

$S-S$ *Sind Schutzsicherungen für die ganze Prüfanordnung.*

Erläuterungen zu Absatz E. Dosenschalter.

|Es sei hier noch besonders darauf hingewiesen, daß außer den Bestimmungen der §§ 4 bis 14 für Dosenschalter auch noch die Vorschriften des § 3 „Allgemeines" Geltung haben.|

|Die Bestimmungen der „Errichtungsvorschriften" und gegebenenfalls auch der „Bahnvorschriften" müssen naturgemäß von allen Apparaten eingehalten werden. Um die Hersteller und Verbraucher solcher Apparate hierauf hinzuweisen, ist in den Vorschriften für die Konstruktion und Prüfung von Installationsmaterial stets unter der Überschrift zu jedem Absatz darauf hingewiesen, welche Paragraphen der in Frage kommenden Vorschriften zu beachten sind. Es sei aber hier noch besonders hervorgehoben, daß bei Verwendung von Dosenschaltern für Sonderzwecke auch die entsprechenden Bestimmungen berücksichtigt werden müssen. Das wird leider vielfach übersehen. Für den vorliegenden Fall kommen insbesondere aus den „Errichtungsvorschriften" die Sonderbestimmungen über explosionsgefährliche Betriebsstätten und Lagerräume, Schaufenster, Warenhäuser, Fahrzeuge elektrischer Grubenbahnen und über den Schießbetrieb in Bergwerken unter Tage in Frage. Die genannten Bestimmungen sind im Anhange zu diesem Buche unter Nr. 1 abgedruckt.|

|Die ersten Bestimmungen über Dosenschalter sind vom Verbande auf der Jahresversammlung 1902 angenommen worden, u. zw. als ein Teil der ersten

Fassung der Vorschriften für die Konstruktion und Prüfung von Installationsmaterial.]

[Der Begriff „Dosenschalter" ist in den Vorschriften nicht genau festgelegt worden, weil es schwierig ist, ihn scharf zu umgrenzen. Es gibt eine Reihe von Konstruktionen, welche ein Zwischending zwischen Dosenschaltern und Hebelschaltern darstellen und ferner auch solche, die unter keinen dieser Begriffe fallen. Es sind natürlich auch unter den engeren Begriff „Dosenschalter" nicht fallende Konstruktionen zulässig, sofern sie den Vorschriften des § 3 und der §§ 4 bis 14 sinngemäß sowie den Errichtungs-Vorschriften entsprechen.]

[Innerhalb von anderen Apparaten, Schaltuhren, Meßinstrumenten usw. werden vielfach Schaltvorrichtungen verwendet, welche man weder als Dosen- noch als Hebelschalter betrachten kann. Von ihnen werden nicht alle der an gewöhnliche Dosenschalter bzw. Hebelschalter zu stellenden Anforderungen erfüllt werden brauchen, solange sie in den genannten Apparaten abgeschlossen angebracht und nur besonders instruiertem Personal zugänglich sind.]

Zu § 4.

Den Umschaltern sind Wechselschalter und Serienschalter gleichzustellen. Deshalb ist in der Fassung der Vorschrift der Ausdruck „Umschalter aller Arten" gewählt worden.

Die Vorschrift, die Minimalstromstärke der Ausschalter mit 4 A diejenige der Umschalter mit 2 A festzusetzen, hat ihren Ursprung in einem Antrage der Vereinigung der Elektrizitätswerke an den Verband Deutscher Elektrotechniker vom Jahre 1907 und ihre Begründung in den vielen schlechten Erfahrungen, welche bis dahin mit den Schaltern für 1 und 2 A gemacht wurden. Letztere genügten zwar elektrisch diesen geringen Anforderungen, waren aber mechanisch so minderwertig, daß sie als Gebrauchsgegenstände ausgeschieden werden mußten, wenn erhebliche Übelstände vermieden werden sollten. Bei zahlreichen damals angestellten Versuchen stellte sich heraus, daß die für 4 A gebauten Schalter die kleinsten waren, die sich für den praktischen Gebrauch genügend haltbar erwiesen, und daß die gleichen Größenverhältnisse auch eingehalten werden müssen, um einen brauchbaren Umschalter für 2 A herzustellen.

Nachdem in den letzten Jahren die Metallfadenlampen immer weitere Verwendung finden, wird es von einigen Installateuren als rigoros bezeichnet, daß bei Stromkreisen mit nur 1 oder 2 Glühlampen ein Ausschalter für minimal 4 A verwendet werden muß, während bei Schaltern, die für mehrere Lampengruppen dienen können, eine Konstruktion für 2 A zulässig ist. Wie aus dem Vorstehenden hervorgeht, ist aber für diese Vorschrift nicht die elektrische Leistung maßgebend, sondern die Tatsache, daß die Ausführung von Ausschaltern für kleinere Leistung als 4 A und 250 V nicht die für den praktischen Gebrauch notwendige mechanische Festigkeit aufweist.

Zu § 5.

Über die Wahl der Dosenschalter mit Rücksicht auf die jeweilige Spannung ist Näheres in der Erläuterung zu § 1 angegeben.

Zu § 6.

Diese Vorschrift wird vielfach so aufgefaßt, als müßten die Schalterdeckel die geforderte Beschriftung tragen. Daß dies mit obiger Vorschrift keineswegs beabsichtigt ist, geht bereits aus den Erläuterungen zu den Errichtungsvorschriften von C. L. Weber zu § 11 b) hervor, wo es ausdrücklich heißt, daß der Träger der fraglichen Beschriftung n i c h t der Deckel sein soll, weil dieser allzuleicht vertauscht werden kann.

|Der eben erwähnte Teil der Erläuterungen von C. L. Weber hat folgenden Wortlaut:

„Der feste Teil, der die Angaben über Strom und Spannung trägt, soll nicht der verwechselbare Deckel sein, sondern die Unterlage, auf welcher die feststehenden Kontakte befestigt sind. Die Angaben sollen auch bei montiertem Schalter erkennbar sein. „ETZ" 1904, S. 424, No. 100d.

Früher war auch vorgeschrieben, daß die Schalter auf dem Gehäuse ein Zeichen tragen müssen, welches erkennen läßt, ob der Strom geschlossen oder geöffnet ist. Dies wurde fallen gelassen, weil es sich bei der Schaltern mit toter Linksdrehung nicht durchführen läßt; auch bei Druckknopfschaltern ist eine solche Bezeichnung nicht möglich."

Anders liegen dagegen die Verhältnisse bei Schaltern für Hochspannung. Dort ist nach § 11 f der Errichtungsvorschriften vorgeschrieben, daß die Schaltstellung erkennbar sein muß. In den Erläuterungen zu den Errichtungsvorschriften von C. L. Weber ist hierzu folgendes ausgeführt:

„Auf welche Weise die Schaltstellung erkennbar gemacht wird, bleibt freigestellt. Bei vielen Bauarten ersieht man sie aus der Lage der arbeitenden Teile ohne weiteres. Bei Schaltern, deren arbeitende Teile eingebaut sind, soll sowohl an der Bedienungsseite als am Schalter selbst die Stellung zu erkennen sein. Nicht verlangt sind Aufschriften, die Jedem aus dem Publikum verständlich sind, sondern es genügt, wenn der Sachverständige aus der Stellung irgendwelcher leicht sichtbarer Bauteile oder Marken die Schaltstellung erkennen kann."|

|Der geeignetste Teil zum Auftragen der Beschriftung ist derjenige, welcher den Schaltmechanismus samt Kontakten trägt.|

Das Auftragen der Bezeichnung mit Farbe ist gestattet, wenn es so ausgeführt ist, daß die Angaben zuverlässig und dauernd haften.

Allgemein ist übrigens zu beachten, daß Abdeckungen und Gehäuseteile nicht durch solche Teile befestigt sein sollen, die betriebsmäßig öfter entfernt werden, da es dann leicht vorkommt, daß bei Auswechslung letzterer Teile die Abdeckungen und Gehäuseteile nicht wieder mit angebracht werden.

Zu § 8.

Unter Schleifkontakt ist ein Kontakt zu verstehen, dessen Unterbrechung mit gleitender Reibung zwischen beiden Teilen erfolgt. Der Zweck ist neben zuverlässiger Kontaktgebung ein selbsttätiges Säubern der Berührungsflächen. Dieser Bedingung kann z. B. ein Tastkontakt bei guter Konstruktion noch entsprechen, dagegen nicht ein einfacher Druck- oder Berührungskontakt.

Die Momentschaltung, die bei Gleichstrom zumeist zweckmäßig ist, kann bei Wechselstrom unter Umständen nachteilig sein. (Vergl. „ETZ", 1913, Seite 33 u. 55, Hoepp, „Über Unterbrechungslichtbogen bei elektrischen Schaltapparaten").

[Die Errichtungsvorschriften fordern in ihrer neuesten Fassung die Verwendung von Momentschaltern nur noch für Niederspannung bis 5 kW, während in der früheren Fassung für alle Leistungen bei Niederspannung Momentschalter verlangt waren.]

Zu § 9.

Diese Vorschrift gibt in Verbindung mit § 7 dem Grundsatz Ausdruck, daß bei den Schaltern zwischen der Hand des Bedienenden und den spannungsführenden Teilen eine doppelte Isolierung vorhanden sein soll.

Naturgemäß gilt dieses nicht nur für die am meisten gebräuchlichen Drehgriffe, sondern sinngemäß für jedes Betätigungsorgan, z. B. auch für die neuerdings größere Verbreitung findenden Zugketten oder Schnüre. Hierbei können jedoch die i n n e r h a l b des Schalters liegenden Teile auch aus Metall bestehen.

Befestigungsschrauben des Gehäuses dürfen nur dann berührbare Metallteile aufweisen, wenn das Muttergewinde für die Schraube nicht direkt im Gehäuse, sondern von diesem isoliert ist.

[Die Bestimmung des § 9 und diejenige des § 11c der Errichtungsvorschriften, welche ähnlichen Wortlaut hat, geben einen Anhalt für die Auswahl der im einzelnen Falle zu verwendenden Bauart. Wenn eine Erdung leicht und sicher ausgeführt werden kann, ist man in der Wahl nicht beschränkt. Da aber in manchen Fällen eine gute Erdung Schwierigkeiten macht, so bleibt nur die Verwendung von Schaltern übrig, deren äußere Teile aus nicht leitenden Baustoffen bestehen oder mit einer haltbaren Isolierschicht ausgekleidet oder überzogen sind. In den Erläuterungen zu den Errichtungsvorschriften von C. L. Weber ist hierüber folgendes gesagt:

„Metallgehäuse und Metallgriffe ohne isolierende Bekleidung sind bei den immer mehr in Anwendung kommenden höheren Spannungen sehr gefährlich, weil im Innern der Schalter leicht Stromübergänge auf solche Gehäuse oder Griffe, sei es durch Oberflächenleitung, Körperleitung, Funken oder Lichtbogen, vorkommen können, die dann dem Bedienenden gefährlich werden. Es stehen jetzt so viele Arten von haltbaren Isolierstoffen zur Verfügung, daß die gestellte Forderung auch dort leicht erfüllt werden kann, wo es auf mechanische Festigkeit ankommt. Kann das Gehäuse nicht völlig aus Isolierstoff gebaut werden, wie z. B. bei wasserdichten Schaltern, deren Gehäuse vielfach aus Gußeisen besteht, so ist es entweder zuverlässig zu erden oder außen mit einer Isolierschicht zu umkleiden, oder durch eine isolierende Ausfütterung so von den stromführenden Teilen zu trennen, daß Stromübergang oder Funkenübergang auf das Metallgehäuse ausgeschlossen ist."]

[Da die Bestimmung des § 9 dieser Vorschriften aber weiter geht als der § 11 c der Errichtungsvorschriften, empfiehlt es sich, Blechkappen an Dosenschaltern überhaupt nicht mehr zu verwenden, da sie, um diesen Vorschriften zu entsprechen, mit Erdungseinrichtung versehen werden müßten, auch wenn sie mit Isolierstoff ausgekleidet sind.]

[Bei Schaltern, die in die Wand eingelassen werden, ist eine Metallplatte als Abschluß unvermeidlich. Es ist dann aber notwendig, eine Abdeckung aus Isolierstoff von genügender Stärke zu verwenden. Die Befestigung dieser Isolierplatte darf jedoch nicht so erfolgen, daß die Befestigungsorgane, wenn sie der Berührung zugänglich sind, Verbindung mit dem Gehäuse haben.]

[Man wird bei Dosenschaltern gut tun, auch bei solchen mit erdbarem Gehäuse massive Griffe aus Isolierstoff vorzusehen.]

[Bei der Auswahl des Isolierstoffes ist es empfehlenswert, die vom Verbande in Aussicht genommene und in kurzer Zeit erscheinende Tabelle betr. Klassifizierung von Isolierstoffen zu beachten.]

[Da die Rohrinstallation jetzt eine außerordentlich große Bedeutung erlangt hat, ist es notwendig, daß die bei dieser Art der Installation zu verwendenden Apparate sich auch dem in ihrer Ausführung anpassen, denn nur so kann erreicht werden, daß das ankommende Rohr richtig an den Apparat anschließt. Es ist daher zu empfehlen, daß die Sockel der Dosenschalter, welche für Rohrinstallation bestimmt sind, für einen zweckmäßigen Anschluß der Rohre ausgebildet werden. Die Kommission für Installationsmaterial hat vorläufig eine diesbezügliche Forderung noch nicht aufgestellt. Es ist aber in Aussicht genommen, dies später zu tun und es empfiehlt sich daher, daß beim Bau der Apparate schon jetzt möglichst auf diese gerechte Forderung geachtet wird, damit spätere Änderungen der Modelle vermieden werden.]

Zu § 10.

Die Befestigung der Griffe soll so sein, daß ein allzu leichtes Lockern bei Linksdrehung vermieden wird. Griffe, die lediglich mit Gewinde aufgeschraubt werden, sind unzulässig, dagegen nicht solche, bei denen durch besondere Mittel das Abschrauben verhindert ist. Dies kann durch eine Schraubensicherung, eine federnde Mutter usw. geschehen. Unzulässig sind ferner solche Griffe, die nur aufgesteckt werden.

Diese Vorschrift gilt auch für Schalter, die mittels Steckschlüssel betätigt werden. Die Achse des Schalters muß so befestigt sein, daß sie mit dem Steckschlüssel nicht gelöst werden kann. Es ist natürlich auch bei derartigen Konstruktionen darauf zu achten, daß die Achse keiner zufälligen Berührung zugängig ist. Der Handgriff des Steckschlüssels soll sinngemäß aus Isolierstoff bestehen, oder mit einem dauerhaften vollständigen Überzug aus Isolierstoff versehen sein.

Abb. 5. Prüfapparat nach Schering.

Zu § 11.

Bei dieser Prüfung ist zu beachten, daß man die Schalter nicht etwa mit dauernd gleicher Geschwindigkeit hintereinander laufen lassen darf, bis die vorgeschriebene Zahl Drehungen erreicht ist (z. B. indem man sie in eine Drehbank einsetzt). Die Prüfung muß vielmehr so vorgenommen werden, daß die Schaltwelle bzw. der Griff der Schaltwelle periodisch und intermittierend in gleicher Weise bewegt wird, wie die Betätigung des Schalters praktisch von Hand erfolgen würde. In dieser Weise ist das in der Vorschrift gebrauchte Wort „absatzweise" zu verstehen. Über Apparate zur Ausführung dieser Prüfung siehe Schering, „ETZ", 1910, S. 291 und Hoepp, „ETZ" 1913, S. 1167.

Bei Umschaltern (Serienschalter, Wechselschalter) sind sinngemäß nicht die vollen Umdrehungen, sondern die einzelnen Bewegungen des Fortschaltens zu zählen, d. h. es sind, wie beim Ausschalter, 10 000 einzelne Bewegungen auszuführen.

[Der Apparat zur Prüfung von Dosenschaltern auf mechanische Haltbarkeit, welcher in der Physikalisch-Technischen Reichsanstalt in Verwendung ist und der an vorstehend angegebener Stelle der „ETZ" von H. Schering beschrieben worden ist, ist in Abb. 5 wiedergegeben.]

[Wie aus der Abbildung zu ersehen ist, wird durch Stellräder (Malteserkreuze), die von dem Nocken einer gleichmäßig rotierenden Scheibe von Zeit zu Zeit erfaßt und um eine Vierteldrehung herumgeworfen werden, erzielt, daß die Schaltungen absatzweise vor sich gehen, wie dies die Vorschriften verlangen. Der Apparat vermag Schalter bis 100 mm Durchmesser zu vieren gleichzeitig, größere Schalter bis 210 mm Durchmesser einzeln zu betätigen. Ein zweiter Satz Stellräder gestattet auch die Prüfung solcher Schalter, die bei einer Sechstel-Drehung in eine andere Schaltstellung gelangen.]

Abb. 6. Prüfapparat nach Hoepp

[In Abb. 6 ist der von Hoepp, „ETZ" 1913, S. 1167 beschriebene Apparat wiedergegeben, welcher im Laboratorium der A. E. G. benutzt wird.]

|Der Dosenschalter wird mittels Holzschrauben auf einer kreisförmigen, leicht abnehmbaren Holzplatte aufgeschraubt. Die Drehung erfolgt auch hier nicht kontinuierlich, sondern entsprechend der Schaltbewegung von Hand absatzweise, u. zw. mittels einer federnden Kupplung. Der Schalter kann während der Prüfung nach § 14 um 360° gedreht werden, um dadurch sicher zu sein, daß er auch in jeder Lage gut arbeitet (vergl. auch die Erläuterungen zu § 14).|

Zu § 12.

Ein Schalter hat die Prüfung in der vorgeschriebenen Weise ausgehalten, wenn nach einer Minute kein Durchschlag oder Überschlag an irgendeiner Stelle erfolgt ist. Wird die Spannung allmählich gesteigert, so tritt gewöhnlich, bevor ein Durchschlag oder Überschlag erfolgt, Glimmentladung oder Büschelbildung auf. Da die Prüfspannungen bereits entsprechend hoch gewählt sind, werden diese Erscheinungen, falls sie bei den angegebenen Prüfspannungen auftreten, als zulässig erachtet.

Bei der Prüfung sind die Befestigungsschrauben in die dazu bestimmten Löcher einzusetzen, auch wenn die Befestigung an und für sich auf andere Weise bewerkstelligt ist. Die Berücksichtigung der Befestigungsschrauben in der Lage, wie sie bei der praktischen Benutzung des Schalters in der Installation vorhanden sind, ist notwendig, weil die Schraubenköpfe mitunter bis nahe an die spannungführenden Teile reichen und die Sicherheit des Schalters daher beeinflussen können.

Zu § 13.

Das angegebene Kügelchen aus Bienenwachs von 3 mm Durchmesser bezeichnet nur ungefähr die für die Prüfung nötige Menge. Wenn die Konstruktion eines Schalters es zweckmäßig macht, diese Menge in anderer als Kugelform anzubringen, so ist dagegen nichts einzuwenden.

Zu § 14.

Es ist eine Erhöhung des Stromes um 25 % notwendig, weil bei der Erhöhung der Spannung um 10 %, mit welcher in fast allen Betrieben gerechnet werden muß, bei induktionsfreier Widerstandsbelastung auch eine Erhöhung des Stromes um 10 % auftritt. Damit auch in diesem Falle eine Unterbrechung des Stromkreises ohne Gefahr möglich ist, wurde der Prüfstrom um 25 % über den Nennstrom gesteigert. Das Prüfergebnis ist in hohem Maße abhängig von der Art der Prüfschaltung. Es darf z. B. ein zweipoliger Schalter nicht in der Weise angeschlossen werden, daß einfach beide Pole in Reihe geschaltet sind und ein einzelner Widerstand vorgeschaltet wird, weil dadurch die Möglichkeit eines Kurzschlusses zwischen den Polen ausgeschlossen wird. Die Prüfung soll, wie eine jede sinngemäße Prüfung, möglichst den Verhältnissen im praktischen Betriebe entsprechen. Bei der Prüfung einpoliger Schalter können die Widerstände W_2 auch, abweichend von der Zeichnung der Abb. 2 in ein und derselben Zuleitung liegen.

Auch die Lage des Schalters und ob der Anschluß der Stromquelle an den oberen oder unteren Kontakten eines Schalters erfolgt, ist bei vielen Schaltern nicht gleichgültig. Der Schalter sollte daher in der Gebrauchslage und mit der beabsichtigten Anschlußart geprüft werden. Bei einer allgemeinen Prüfung sollte man eventuell in mehreren Lagen des Schalters prüfen.

Die Gehäuse oder der Berührung zugängliche Metallteile von Schaltern, welche für Erdung eingerichtet sind bzw. sein müssen, sollen auch bei der Prüfung geerdet sein, d. h. es soll die volle Spannungsdifferenz zwischen den stromführenden Teilen der Schalter und diesen Metallteilen hergestellt werden. Da mit Ausnahme von Schaltern für Dreileiter-Anlagen, bei denen eine sinngemäße Prüfschaltung vorzunehmen ist, das Gehäuse zur selben Zeit auf das volle Potential gegen einen Pol gebracht werden kann, so ist eine zeitweise Umschaltung des Gehäuses auf den einen oder anderen Pol erforderlich. Bei der Prüfung unsicherer Schalter oder bei der Feststellung der Grenzen der Ausschaltstromstärke ist mit Rücksicht auf den Kurzschlußlichtbogen die direkte Betätigung von Hand zu vermeiden. Bei Wechselstrom und Drehstrom ist die Lichtbogenbildung an den Unterbrechungsstellen noch besonders abhängig von der Schaltgeschwindigkeit und der Kombination von Selbstinduktion und Widerstand im Stromverbraucher. (Vergl. Hoepp, „ETZ" 1913, S. 33 u. 55.) Da die Drehstromdosenschalter nicht nur für Glühlampenstromkreise, sondern häufig für kleinere Drehstrommotoren mit Kurzschlußankern Verwendung finden, so ist die Schaltung und der Leistungsfaktor nach Möglichkeit so gewählt worden, daß dieser Fall einigermaßen wiedergegeben wird.

Bezüglich der Befestigungsschrauben gilt das zu § 12 Gesagte.

[Für die Prüfung der Dosenschalter sind normale Formulare in Bearbeitung, in welche die Resultate aller aufgeführten Prüfungen eingetragen werden können. Derartige Formulare werden vom Verbande herausgegeben werden. Näheres hierüber siehe auch Erläuterung zu Abschnitt „A. Vorbemerkungen".]

F. Steckvorrichtungen.

Siehe auch Err.-Vorschr. §§ 13, 35, 36, 44, Bahnvorschr. §§ 18, 36.

§ 15.

a) **Nennstrom und Nennspannung müssen auf Dose und Stecker verzeichnet sein.**

1. Normale Nennstromstärken sind: 6, 25, 60 A
2. Normale Nennspannungen sind: 250, 500, 750 V.

§ 16.

a) Der Berührung zugängige Teile der Dosen- und Steckerkörper müssen, wenn sie nicht für Erdung eingerichtet sind, aus Isolierstoff bestehen.

b) Erdverbindungen der Stecker müssen hergestellt sein, bevor die Polkontakte sich berühren.

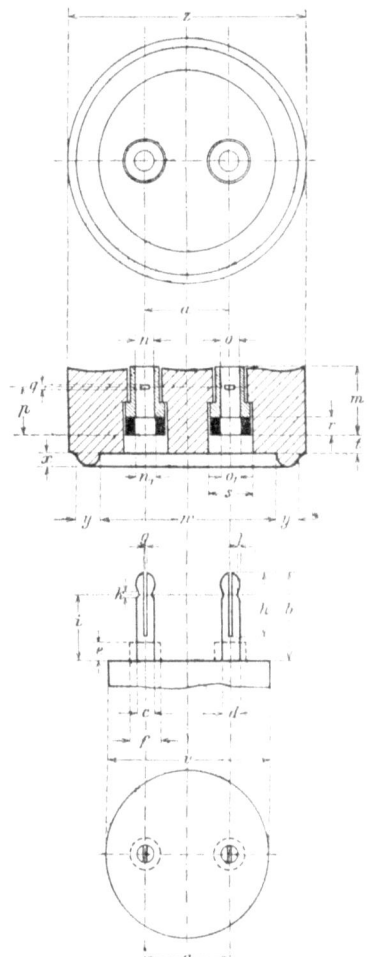

Abb. 7. Verwechselbare Ausführung.

§ 17.

Eine unbeabsichtigte Berührung spannungführender Metallteile der Dose wie des Steckers muß unmöglich sein.

§ 18.

Hülsen und Stifte dürfen in dem Körper nicht drehbar befestigt sein. Die Anschlußleitungen dürfen nicht mittels der Hülsen oder Stifte festgeschraubt werden.

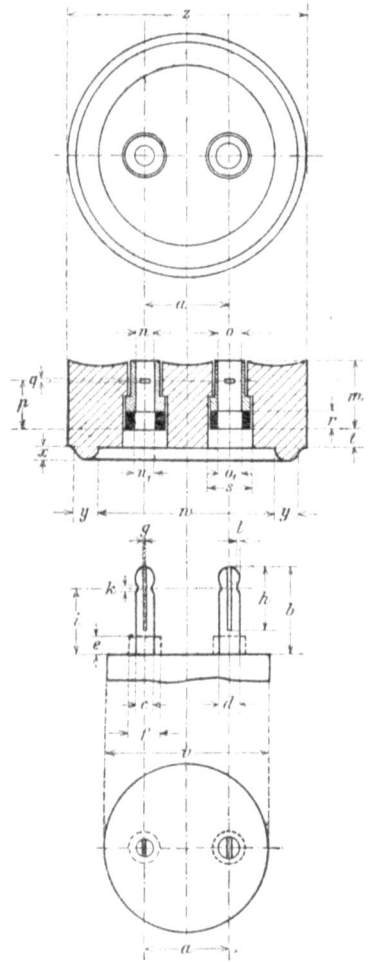

Abb. 8. Unverwechselbare Ausführung.

§ 19.

a) Stecker dürfen nicht in Dosen für höhere Nennstromstärke und Nennspannung passen.

b) Steckvorrichtungen müssen so gebaut

Steckvorrichtungen.

sein, daß die Anschlußstellen beweglicher Leitungen von Zug entlastet werden können.

c) Die Kontakthülsen in Steckdosen müssen eine Isolierabdeckung haben.

1. **Zweipolige Stiftsteckvorrichtungen** aus Isolierstoff von 250 V Nennspannung sollen die in Tabelle I und den Abb. 7 und 8 gegebenen Abmessungen haben.

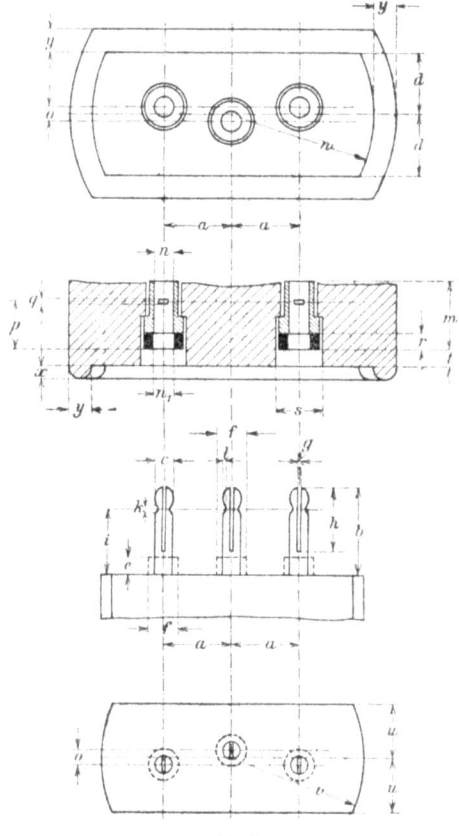

Abb. 9.

Die Steckerstifte sollen an ihrem Ende halbkugelförmig verrundet und der Länge nach mit einem Schlitz versehen sein. Der Schlitz soll quer zur Verbindungslinie der Steckerstifte gerichtet sein (siehe Abb. 7 und 8).

2. **Dreipolige Stiftsteckvorrichtungen aus Isolierstoff** von 250 V Nennspannung sollen die in Tabelle II und Abb. 9 gegebenen Abmessungen haben.

Die Unverwechselbarkeit in bezug auf Stromstärke wird durch unterschiedlichen Mittenabstand

Tabelle I.

		verwechselbar	unverwechselbar	
	Nennstromstärke in A	6	6	25
		mm	mm	mm
a	Mittenabstand der Stifte und Buchsen	19	19	28
b	Länge der Stifte	19	19	24
c	} Durchmesser der Stifte {	4	4	6
d		4	5	7
e	Größte Höhe } des {	4	4	6
f	Größter Durchmesser } Bundes[1] {	7	7	10
g	Größte Breite des Schlitzes	0,8	0,8	1
h	Tiefe des Schlitzes	14	14	17
i	Abstand der Mitte der Halterille von der Auflagefläche	14,5	14,5	20
k	Kleinste Breite der Halterille (vor Abrundung der Kanten)	1,5	1,5	2
l	Kleinste Tiefe der Halterille	0,5	0,5	0,8
m	Kleinste Tiefe der Bohrung für die Stifte	15	15	18
n	} Durchmesser der Buchsenbohrungen {	4,05	4,05	6,05
o		4,05	5,05	7,05
n_1	} Durchmesser der Bohrungen in der Isolierabdeckung {	4,55	4,55	6,55
o_1		4,55	5,55	7,55
p	Abstand der Stirnfläche der Isolierabdeckung von der Mitte der Haltefeder	10,5	10,5	14
q	Größte Breite der Haltefeder	0,8	0,8	1
r	Abstand der Stirnfläche der Isolierabdeckung von der Kontaktbuchse	4	4	5
s	Durchmesser der Steckdosenlöcher	10	10	14
t	Lichte Tiefe der Steckdosenlöcher	4	4	6
v	Kleinster } Durchmesser des Steckers	36	36	47
	Größter {	37	37	49
w	Kleinster } Durchmesser der ebenen Stirnfläche der Steckdose	38	38	50
	Größter {	40	40	52
x	Kleinste Höhe des Randes der Steckdose	3	3	5
y	Kleinste Stärke des Randes der Steckdose	5	5	6
z	Kleinster Durchmesser der Dose in der Ebene der Fläche der Isolierabdeckung	56	56	82

der Stifte und Buchsen (Maß a der Tabelle II), die Unverwechselbarkeit der Polarität durch seitliche Ausrückung der mittelsten Stifte und Buchsenbohrungen (Maß o der Tabelle II) erreicht.

Die Stecker sollen an ihren Enden halbkugelförmig verrundet und der Länge nach mit einem

---

[1] Der Bund (e, f) ist nicht obligatorisch; die Länge der Stifte ist jedoch in jedem Falle b.

Tabelle II.

	Nennstromstärke in A	6	25
		mm	mm
a	Abstand der Mittellinie der Stifte und Buchsen	15	21
b	Länge der Stifte	19	24
c	Durchmesser der Stifte	4	6
d	Kleinste ⎱ halbe Breite der ebenen Größte ⎰ Fläche der Dose	13 14	18 19
e	Größte Höhe ⎱ des Bundes[1] ⎱	4	6
f	Größter Durchmesser ⎰	7	10
g	Größte Breite des Schlitzes	0,8	1
h	Tiefe des Schlitzes	14	17
i	Abstand der Mitte der Halterille von der Auflagefläche	14,5	20
k	Kleinste Breite der Halterille (vor Abrundung der Kanten)	1,5	2
l	Kleinste Tiefe der Halterille	0,5	0,8
m	Kleinste Tiefe der Bohrung für die Stifte	15	18
n	Durchmesser der Buchsenbohrung .	4,05	6,05
n_1	Durchmesser der Bohrung in der Isolierabdeckung	4,55	6,55
o	Breitenabstand der Stifte und Buchsen	3	4
p	Abstand der Stirnfläche der Isolierdeckung von der Mitte der Haltefeder	10,5	14
q	Größte Breite der Haltefeder . . .	0,8	1
r	Abstand der Stirnfläche der Isolierabdeckung von der Kontaktbuchse	4	5
s	Durchmesser der Steckdosenlöcher .	10	14
t	Lichte Tiefe der Steckdosenlöcher .	4	6
u	Kleinste ⎱ halbe Breite des Steckers Größte ⎰	11 12	16 17
v	Kleinster ⎱ Radius der Länge des Größter ⎰ Steckers	29 30	39 40
w	Kleinster ⎱ Radius der ebenen Länge Größter ⎰ der Steckdose	31 32	41 42
x	Kleinste Höhe des Randes der Steckdose	3	5
y	Kleinste Stärke des Randes der Steckdose	5	6

Schlitz versehen sein. Der Schlitz soll quer zur Verbindungslinie der Steckerstifte gerichtet sein (siehe Abb. 9).

§ 20.

Zur Prüfung der mechanischen Haltbarkeit der Steckvorrichtung ist der Stecker ohne Strombelastung 1000 mal vollständig ein- und auszuführen.

Nach dieser Prüfung muß die Steckvorrichtung die in den §§ 21, 22 und 23 vorgeschriebenen Versuche noch aushalten.

---

[1]) Der Bund (e, f) ist nicht obligatorisch; die Länge der Stifte ist jedoch in jedem Falle b.

§ 21.

Es müssen bei eingesetztem Stecker die Steckvorrichtung gegen die Befestigungsschrauben und gegen eine am Stecker angebrachte Stanniolumwicklung, bei ausgezogenem Stecker die Kontakte gegeneinander die folgende Spannung eine Minute lang aushalten:

bei 250 V Nennspannung 1500 V Wechselstr.
„ 500 „   „   2000 „   „
„ 750 „   „   2500 „   „

§ 22.

Die Kontaktteile der Steckvorrichtungen dürfen bei eingesetztem Stecker und bei einer Raumtemperatur von ungefähr 20° C nach einstündiger Belastung mit dem 1,25-fachen des Nennstromes keine solche Temperatur annehmen, daß an irgendeiner Stelle ein vor dem Versuch angedrücktes Kügelchen reinen Bienenwachses von etwa 3 mm Durchmesser nach Beendigung des Versuches geschmolzen ist.

§ 23.

Die Steckvorrichtung muß bei 1,1-facher Nennspannung mit dem 1,25-fachen Nennstrom induktionsfrei belastet im Gebrauchszustand und in der Gebrauchslage 20 mal nacheinander, jedoch mit Pausen von mindestens 10 Sekunden, ein- und ausgeschaltet werden können, ohne daß sich ein dauernder Lichtbogen bildet.

Die Schaltung der Prüfanordnung ist die gleiche wie bei der Prüfung von Dosenschaltern (§ 14).

Erläuterungen zu Absatz
F. Steckvorrichtungen.

|Es sei hier noch besonders darauf hingewiesen, daß außer den Bestimmungen der §§ 15 bis 23 für Steckvorrichtungen auch noch die Vorschriften des § 3 „Allgemeines" Geltung haben.|

|Die Bestimmungen der „Errichtungsvorschriften" und gegebenenfalls auch der „Bahnvorschriften" müssen naturgemäß von allen Apparaten eingehalten werden. Um die Hersteller und Verbraucher solcher Apparate hierauf hinzuweisen, ist in den „Vorschriften für die Konstruktion und Prüfung von Installationsmaterial" stets unter der Überschrift zu jedem Absatz darauf hingewiesen, welche Paragraphen der in Frage kommenden Vorschriften zu beachten sind. Es sei aber hier noch besonders hervorgehoben, daß bei Verwendung von Steckvorrichtungen für Sonderzwecke auch die entsprechenden Bestimmungen berücksichtigt werden müssen. Das wird leider vielfach übersehen. Für den vorliegenden Fall kommen insbesondere aus den „Errichtungsvorschriften" die Sonderbestimmungen über

Steckvorrichtungen. 41

explosionsgefährliche Betriebstätten und Lagerräume, Schaufenster, Warenhäuser und über Abteufbetriebe in Bergwerken unter Tage in Frage sowie aus den Bahnvorschriften die Sonderbestimmungen über Leitungen in Fahrzeugen. Die genannten Bestimmungen sind im Anhange zu diesem Buche unter Nr. 1 bzw. 2 abgedruckt.]

[Die Arbeiten über Steckkontakte sind von einer Kommission, welche zur Normalisierung des Edisongewindes eingesetzt war, im Laufe des Geschäftsjahres 1897/98 des Verbandes als notwendig empfunden worden. Infolgedessen wurde der Jahresversammlung 1898 der Vorschlag gemacht, diese Arbeit in Angriff zu nehmen, und der Jahresversammlung 1899 wurde das Resultat in Form von Normalien für Steckkontakte bereits vorgelegt.]

Die hier aufgestellten Bestimmungen gelten für Steckdosen und Stecker in der allgemein verbreiteten Form, deren Verwendung lediglich in trockenen Räumen angebracht ist.

Auf sonstige Anschlußapparate dieser Art, z. B. verriegelbare oder mit Schalter kombinierte Steckvorrichtungen u. dergl. mehr, beziehen sich diese Vorschriften nicht, sondern es sind dafür die in den Errichtungsvorschriften gegebenen Bestimmungen maßgebend. Spezialfälle sind auch in den „Leitsätzen für die Ausführung von Schlagwetter-Schutzvorrichtungen an elektrischen Maschinen, Transformatoren und Apparaten" behandelt.

Zu § 15.

Über die Wahl der Steckvorrichtungen mit Rücksicht auf die jeweilige Spannung ist Näheres in der Erläuterung zu § 1 angegeben.

Bezüglich der Anbringung der Beschriftung gilt hier sinngemäß dasselbe, was bei den Dosenschaltern zu § 6 angegeben ist.

Zu § 16.

a) [Hier ist die Vorschrift des § 3 b zu beachten, wonach die spannungführenden Teile auf feuer-, wärme- und feuchtigkeitssicheren Körpern angebracht sein müssen. Wie schon in der Erläuterung zu § 3 erwähnt, folgt daraus, daß bei Steckern Hartgummi jetzt nicht mehr zulässig ist, während dieses Material früher erlaubt war.]

[Über die Ausführung von Gehäusen bei Steckvorrichtungen gilt im wesentlichen das gleiche, was bei Dosenschaltern zu § 9 gesagt ist.]

[Bei der Auswahl des Isolierstoffes ist es empfehlenswert, die vom Verbande in Aussicht genommene und in kurzer Zeit erscheinende Tabelle betreffend Klassifizierung von Isolierstoffen zu beachten.]

[Da die Rohrinstallation jetzt eine außerordentlich große Bedeutung erlangt hat, ist es notwendig, daß die bei dieser Art der Installation zu verwendenden Apparate sich auch dem in ihrer Ausführung anpassen, denn nur so kann erreicht werden, daß das ankommende Rohr richtig an den Apparat anschließt. Es ist daher zu empfehlen, daß die Steckdosen, welche für Rohrinstallation bestimmt sind, für einen zweckmäßigen Anschluß der Rohre ausgebildet werden. Die Kommission für Installationsmaterial hat vorläufig eine diesbezügliche Forderung noch nicht aufgestellt. Es ist aber in Aussicht genommen, dies später zu tun und es empfiehlt sich daher, daß beim Bau der Apparate schon jetzt möglichst auf diese gerechte Forderung geachtet wird, damit später Änderungen der Modelle vermieden werden].

Zu § 17.

Der Schutz gegen zufällige Berührung von stromführenden Teilen der nicht benutzten Dosen ist bei den nachstehend normalisierten Steckvorrichtungen dadurch gewährleistet, daß die Kontaktbuchsen mit Isolierköpfen versehen sind. (Vergl. Abb. 7 bis 9.) Die so vorgeschriebenen Isolierköpfe können bei einteiligen Dosen aus besonderen isolierenden Abdeckungen oder Buchsen über den Kontaktköpfen bestehen, während bei mehrteiligen Dosen die Deckel entsprechend gestaltete Isolierwände besitzen können.

Es genügt aber nicht, daß in unbenutztem Zustand oder bei vollständig eingeführtem Stecker die Berührung spannungsführender Teile unmöglich ist. Vielmehr muß durch die Konstruktion auch dafür gesorgt sein, daß keine zufällige Berührung der Stifte möglich ist, wenn diese bereits Spannung haben, der Steckerkörper aber noch nicht fest an der Dose anliegt; ferner muß es unmöglich sein, den Stecker derart mit nur einem Stift in die Dose einzusetzen, daß der zweite Stift spannungsführend freibleiben kann. Diese beiden Möglichkeiten sind durch die Länge der Stifte (b) und die Mindestmaße für den Rand x und den Durchmesser v beseitigt.

Zu § 18.

Wie in § 19 angegeben und aus den Abbild. 7 bis 9 ersichtlich, soll der Schlitz quer zur Verbindungslinie des Steckers stehen; er bewirkt dann die zum bequemen Einführen des Steckers notwendige Federung der Stifte. Die Haltefedern wiederum können ihren Zweck, ein allzuleichtes Herausrutschen des Steckers zu verhindern, nur dann erfüllen, wenn sie nicht in der Richtung der Federung, sondern quer zu dieser wirken. Beides ist nur dann möglich, wenn die Stifte und Hülsen nicht drehbar sind.

Die Befestigung dieser Teile selbst in ihren Isolierkörpern mittels eines konaxialen, durch Drehen des betr. Teiles lösbaren Gewindes soll n i c h t ausgeschlossen werden, wenn trotzdem eine Drehung der Stifte zuverlässig verhindert ist, dagegen soll die Vorschrift verhindern, daß die Hülsen bzw. Stifte gleichzeitig als Klemm- oder Kontaktbefestigungsorgane für die an sie anzuschließende Leitung mißbraucht werden. Eine derartige Befestigung der Anschlußleitungen durch die Hülsen ebenso wie die Stifte der Steckvorrichtung gewährleistet keinen dauernd sicheren Kontakt, da sich die Hülsen und Stifte durch den Gebrauch lockern können. Der Anschluß der

Leitungen an die Hülsen und Stifte soll daher durch besondere Verschraubung (Kopfschrauben oder Buchsenklemmen) erfolgen.

Zu § 19.

Die Einzelheiten der in § 19 aufgeführten Konstruktionen sind derart gewählt, daß die Steckvorrichtungen den Forderungen der Errichtungsvorschriften entsprechen. (Vergl. § 13 der letzteren.)

[Die Erläuterungen zu den Errichtungsvorschriften von C. L. Weber weisen darauf hin, daß bei Steckkontakten eine Unverwechselbarkeit in bezug auf Stromstärke notwendig ist. Ein transportabler Apparat für kleinere Stromstärken würde ungeschützt sein, wenn er an eine feste Leitung für höhere Stromstärke angeschlossen wird, weil die am festen Teil sitzende Sicherung ja für die höhere Stromstärke bestimmt ist und dementsprechend die schwache bewegliche Leitung und ihren Stromverbraucher nicht vor Überlastung schützt.]

[Bezüglich der Steckvorrichtungen für Hochspannung sei noch besonders auf die Bestimmung des § 13d der Errichtungsvorschriften hingewiesen, wonach dieselben so gebaut sein müssen, daß das Einstecken und Ausziehen des Steckers unter Spannung verhindert wird. Bei Zwischenkupplungen ortsveränderlicher Leitungen genügt es, wenn die Betätigung durch Unberufene verhindert ist.]

[Nach § 35 der Errichtungsvorschriften dürfen für explosionsgefährliche Betriebsstätten und Lagerräume nur Steckvorrichtungen in soweit verwendet werden, als für die besonderen Verhältnisse explosionssichere Bauarten bestehen.]

[In Bergwerken unter Tage dürfen im Abteufbetrieb nach § 4 der Errichtungsvorschriften nur Steckvorrichtungen verwandt werden, welche mit von Hand lösbarer Sperrung versehen sind.]

[In den früheren Bestimmungen über die Vorschriften für die Konstruktion und Prüfung von Installationsmaterial war für Steckdosen die Erleichterung zugelassen, daß etwa in den Dosen eingebaute Sicherungen den diesbezüglichen Prüfvorschriften nicht zu genügen brauchen, wenn eine zweite, den Prüfvorschriften entsprechende Sicherung von 6 A oder darunter die Steckvorrichtung mit schützt. Diese Erleichterung ist bei der Neubearbeitung dieser Vorschriften weggefallen, so daß daraus sich ergibt, daß nunmehr ausnahmslos alle in Steckdosen angewendeten Sicherungen den diesbezüglichen Prüfvorschriften entsprechen müssen.]

Der Bund (e) (f) an den Steckern ist nicht unbedingt vorgeschrieben. Ferner darf der vorstehende Rand (x, y) bei Versenkdosen mit Abdeckung fehlen, wenn sein Zweck bei dieser Anordnung durch die Isolierabdeckung selbst erfüllt ist.

Als die Kommission für Installationsmaterial einem vielfach geäußerten Wunsche nachkommend zu den Normalien für zweipolige Steckvorrichtungen solche für dreipolige hinzufügte, waren auf dem Markte zwei Gruppen derartiger Steckvorrichtungen vorhanden. Die eine davon hatte Kontaktstifte und Buchsen im gleichseitigen Dreieck und die andere in einer Linie angeordnet. Es hätten also entweder für beide Gruppen Normalien aufgestellt werden müssen oder es mußte eine neue Gruppe geschaffen werden, wodurch die anderen mit der Zeit vom Markt verschwinden mußten. Für letzteres hat sich nun die Kommission entschieden mit Rücksicht darauf, daß die bisherigen Konstruktionen in bezug auf Polarität verwechselbar waren. Außerdem ergab sich bei den damals üblichen Ausführungen, daß gewöhnliche zweipolige Stecker in dreipolige Dosen eingeführt werden konnten. Alle diese Übelstände sind nun bei der neuen Steckvorrichtung beseitigt. Die Unverwechselbarkeit wurde bei den neuen Normalien dadurch erzielt, daß der Mittelstift etwas aus der Verbindungslinie der beiden äußeren Stifte herausgerückt wurde.

[Von den Normalien abweichende Konstruktionen, z. B. konzentrische Steckvorrichtungen sind auch fernerhin zulässig. Für sie gelten aber naturgemäß die Errichtungsvorschriften und außerdem der allgemeine Teil der Vorschriften für Konstruktion und Prüfung von Installationsmaterial (Absatz D), und die allgemeinen Bestimmungen über Steckvorrichtungen, d. h. also die Angaben der §§ 15 bis 18 und 19a, b, c, ferner die Prüfvorschriften der §§ 20 bis 23. Außerdem ist der letzte Satz der Regel 1 unter „A. Vorbemerkungen" zu beachten, wonach von den Normalien abweichende Ausführungen mit den normalen nicht verwechselbar sein sollen.]

[Bei dem Bau von Steckvorrichtungen sind auch die Bestimmungen der „Leitsätze für die Errichtung elektrischer Fernmeldeanlagen (Schwachstromanlagen)" zu beachten. Der § 3 derselben lautet:

„e) Steckvorrichtungen müssen so gebaut sein, daß die Stecker nicht ohne weiteres in die normalen Dosen der Starkstromleitungen gesteckt werden können."]

[Mit zunehmender Ausbreitung der Elektrotechnik zeigt sich mehr und mehr das Bedürfnis, neben den allgemein gebräuchlichen Installationsapparaten auch solche zu schaffen, welche rauherer Behandlung standhalten. Das gleiche Bedürfnis besteht auch für Steckvorrichtungen. Die z. Zt. normalisierten Konstruktionen sind für viele Zwecke, beispielsweise für gewerbliche Anlagen u. a., wegen ihrer freistehenden Steckerstifte unzureichend und werden vielfach schon jetzt durch besondere Spezialkonstruktionen ersetzt. Sehr viele von diesen können indessen einer kritischen Beurteilung in Hinsicht auf die vom Verbande geforderte Sicherheit nicht standhalten. Außerdem erscheint eine gewisse Einheitlichkeit erwünscht. Die Kommission für Installationsmaterial ist z. Zt. mit der Bearbeitung dieser Angelegenheit noch beschäftigt. Sie hat die einschlägigen Verhältnisse genau studiert und hierüber einen vorläufigen Bericht, „ETZ" 1912, S. 325, von Hermanni und Klement erstatten lassen, um so der späteren Aufstellung von Normalien vorzuarbeiten.]

[Aus vorstehender Veröffentlichung mögen hier auszugsweise diejenigen Grundzüge angegeben werden, welche damals als Unterlagen für spätere Normalien über Kragensteckvorrichtungen zusammengestellt worden sind. Hierbei ist zu beachten, daß diese Grundsätze sich auf die alten Vorschriften für die Konstruktion und Prüfung von Installationsmaterial beziehen. Der nach-

Steckvorrichtungen. 45

stehend erwähnte § 42 der alten Vorschriften ist fast vollständig identisch mit dem § 16a des hier vorliegenden neuen Wortlautes. Außerdem ist zu beachten, daß eine Reihe der damals (im Jahre 1912) aufgestellten Grundzüge in dem neuen Wortlaut der Vorschriften bereits allgemein erfüllt sind und somit in Zukunft als Sonderforderungen für Kragensteckvorrichtungen wegfallen werden.]

[Die erwähnten Grundzüge für zukünftige Normalien über Kragensteckvorrichtungen sind folgende:

1. Steckvorrichtungen mit Schutzkragen an Dose und Stecker sind unter Berücksichtung des § 42 der Vorschriften für Konstruktion und Prüfung von Installationsmaterial zu bauen:
   a) aus Metall mit Erdungseinrichtungen;
   b) aus Isoliermaterial ohne diese.
2. Die Abstufungen der Stromstärken sollen sein: 6, 25, und 60 A.
3. Als normale Höchstspannung gilt 500 V Niederspannung [1]).
4. Die angegebene Normalstromstärke soll bei normaler Höchstspannung und induktionsfreier Belastung durch die Steckvorrichtung ausschaltbar sein.
5. Erdungseinrichtungen sind nur an den metallenen Kragensteckvorrichtungen vorzusehen, u. zw.:
   a) eine Vorrichtung zur Erdung des Dosengehäuses;
   b) ein Schleifkontakt zwischen Dosen- und Steckerkragen als Endverbindung zwischen Stecker- und Dosengehäuse;
   c) eine Vorrichtung zum Anschluß einer Erdleitung für den Stromverbrauchskörper im Innern des Steckergehäuses.

   Erdungsklemmen sollen die Bezeichnung E oder ▨ tragen.
6. Kragensteckvorrichtungen sollen in der Regel unverwechselbare Pole haben.
7. Sämtliche Steckvorrichtungen sollen untereinander unverwechselbar und so gebaut sein, daß kragenlose Stecker in Kragendosen auch nicht mit einem Stift eingeführt werden können.
8. Kragensteckvorrichtungen aus Isoliermaterial und Metall sollen Haltevorrichtungen für den Stecker besitzen.
9. Die Steckerstifte sollen gegen Herausdrehen und Lockerung gut gesichert und im Durchmesser möglichst kräftig gehalten sein.
10. Die Stecker müssen Leitungsentlastungsvorrichtungen haben, desgleichen die Kupplungsdosen.
11. Der Steckerkörper muß so gestaltet sein, daß er bequem gehandhabt werden kann.
12. Der Anschluß der Leitungen muß leicht und sachgemäß ausgeführt werden können.]

---

[1]) § 13 der Errichtungsvorschriften läßt Steckvorrichtungen auch über 250 V ohne Verriegelung zu, wenn sie in Niederspannungsanlagen verwendet werden.

Zu § 21.

Für die Durchführung der Spannungsprüfung gilt hier auch das im § 12 für Dosenschalter Gesagte.

Zu § 22.

Über die Bestimmung der Temperatur mittels eines Kügelchen reinen Bienenwachses siehe Näheres in der Erläuterung zu § 13.

G. Sicherungen mit geschlossenem Schmelzeinsatz.

Siehe auch Err.-Vorschr. §§ 14, 20, 28, 35, 36, 43.
Bahnvorschr. §§ 16, 19.

§ 24.

a) Nennstrom und Nennspannung müssen auf dem ortsfesten Teil des Sicherungselementes sichtbar und haltbar verzeichnet sein.

1. Normale Nennstromstärken sind: 25, 60, 100, 200 A.
2. Normale Nennspannungen sind: 500, 750 V.

§ 25.

a) **Nennstrom und Nennspannung müssen** auf dem Schmelzeinsatz haltbar verzeichnet sein.

1. Normale Nennstromstärken sind: 6, 10, 15, 20, 25, 35, 60, 80, 100, 125, 160, 200 A. Für höhere Stromstärken werden bestimmte Abstufungen nicht festgelegt.
2. Normale Nennspannungen sind: 500, 750 V.

§ 26.

Das Sicherungselement muß aus solchem Material hergestellt sein, daß seine Brauchbarkeit durch die höchste Temperatur, die im Betriebe mit dem stärksten zulässigen Schmelzeinsatz auftreten kann, auch auf die Dauer nicht beeinträchtigt wird.

§ 27.

Der Schmelzraum muß abgeschlossen sein und darf ohne besondere Hilfsmittel und ohne Beschädigung nicht geöffnet werden können.

§ 28.

a) Die Sicherungen für Nennstromstärken bis einschließlich 60 A müssen so gebaut sein, daß die fahrlässige oder irrtümliche Verwendung von Einsätzen für zu hohe Stromstärken ausgeschlossen ist.

1. Bei Edisonsicherungen für 500 V Nennspannung bis 25 A, bei denen die Unverwech-

Geschlossene Sicherungen.

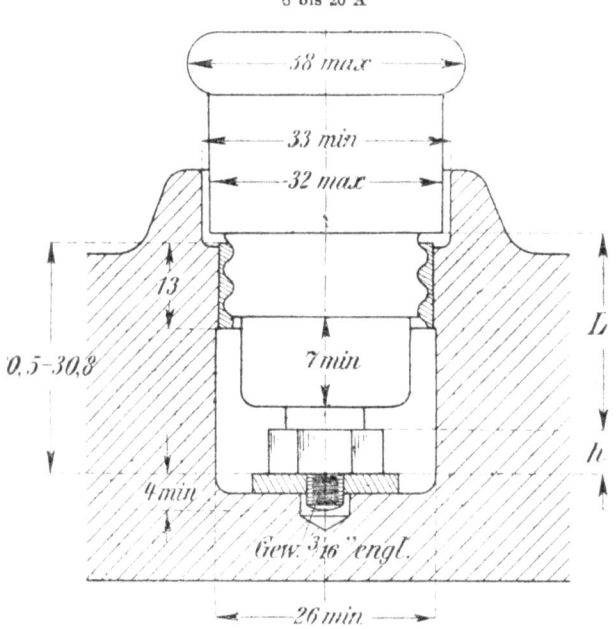

6 bis 20 A

Abb. 10.

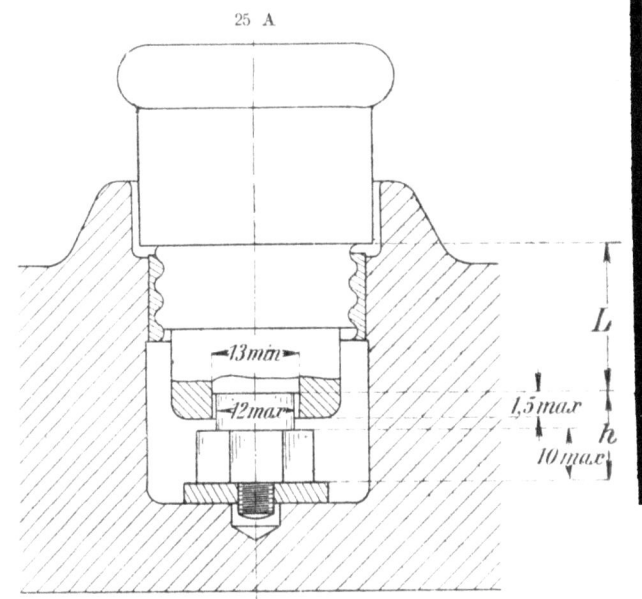

25 A

Abb. 11.

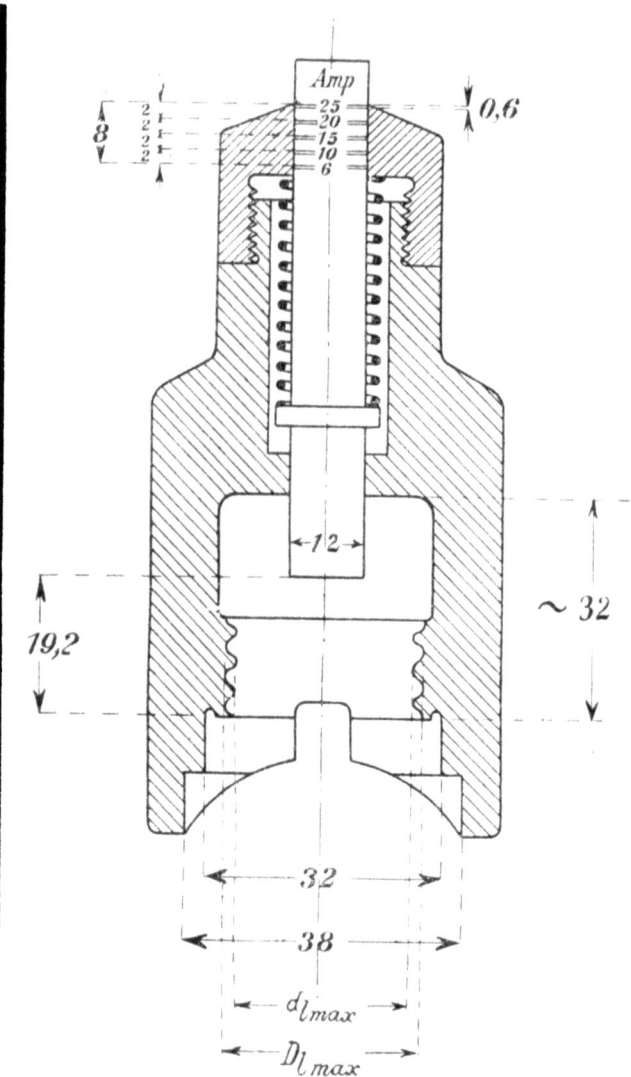

Abb. 12. Lehre für den Sicherungsstöpsel.

selbarkeit durch Höhenunterschiede erreicht wird, gelten als Maße für die Unverwechselbarkeit die Werte der Tabelle III.

Das Muttergewinde für die Kontaktschraube soll, von Oberkante des Mittelkontaktes aus gemessen, mindestens 3 mm lang sein.

Im übrigen sollen die in Abb. 10 und 11 eingetragenen Mindest- und Höchstmaße gelten.

Die Maßzahlen bedeuten Millimeter.

Geschlossene Sicherungen.

Tabelle III.
Zusammenstellung der Unverwechselbarkeitsmaße.

Nennstromstärke in A		6	10	15	20	25
Stöpsellänge L in mm	mindest	27,2	25,2	23,2	21,2	19,2
	höchst.	27,8	25,8	23,8	21,8	19,8
Kopfhöhe der Kontaktschraube h in mm	mindest.	3,9	5,9	7,9	9,9	11,9
	höchst.	4,1	6,1	8,1	10,1	12,1

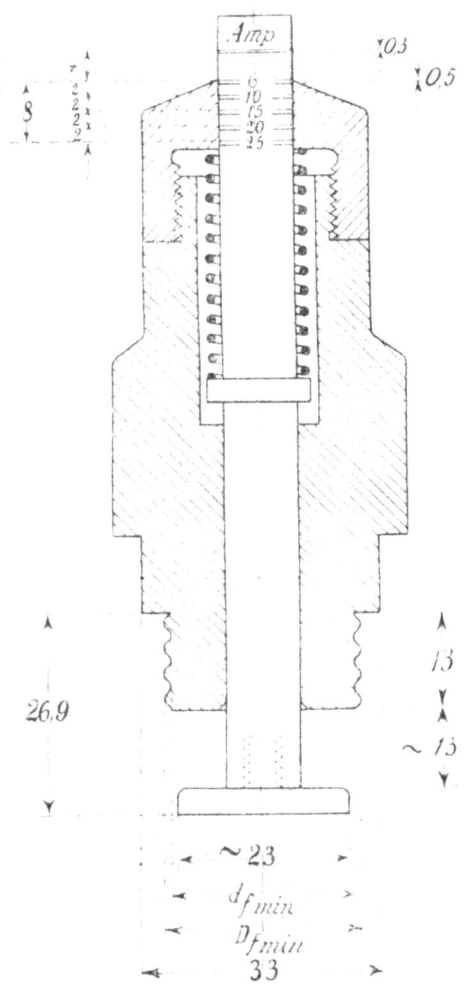

Abb. 13. Lehre für das Sicherungselement

Dettmar, Erläut. f. Schaltapp.

Zur Kontrolle des Stöpsels und Sicherungselementes (mit Ausnahme der Gewindeabmessungen) dienen die Lehren Abb. 12 und 13.

Gewindeabmessungen und Kontrollehren hierfür siehe § 46.

2. Bei Sicherungen mit großem Edisongewinde für 500 V Nennspannung bis 60 A, bei denen die Unverwechselbarkeit durch Höhenunterschiede erreicht wird, gelten als Maße für die Unverwechselbarkeit die Werte der Tabelle IV:

Tabelle IV.

Zusammenstellung der Unverwechselbarkeitsmaße.

Nennstromstärke in A		6	10	15	20	25	35	60
Kontakttiefe k in mm	mindest.	2,9	4,9	6,9	8,9	10,9	12,9	14,9
	höchst.	3,5	5,5	7,5	9,5	11,5	13,5	15,5
Kopfhöhe der Kontaktschraube h in mm	mindest.	3,9	5,9	7,9	9,9	11,9	13,9	15,9
	höchst.	4,1	6,1	8,1	10,1	12,1	14,1	16,1

Das Muttergewinde für die Kontaktschraube soll, von Oberkante des Mittelkontaktes aus gemessen, mindestens 3 mm lang sein.

Im übrigen sollen die aus der Abb. 14 ersichtlichen Mindest- und Höchstmaße gelten.

Die Maßzahlen bedeuten Millimeter.

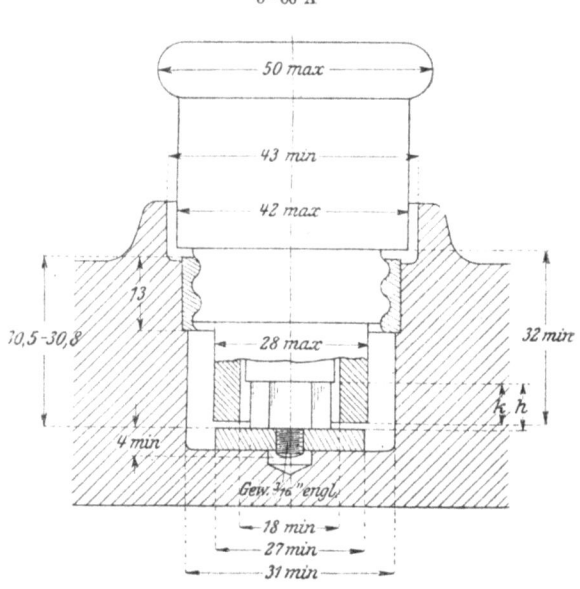

Abb. 14.

Zur Kontrolle des Stöpsels und Sicherungselementes (mit Ausnahme der Gewindeabmessungen) dienen die Lehren Abb. 15 und 16.

Gewindeabmessungen und Kontrollehren hierfür siehe § 46.

3. Es empfiehlt sich, das erfolgte Abschmelzen kenntlich zu machen.

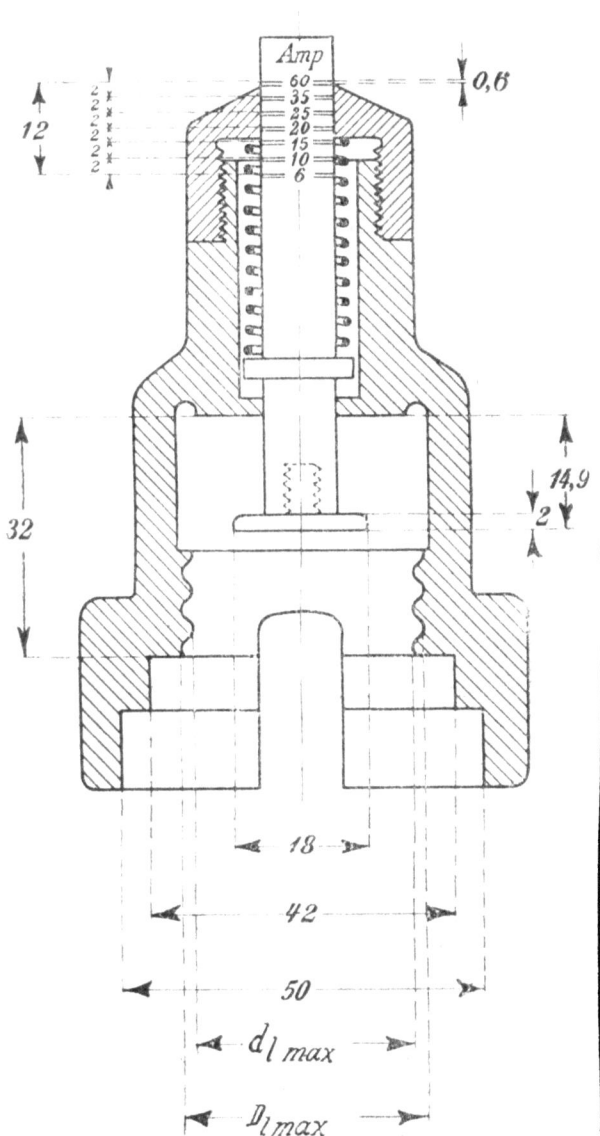

Abb. 15. Lehre für den Sicherungsstöpsel.

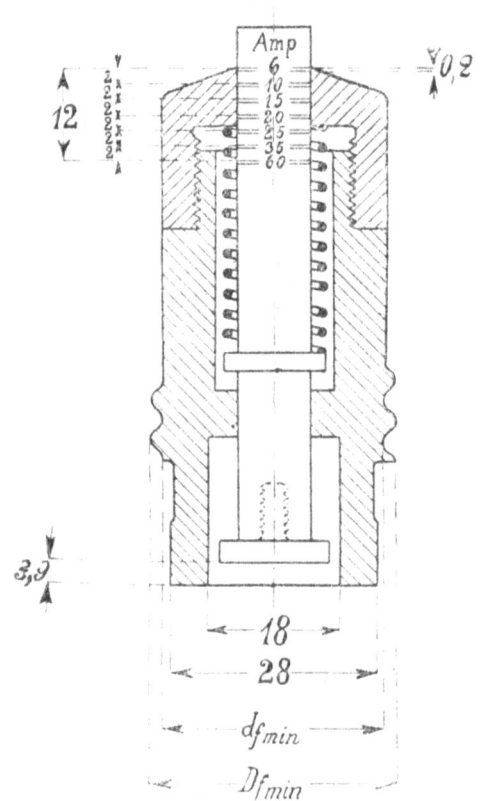

Abb. 16. Lehre für das Sicherungselement.

§ 29.

Die spannungführenden Teile der Sicherungen müssen bei eingesetztem Schmelzeinsatz gegen die Befestigungsschraube und gegen die der Berührung zugängigen Metallteile am Sockel und Einsatz, ferner ohne Einsatz zwischen den Kontakten, folgende Spannungen 1 Minute lang aushalten:

bei 500 V Nennspannung 2000 V Wechselstr.
„ 750 „ „ 2500 „ „

§ 30.

Für die Prüfung bei Kurzschluß gelten folgende Vorschriften:

Als Stromquelle dient ein Akkumulator von mindestens 1000 A bei einstündiger Entladung, dessen EMK, gemessen als Klemmen-

spannung, in unbelastetem Zustand, um 10 % höher sein muß als die auf dem Einsatz verzeichnete Nennspannung. (Siehe § 25.)

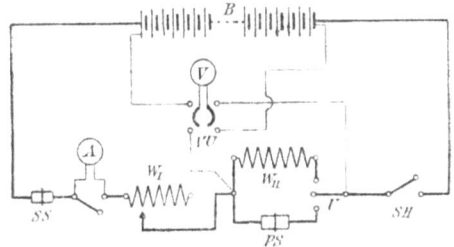

Abb. 17.

Schaltungsschema für die Kurzschlußprüfung.

B   Akkumulator,
SS   Schutzsicherung,
A   Amperemeter für 500 A mit Kurzschließung,
W_I induktionsfreier veränderlicher Widerstand mit möglichst geringen Temperaturkoeffizienten,
W_{II} Unveränderlicher Ersatzwiderstand für eine Stromstärke von 500 A,
PS   die zu prüfende Sicherung,
U   Umschalthebel,
SH   Schalthebel,
V   Voltmeter,
VU   Voltmeterumschalter.

Der Widerstand W_{II} muß bei Prüfung von Sicherungen für 500 V 1 Ohm, bei Prüfung von Sicherungen für 750 V 1,5 Ohm betragen.

Der Widerstand der Zuleitungen zur Prüfsicherung (von der Abzweigung bis zum Umschalter) darf nicht mehr betragen als der von 5 m Kupferdraht des dem Nennstrom der Sicherung entsprechenden Querschnittes.

Der Versuch hat in der Weise stattzufinden, daß bei offenem Stromkreise die EMK des Akkumulators auf die vorgeschriebene Höhe eingestellt wird, alsdann wird der Stromkreis geschlossen und mittels des regulierbaren Widerstandes die Stromstärke auf 500 A gebracht.

Ist der Widerstand des Prüfstromkreises in dieser Weise abgeglichen, so wird an Stelle des Ersatzwiderstandes die zu prüfende Sicherung eingeschaltet.

Beim Schließen des Schalters muß diese ordnungsgemäß abschmelzen.

§ 31.

Für die Prüfung auf richtige Abschmelzstromstärke gilt folgende Tabelle:

Nennstrom A	Minimaler Prüfstrom	Maximaler Prüfstrom
6 bis 10	1,5 × Nennstrom	2,10 × Nennstrom
15 bis 25	1,4 × Nennstrom	1,75 × Nennstrom
35 „ 200	1,3 × Nennstrom	1,60 × Nennstrom

Den Minimalprüfstrom müssen die Sicherungen bis 60 A mindestens 1 Stunde, diejenigen bis 200 A mindestens 2 Stunden aushalten, mit dem Maximalprüfstrom belastet müssen sie innerhalb derselben Zeiten abschmelzen.

§ 32.

Sicherungen müssen auch bei allmählich steigender Überlastung ordnungsmäßig abschmelzen. Zur Prüfung wird die Sicherung bei 1,1-facher Nennspannung zunächst mit dem in § 31 angegebenen minimalen Prüfstrom 2 Minuten lang vorbelastet, damit sie sich anwärmt. — Hierauf wird die Belastung nach und nach so gesteigert, daß die Unterbrechung ungefähr nach weiteren 2 Minuten erfolgt.

§ 33.

Sicherungen bis einschl. 60 A müssen bei 1,1-facher Nennspannung und einer Belastung von 500 A ordnungsmäßig abschmelzen.

Erläuterungen zu Absatz G. Sicherungen mit geschlossenem Schmelzeinsatz.

[Es sei hier noch besonders darauf hingewiesen, daß außer den Bestimmungen der §§ 24 bis 33 für Sicherungen mit geschlossenem Schmelzeinsatz auch noch die Vorschriften des § 3 „Allgemeines" Geltung haben.]

[Die Bestimmungen der „Errichtungsvorschriften" und gegebenenfalls auch der „Bahnvorschriften" müssen naturgemäß von allen Apparaten eingehalten werden. Um die Hersteller und Verbraucher solcher Apparate hierauf hinzuweisen, ist in den „Vorschriften für die Konstruktion und Prüfung von Installationsmaterial" stets unter der Überschrift zu jedem Absatz darauf hingewiesen, welche Paragraphen der in Frage kommenden Vorschriften zu beachten sind. Es sei aber hier noch besonders hervorgehoben, daß bei Verwendung von Sicherungen mit geschlossenen Schmelzeinsätzen für Sonderzwecke auch die entsprechenden Bestimmungen be-

Geschlossene Sicherungen. 55

rücksichtigt werden müssen. Das wird leider vielfach übersehen. Für den vorliegenden Fall kommen insbesondere aus den „Errichtungsvorschriften" die Sonderbestimmungen über explosionsgefährliche Betriebsstätten und Lagerräume, Schaufenster, Warenhäuser und Fahrzeuge elektrischer Grubenbahnen in Frage. Die genannten Bestimmungen sind im Anhange zu diesem Buche unter Nr. 1 abgedruckt.

Schon im Jahre 1895 sind vom Verbande Normalien über Stöpsellängen von Sicherungen für 1 bis 25 A aufgestellt und das Edisongewinde, mit welchem diese Stöpsel gebaut wurden, in seinen Abmessungen festgelegt worden.

Die Vorschriften beziehen sich auf Schmelzsicherungen, deren Schmelzeinsatz feuersicher geschlossen ist. Sie werden kurz als „geschlossene Schmelzsicherungen", „Patronensicherungen" oder „Schmelzstöpselsicherungen" bezeichnet im Gegensatz zu offnen oder umhüllten Schmelzstreifen (Streifensicherungen). Es kommen in der Praxis auch Fabrikate vor, die sich in der Form zwar den Sicherungen mit geschlossenem Schmelzeinsatz scheinbar anschließen, die jedoch eine wesentliche Abweichung in der Konstruktion zeigen, insofern als der Schmelzdraht nicht ganz und gar eingebettet ist, sondern z. B. in einem kleinen Teil seiner Länge durch Luft geführt oder im ganzen nur um einen Isolierkörper herumgelegt ist. Diese Art von Schmelzstöpseln ist nicht als geschlossener Schmelzeinsatz zu betrachten. In den Vorschriften ist stets unterschieden zwischen „Sicherung", „Sicherungselement" und „Sicherungseinsatz" (Schmelzeinsatz, Schmelzstöpsel, Patrone).

Die „Sicherung" ist der ganze Apparat, d. h. das Sicherungselement mit dem Schmelzeinsatz zusammen.

Das „Sicherungselement" ist die Sicherung ohne Schmelzeinsatz. Es besteht demnach aus dem ortsfesten Teil (Sockel), der Fußkontaktschraube und aus der zugehörigen Abdeckung (Deckel).

Der „Schmelzeinsatz" ist der auswechselbare Teil der Sicherung, der den Schmelzleiter enthält.

Beim Bau von Schmelzsicherungen ist zu beachten, daß die Bestimmungen des § 5 der „Betriebs-Vorschriften" erfüllt werden können. Die entsprechenden Teile dieses Paragraphen haben folgenden Wortlaut:

„b) Die Bedienung von Schaltern, das Auswechseln von Sicherungen und die betriebsmäßige Bedienung von Maschinen, Akkumulatoren, Apparaten, Lampen ist nur den damit beauftragten Personen gestattet, wo erforderlich, unter Benutzung von Schutzmitteln.

1. Sicherungen und Unterbrechungsstücke bei Hochspannung sollen, wenn die Apparate nicht so gebaut oder angeordnet sind, daß man sie ohne

weiteres gefahrlos handhaben kann, nur unter Benutzung isolierender oder anderer geeigneter Schutzmittel, betätigt werden."

Was unter Schutzmitteln zu verstehen ist, gibt § 2¹ der Betriebsvorschriften an. Dieser lautet:

1. „Als Schutzmittel gelten gegen die herrschende Spannung isolierende, einen sicheren Stand bietende Unterlagen, Gummihandschuhe, Gummischuhe, Schutzbrillen, Werkzeuge mit Schutzisolierung, Abdeckungen, zuverlässige Erdungen und ähnliche Hilfsmittel."

Zu § 24.

Es ist zulässig, diese Bezeichnung auf den Metallteilen des Sockels, z. B. der Fußkontaktschiene, anzubringen.

Zu § 25.

1. Die angegebenen Stromstufen genügen im allgemeinen den praktischen Bedürfnissen. Falls ausnahmsweise Zwischenstufen in diesem System verwendet werden, so muß aus Gründen der Sicherheit unbedingt darauf geachtet werden, daß das Unverwechselbarkeitsmaß der nächst h ö h e r e n Normalstromstärke entspricht.

Es ist davon abzuraten, Sicherungen für geringere Stromstärken als 6 A zu verwenden, da die Herstellung von Schmelzfäden so geringen Querschnittes, wie er für kleinere Stromstärken nötig wäre, nicht mit ausreichender Genauigkeit und Gleichmäßigkeit möglich ist.

2. Sicherungen für 250 V sind nicht mehr zulässig. Die Möglichkeit der Verwechslung von Patronen für 250 und 500 V ist so groß, daß in sehr vielen Anlagen, in denen beide Sorten gebraucht werden, stets die Gefahr bestünde, durch Einsatz von 250-V-Patronen an Stellen mit höherer Spannung Unfälle zu verursachen.

Zu § 26.

Unter dem stärksten zulässigen Schmelzeinsatz ist derjenige zu verstehen, dessen Nennstromstärke gleich ist der Nennstromstärke des verwendeten Sicherungselementes.

Die höchste Temperatur tritt in geschlossenen Schmelzeinsätzen auf bei einer Belastung, welche den Einsatz in etwa 20 Minuten zum Abschmelzen bringt. Zu berücksichtigen sind aber auch diejenigen schwächeren, jedoch andauernden Erwärmungen, die bei Beanspruchung mit einer von der Sicherung noch dauernd ausgehaltenen Belastung auftreten und insbesondere in Gehäusen recht erheblich sein und durch unzureichende Zuleitungsquerschnitte oder schlechte und lockere Kontakte noch beträchtlich gesteigert werden können. Besonderer Wert ist deswegen auf Wärmebeständigkeit des Isoliermaterials für die Unterlage zu legen. Formveränderungen durch plötzliche hohe oder auch schwächere, länger andauernde Erwärmung führen zur Verschlechterung der Kontakte, demzufolge zu noch weiteren Tem-

Geschlossene Sicherungen. 57

peratursteigerungen, Oxydieren der Kontakte und hiernach frühzeitigem Abschmelzen der Schmelzeinsätze.

Einige Isolierstoffe, beispielsweise Marmor, verlieren vollkommen ihre Festigkeit und neigen zum Reißen.

[Bei der Auswahl des Isolierstoffes ist es empfehlenswert, die vom Verbande in Aussicht genommene und in kurzer Zeit erscheinende Tabelle betreffend Klassifizierung von Isolierstoffen zu beachten.]

[Da die Rohrinstallation jetzt eine außerordentlich große Bedeutung erlangt hat, ist es notwendig, daß die bei dieser Art der Installation zu verwendenden Apparate sich auch dem in ihrer Ausführung anpassen, denn nur so kann erreicht werden, daß das ankommende Rohr richtig an den Apparat anschließt. Es ist daher zu empfehlen, daß die Sockel der Sicherungselemente, welche für Rohrinstallation bestimmt sind, für einen zweckmäßigen Anschluß der Rohre ausgebildet werden. Die Kommission für Installationsmaterial hat vorläufig eine diesbezügliche Forderung noch nicht aufgestellt. Es ist aber in Aussicht genommen, dies später zu tun und es empfiehlt sich daher, daß beim Bau der Apparate schon jetzt möglichst auf diese gerechte Forderung geachtet wird, damit spätere Änderungen der Modelle vermieden werden.]

[Die Bemessung von Sicherungen, die Wahl der verwendeten Materialien und die Bauart sind von außerordentlich großer Bedeutung und bieten viele Schwierigkeiten. Es sei daher hier auf den Aufsatz „Theoretisches und Praktisches über Abschmelzsicherungen" von Dr.-Ing. Georg Meyer, „ETZ" 1907, S. 430 hingewiesen. Darin werden die Vorgänge, welche beim Arbeiten der Sicherung sich abspielen, eingehend betrachtet. Es werden an Hand von Versuchen Angaben über die Konstanten der verschiedenen Materialien, wie sie vom praktischen Gesichtspunkte aus von Bedeutung sind, gemacht. In einem weiteren Aufsatz von E. Oelschläger, „ETZ" 1904, S. 762 ist „Über den zeitlichen Verlauf des Schmelzstromes von Sicherungen, beobachtet mit dem Oszillographen" interessantes Beobachtungsmaterial gegeben, welches für den Bau von Sicherungen gleichfalls von großer Bedeutung ist. Es ist darin gezeigt, wie lange es dauert, bis eine Sicherung den Stromkreis unterbricht, wenn sie mit verschiedenem Vielfachen ihres Normalstromes belastet wird. Das Verhalten der Sicherung bei Kurzschluß ist untersucht worden.]

Zu § 27.

Der Charakter des geschlossenen Schmelzeinsatzes wird bedingt durch vollkommenes Einschließen des Schmelzstreifens in einen feuersicheren und mechanisch festen Hohlkörper aus Isolierstoff, Einbettung des Schmelzstreifens in eine den Lichtbogen erstickende Füllmasse (Sand, Talkum usw.) und eine richtige Bemessung und sorgfältige Führung und Verteilung der Schmelzfäden.

Die Sicherheit des Schmelzeinsatzes wird illusorisch, wenn die Verschlüsse nicht sorgfältig geschlossen bleiben. Stöpsel, bei denen der Schmelzraum unmittelbar durch abschraubbare

Deckel oder ähnlich leicht entfernbare Mittel verschlossen wird, sind daher unzulässig. Die Anwendung derartiger Deckel als mechanischer Schutz ist natürlich dann erlaubt, wenn der Schmelzraum für sich zuverlässig verschlossen ist.

Vor reparierten Schmelzeinsätzen sowie vor sog. Vielfach- oder Sparsicherungen ist erfahrungsgemäß im allgemeinen zu warnen, weil diese den vorstehenden Bedingungen gewöhnlich nicht entsprechen. Aus diesem Grunde ist z. B. auch in den Errichtungsvorschriften (§ 14[2]) angeordnet, daß reparierte Stöpsel nicht verwendet werden sollen.

In jedem Fall muß gefordert werden, daß auch alle solche Sicherungen, wie die obengenannten, vollständig den Vorschriften der §§ 24—33 genügen, damit für ordnungsgemäßes Funktionieren der Sicherung Gewähr geboten ist.

[Aus der Tatsache, daß diese Stöpselsicherungen nur gut funktionieren können, wenn der Schmelzraum vollkommen abgeschlossen ist, ergibt sich, daß solche Sicherungen nur mit besonderer Vorsicht repariert werden können. Hieraus folgte aber, daß in vielen Fällen unsachgemäße Reparaturen vorkamen und daß sich daraus beträchtliche Schäden ergaben. Bei der hohen Bedeutung, welche die Schmelzsicherungen in elektrischen Anlagen besitzen, hielt es der Verband Deutscher Elektrotechniker für notwendig, zur Aufklärung der beteiligten Kreise eingehende Versuche darüber anzustellen, welchen Wert reparierte Schmelzstöpsel haben. Es wurden infolgedessen im Jahre 1908 solche Versuche im Laboratorium der Städtischen Elektricitätswerke zu München ausgeführt, über welche in der „ETZ" 1908, S. 829 ausführlich berichtet worden ist. Es zeigte sich dabei, daß die reparierten Schmelzstöpsel vielfach ganz unsachgemäß behandelt waren und daß es notwendig sei, energisch gegen derartige Schädigungen der elektrischen Anlagen vorzugehen. Durch Verbreitung der bei den Versuchen erzielten Resultate in großem Maßstabe hat der Verband das Notwendige getan. Er ist aber noch weiter gegangen und hat dafür gesorgt, daß alle wichtigen technischen Zeitschriften Annoncen über Stöpsellöterei nicht mehr aufnehmen. In fortwährend wiederholten Veröffentlichungen hat der Verband laufend auf die Nachteile unsachgemäß reparierter Stöpsel hingewiesen. Hierüber siehe auch „ETZ" 1913, S. 416.]

[Ein durchgebrannter Sicherungsstöpsel kann dem neuen Stöpsel gleichwertig nur dann wieder hergestellt werden, wenn er gleich diesem von neuem allen jenen Arbeitsgängen unterworfen wird, welche die diffizile Art des Stöpsels eben erfordert. Es wird daher die Wiederherstellung von Sicherungsstöpseln, wenn überhaupt, so nur in der Fabrik vorgenommen werden können, welcher die durchgebrannten Stöpsel entstammen. Wie weit die Wiederherstellung unter Einhaltung der erforderlichen Genauigkeiten noch lohnend ist, wird aber zwischen Fabrikant und Verbraucher zu entscheiden sein.]

[Von Wichtigkeit ist bei der Frage der Reparatur die Eigenart der jeweiligen Konstruktion des Stöpsels. Jede Konstruktion erfordert ihre bestimmten Erfahrungen und ihre speziellen Fabrikationseinrichtungen, welche in ihrer Gesamtheit dem Einzelnen unmöglich zur Verfügung stehen können. Daher begnügen sich wohl auch die meisten Stöpsellötereien oder Reparaturwerkstätten mit der primitivsten Art der Reparatur. Statt die alten Stöpsel wieder herzustellen, werden sie zumeist einfach geflickt, die feinen Schmelzdrähte werden nicht ersetzt, sondern neben diesen neue eingezogen. Man öffnet in der Regel hierbei nicht etwa die Schmelzräume, entleert dieselben und ersetzt ihren Inhalt, sondern zieht von außen her an zugänglichster Stelle in bequemster Weise neue, möglichst kräftige Drähte ein.]

[Unsachgemäße Reparaturen sind fast immer schon äußerlich leicht erkennbar, so durch vollständig „verpatzte" Lötstellen, schiefstehende Kontakte, zusammengeklebte Körper, unsaubere Kittstellen, offen geführte Schmelzdrähte und nicht erneuerte Kennvorrichtungen.]

[In dem neuesten Wortlaut der Errichtungsvorschriften, welcher vom 1. Juli 1915 ab Geltung hat, ist man nun, wie vorstehend schon kurz erwähnt, dazu übergegangen, im § 14 eine Regel folgenden Wortlautes aufzunehmen: „Reparierte Sicherungsstöpsel sollen nicht verwendet werden".]

[Wenn somit für die Zukunft auch der Verwendung reparierter Schmelzstöpsel nach Möglichkeit vorgebeugt ist, so ist die Angelegenheit hier doch noch so eingehend behandelt worden, weil es wohl nicht gelingen wird, dem leider so tief eingebürgerten Unfug schnell ein Ende zu machen. Es sei daher hier noch ausdrücklich darauf hingewiesen, daß es notwendig ist, allerseits gegen die Verwendung unsachgemäß reparierter Schmelzstöpsel vorzugehen. Gegen die Verwendung wirklich sachgemäß reparierter Schmelzstöpsel könnte ein Bedenken vom sicherheitstechnischen Standpunkt aus natürlich nicht erhoben werden. Es ist aber zu berücksichtigen, daß die sachgemäße Reparatur von Stöpseln fast ebensoviel kostet wie ein neuer Stöpsel, daß also aus wirtschaftlichen Gründen gar kein Anlaß vorliegt, sachgemäß durchgeführte Stöpselreparaturen zuzulassen. Da der Unterschied zwischen unsachgemäßen und sachgemäßen Reparaturen nicht immer einfach festzustellen ist, so ist der grundsätzliche Ausschluß der Stöpselreparatur der einzig gangbare Weg gewesen.]

Zu § 28.

[Die genaue Einhaltung der Unverwechselbarkeitsmaße ist natürlich unbedingt notwendig, wenn der angestrebte Zweck erreicht werden soll. Infolgedessen hat die Kommission Lehren zur Kontrolle der wichtigen Abmessungen ausgearbeitet und in die Bestimmungen mit aufgenommen. Zu diesen Lehren sei noch ergänzend hier bemerkt, daß es bei der Fabrikation auch zweckmäßig ist, die Höhe der Kontaktschrauben einer Kontrolle zu unterziehen. Hierzu dienen Rachenlehren, wie sie von Hundhausen „ETZ" 1907, S. 1120 und „ETZ" 1909, S. 152 beschrieben sind.]

[Wenn es vorkommt, daß die Unverwechselbarkeitsmaße nicht richtig eingehalten sind oder wenn an alten Sicherungselementen solche Abweichungen festgestellt werden, so ist es notwendig, durch geeignete

Fräswerkzeuge die Maße nachträglich zu berichtigen. Auch hierfür sind an den angegebenen Stellen geeignete Werkzeuge abgebildet und beschrieben.

Zu § 29.

Für die Durchführung der Spannungsprüfung gilt hier auch das im § 12 für Dosenschalter Gesagte.

Zu § 30.

Für die Prüfung auf Kurzschlußsicherheit ist die Höhe der im Kurzschlußkreise wirkenden elektromotorischen Kraft und die Größe der Kurzschlußstromstärke von wesentlicher Bedeutung.

Die EMK wird mittels Voltmeter bei offenem Stromkreis an den Klemmen der Batterie durch den Zellenschalter genau eingestellt.

Da die direkte Messung der Kurzschlußstromstärke nur in umständlicher Weise möglich ist, wird die Kurzschlußstromstärke indirekt durch Messung der Spannung an einem festen Vergleichswiderstand W II festgestellt, und zwar bei einer durch Übereinkunft hierfür festgesetzten Stromstärke von 500 A. W II beträgt 1 Ω bei Prüfung von Sicherungen für 500 V, 1,5 Ω bei Prüfung von Sicherungen für 750 V, so daß bei 500 A eine Spannung von 500 bzw. 7500 V an den Klemmen von W II vorhanden ist.

Da die EMK der Batterie um 10 % höher sein soll als diese Klemmenspannung (also 550 bzw. 825 V), so muß in dem Widerstand der Zuleitungen und der Batterie ein Spannungsabfall von 10 % auftreten. Zur Einstellung desselben dient der regelbare Widerstand W I.

Läßt sich der Spannungsverlust trotz geringsten Leitungswiderstandes nicht auf das zulässige Maß von 10 % erniedrigen, so ist die Kapazität der Batterie zu klein. Diese soll mindestens 1000 Amperestunden bei einstündiger Entladung betragen.

Wird nun an Stelle des Widerstandes W II eine Sicherung eingeschaltet, so tritt eine Kurzschluß-Stromstärke auf, die je nach dem Eigenwiderstand und dem Verhalten der Sicherung bis auf 5500 A anwachsen kann, da sie im übrigen nur durch den Eigenwiderstand der Batterie und der Zuleitungen, die von der Batterie zu der Sicherung führen, begrenzt wird. Damit der Kurzschlußstrom nicht durch zu dünne oder lange Zuleitungen herabgemindert wird, soll der Widerstand dieser Zuleitungen zur Sicherung selbst zusammen nicht mehr betragen als derjenige von 5 m Kupferdraht des dem Nennstrom entsprechenden Leitungsquerschnittes. (§ 20 der Err.-Vorschriften.) Aus demselben Grunde sind, falls als Schutzsicherung SS eine Schmelzsicherung verwendet wird, beim Auswechseln immer Schmelzdrähte gleicher Anzahl und Länge einzusetzen, und zwar 6 parallel geschaltete Kupferdrähte von 1 mm Durchmesser und 500 mm Länge. Vorteilhaft ist es, außer der Schutzsiche-

Geschlossene Sicherungen.

rung auch noch einen Selbstschalter in den Stromkreis einzuschalten. Dieser muß ebenfalls so eingestellt werden, daß er nur dann abschaltet, wenn Stehfeuer auftritt. Zweckmäßig sind Selbstschalter mit Zeiteinstellung.

Prüfungen, bei denen Schutzsicherung oder Automat abschalten, geben für die Sicherheit des Schmelzsatzes keinen Aufschluß und dürfen für die Beurteilung nicht verwendet werden.

Eine Sicherung schmilzt „ordnungsmäßig" ab, wenn folgende Bedingungen erfüllt sind:

1. Der Stromkreis muß sicher unterbrochen werden und es darf sich kein dauernder Lichtbogen bilden.
2. Stichflammen von einer benachbarte Teile gefährdenden Größe dürfen nicht auftreten.
3. Das Auswechseln des Schmelzeinsatzes darf nicht erschwert werden.
4. Die Unverwechselbarkeit darf nicht gestört werden.
5. Der Isolationszustand zwischen den Kontakten darf nicht derart beeinträchtigt werden, daß ein Überschlag außerhalb der Patrone erfolgen kann. Geringe Schwärzungen anderer Stellen sind zulässig.
6. Teile, die wieder benutzt werden (Sockel und Deckel), dürfen nicht verletzt werden durch Überdrücke oder Brandschäden.

  Sprünge, die keine Schwärzungen des Sockels herbeiführen, sind zulässig.
7. Die Kennvorrichtung muß funktionieren.

Eine Prüfung, bei der eine der Schutzvorrichtungen v o r der Sicherung funktioniert, ist nicht als gültig zu betrachten.

Die Ergebnisse von nur einer oder zwei der vorgeschriebenen Prüfungen genügen nicht, um zu erweisen, daß eine Sicherung den Vorschriften des Verbandes entspricht.

Für eine zuverlässige Prüfung müssen mindestens 3 Stück Sicherungen von jeder Sorte und Stromart untersucht sein, bei größeren Mengen ist es zur Kontrolle der Fabrikation üblich, 1 $^0/_{00}$ der Lieferung zu prüfen.

Für die Prüfung der geschlossenen Schmelzeinsätze sind normale Formulare in Bearbeitung, in welche die Resultate aller aufgeführten Prüfungen gleichzeitig einzutragen sind.

Derartige Formulare werden vom Verbande herausgegeben werden.

[Die Prüfung von Sicherungen ist für elektrische Anlagen von großer Bedeutung, weil die Schmelzsicherungen die wesentlichsten Sicherheitseinrichtungen innerhalb der Installationen sind. Es muß daher ganz allgemein besonderer Wert darauf gelegt werden, daß die Sicherungsstöpsel, welche im Handel sind, auch wirklich den Vorschriften des Verbandes Deutscher Elektrotechniker entsprechen. Um Klarheit darüber zu erhalten, wie weit auf dem Markt befindliche Konstruktionen diesen Anforderungen zum Teil etwa nicht entsprechen, wurden im Jahre 1910 von der Vereinigung der Elektricitätswerke im Laboratorium der Städtischen Elektricitätswerke in München umfangreiche Prüfungen vorgenommen und das Resultat in einem Aufsatze mit dem Titel „Versuche mit einigen den Verbandsvorschriften nicht entsprechenden Schmelzstöpseln und Schmelzpatronen" von Perls „ETZ" 1910, S. 863 veröffentlicht.

Ebenso wurden in der gleichen Zeit auch vom Verband Deutscher Elektrotechniker im Einvernehmen mit der Vereinigung der Elektricitätswerke und dem Verband der elektrotechnischen Installationsfirmen in Deutschland „Versuche mit zweiteiligen Schmelzstöpseln im Laboratorium der Städtischen Elektricitätswerke in München" durchgeführt. Die Resultate sind gleichfalls in der „ETZ" 1910, S. 833, veröffentlicht. Es hat sich hierbei ergeben, daß die Erwartungen, welche man auf die Sicherheit der zweiteiligen Patronen gesetzt hatte, voll und ganz erfüllt worden sind, so daß der im Jahre 1909 von der Vereinigung der Elektricitätswerke gefaßte Beschluß, zweiteilige Schraubstöpsel, bestehend aus starkwandiger Patrone und Schraubkopf, als das zurzeit beste Sicherungssystem anzuerkennen, durchaus richtig war.

Durch die sehr eingehende Bearbeitung der Prüfvorschriften seitens des Verbandes ist außerdem bewirkt worden, daß nicht nur die vorstehend erwähnten zweiteiligen Sicherungsstöpsel, sondern auch viele andere Bauarten derartig vervollkommnet worden sind, daß sie den billigerweise zu stellenden Anforderungen jetzt voll entsprechen. Es liegt im Interesse der Elektrizitätswerke und der Besitzer von Einzelanlagen, daß sie nur solche Schmelzsicherungen verwenden, welche den vom Verbande aufgestellten Prüfvorschriften vollständig genügen. Nicht die Billigkeit des Fabrikates darf in diesem Falle ausschlaggebend sein, sondern einzig und allein die Sicherheit.

Zu § 31.

In § 20 der Errichtungsvorschriften ist für Leitungen und nicht unterirdisch verlegte Kabel neben der normalen Belastung, die gleich dem Nennstrom der größtzulässigen Sicherung ist, eine Toleranz für etwaige Mehrbelastung angegeben, u. zw. liegt die äußerste zulässige Grenze der Mehrbelastung ca. 25 % über dem Nennstrom.

Hiernach wäre es erstrebenswert, das gleiche Verhältnis von Höchststrom zu Nennstrom (also 1,25) auch für Sicherungen festzusetzen, d. h. entsprechend der Höchstbelastung der Leitungen eine niedrigste Abschmelzstromstärke der Sicherungen von dem 1,25-fachen des Nennstromes zuzulassen. Dieser Wert würde dann den theoretischen Grenzstrom darstellen, d. h. denjenigen kleinsten Strom, welcher den Schmelzeinsatz nach unendlich langer Zeit zum Durchschmelzen bringen würde.

Praktisch ist aber die Bestimmung dieses Wertes nicht durchführbar. Einen ausreichenden Ersatz liefert die hier verlangte Feststellung des sogenannten Minimalprüfstromes, den der Schmelzeinsatz mindestens 1 bzw. 2 Stunden aus-

Geschlossene Sicherungen.

halten muß, und des Maximalprüfstromes, bei welchem die Schmelzeinsätze innerhalb dieser Zeit abschalten müssen. Der zwischen Maximal- und Minimal-Prüfstrom liegende Wert ist dann diejenige Belastung, die der Schmelzeinsatz nur vorübergehend auszuhalten imstande ist.

Bei der Verwendung der Sicherungen ist zu beachten, daß die untere Grenze, bei welcher der Einsatz abschmilzt, erheblich niedriger werden kann, als der bei der Prüfung gefundene Minimalprüfstrom, wenn die Sicherungen, besonders mehrere nebeneinander, noch in Gehäuse eingeschlossen werden.

Die Prüfung nach § 31 kann aus Sparsamkeitsrücksichten auch mit einer Stromquelle von geringerer Spannung erfolgen. Damit aber die Sicherung (und bei vielen Konstruktionen die Kennvorrichtung) noch sicher funktioniert, ist es zweckmäßig, eine Stromquelle von nicht weniger als 25 V Klemmenspannung zu verwenden.

Zu § 32.

Diese Prüfung geschieht, um festzustellen, ob die Schmelzeinsätze auch bei kleinen Stromstärken feuersicher abschalten. Schmelzeinsätze können sehr kurzschlußsicher sein, und dennoch beispielsweise bei langsam ansteigendem Strom oder kurzzeitigen Stromstößen mit dem doppelten oder mehrfachen des Nennstromes zu bedenklichen Stehfeuererscheinungen neigen, falls ihr innerer Bau solches nicht verhindert.

Die richtige Steigerung der Belastung in der Weise, daß das Abschmelzen nach zwei weiteren Minuten erfolgt, wenn vorher zwei Minuten mit dem Minimalstrom vorgewärmt wurde, erfordert einige Übung. Es empfiehlt sich, nach der Vorwärmung zunächst etwa mit dem 1,8 fachen des Nennstromes zu belasten und dann die Stromstärke minutlich um ca. 20% des Nennstromes zu steigern, z. B. bei einer 10-A-Sicherung nach 2 Minuten Vorwärmung mit 15 A auf 18, 20, 22 A usw. Es kommt hauptsächlich darauf an, daß das Abschmelzen nicht zu schnell erfolgt, damit die Sicherung richtig durchwärmt wird. Über „ordnungsmäßiges Abschmelzen" siehe § 30.

[Vorstehende Zahlen sind nicht so streng zu nehmen, daß man etwa Widerstände mit abgeglichenen Stufen verwenden müßte, sie sollen nur einen Anhalt für die zweckmäßige Ausführung der Prüfung geben. Die Belastung kann bei genügender Sorgfalt und Geschicklichkeit auch mit einem Wasserwiderstand bewerkstelligt werden.]

Zu § 33.

Die Spannung, bis zu welcher ein Schmelzeinsatz noch ordnungsgemäß funktioniert, ist nicht konstant, sondern für verschiedene Strömeverschieden. Um genauen Aufschluß über das Verhalten zu bekommen, muß man die Kurve der „Grenzspannung" bei allen Belastungen vollständig aufnehmen. Da dies bei der laufenden Kontrolle der Fabrikation nicht möglich ist, so soll außer den Prüfungen der §§ 30 und 32, welche das Verhalten der Sicherung bei geringem Strom und bei Kurzschluß zeigen, noch bei einer dritten, mittleren Belastung geprüft werden. Hierfür ist laut § 33 die Stromstärke von 500 A gewählt, da diese sich bei der Prüfanordnung leicht einstellen läßt und da erfahrungsgemäß gerade bei dieser ziemlich oft vorkommenden Beanspruchung manche Schmelzeinsätze, die sonst gut sind, nicht zuverlässig funktionieren.

H. Fassungen und Lampenfüße.

Siehe auch Err.-Vorschr. §§ 16, 18, 31, 33, 43, Bahnvorschr. §§ 21, 42.

§ 34.

a) Jede Fassung ist mit der Nennspannung zu bezeichnen.

1. Normale Nennspannungen sind: 250, 500, 750 V.

§ 35.

Bei Fassungen verwendete Isolierstoffe müssen wärme-, feuer- und feuchtigkeitssicher sein.

§ 36.

a) Bei Fassungen für Hochspannung müssen die äußeren Teile aus Isolierstoff bestehen und sämtliche spannungführenden Teile zufälliger Berührung entziehen.

b) Für Fassungen, die zeitweilig wie Handlampen benutzt werden, gelten die Bestimmungen über Handlampen (§ 48).

c) Bei Fassungen für 250 V darf die kürzeste Kriechstrecke zwischen stromführenden Teilen verschiedener Polarität oder zwischen solchen und einer metallenen Umhüllung 3 mm nicht unterschreiten.

1. Der Gewindekorb soll aus Kupfer oder einer mindestens 80 % Kupfer enthaltenden Legierung bestehen.
2. Die Anschlußkontakte sollen aus Kupfer, Messing, oder anderen Kupferlegierungen bestehen.
3. Alle Anschluß- und Befestigungsschrauben sollen aus Kupferlegierungen (Messing usw.), die in Metall gehenden Nippelschrauben aus Stahl bestehen.

§ 37.

Für Fassungen mit Metallgehäuse gilt noch besonders:

a) Die Befestigung des Fassungsmantels durch den Fassungsring ist unzulässig.

b) Die Höhe des Fassungsmantels ist den normalen Fassungsringen (vergl. § 38) anzupassen.

1. Die Leitungsanschlüsse sollen als Buchsenklemmen ausgeführt werden.
2. Der Fassungsstein soll kreisrund sein.

§ 38.

a) **Fassungen müssen mit Schutzmitteln (z. B. Fassungsringen) versehen sein, die eine Berührung spannungführender Metallteile des Lampensockels verhindern.**

Die Fassungsringe oder ähnliche Schutzmittel können auch mit dem Gehäuse der Fassung zu einem Körper vereinigt sein.

1. Als normale Fassungsringe für Fassungen mit Normal- und Mignongewinde gelten nachstehende Ausführungen:

Für Fassungen mit Edison-Normalgewinde:

    Ring 0 ⎫
    „   1 ⎬ Abb. 18.
    „   2 ⎪
    „   3 ⎭

Für Fassungen mit Edison-Mignongewinde:

    Ring a ⎫
    „   b ⎬ Abb. 20.
    „   c ⎭

Die Fassungsringe sollen die durch die Kontrollehren gegebenen Abmessungen haben. (Abb. 19 und 21.)

2. Glühlampenfüße mit Normal- und Mignongewinde sollen die durch die zur Kontrolle dienenden Lehren gegebenen Abmessungen haben. (Abb. 22 und 23.)

Diese Lehren sind als Maximallehren für die Durchmesser, als Minimallehren für die Höhenmaße aufzufassen.

Sie dienen nicht zur Prüfung der Gewinde selbst, deren Ausführung den in § 46 gegebenen Normalien für Edison-Gewinde entsprechen soll.

Für die Gesamthöhe des Fußes ist eine Überschreitung des Mindestmaßes um höchstens 1,5 mm zulässig.

3. Der Gewindekorb der Fassungen und der Gewindeteil der Lampenfüße sollen die durch die Kontrollehren Abb. 24 und 25 gegebenen Abmessungen haben.

Diese Lehren dienen nicht zur Prüfung der Gewinde selbst, deren Ausführung den in § 46 gegebenen Normalien für Edisongewinde entsprechen soll.

§ 39.

a) **Bei allen Fassungen für 250 V müssen die in Tabelle V gegebenen Mindestmaße innegehalten sein.**

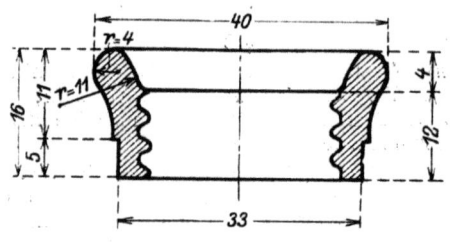

Ring 0.

Abb. 18. Abmessungen der Fassungsringe mit Edison-Normalgewinde.

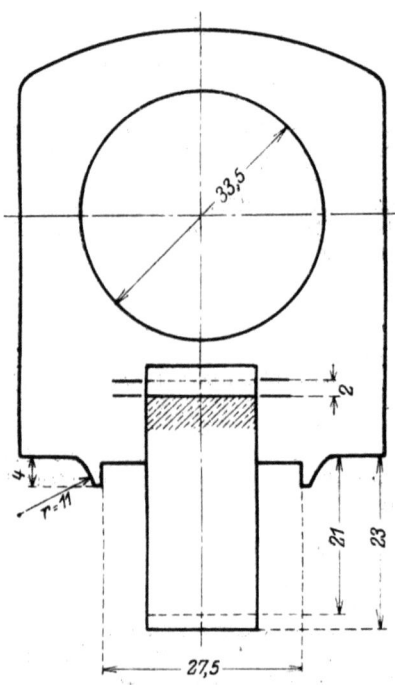

Lehre für Ring 0.

Abb. 19. Lehren für die Fassungsringe mit Edison-Normalgewinde.

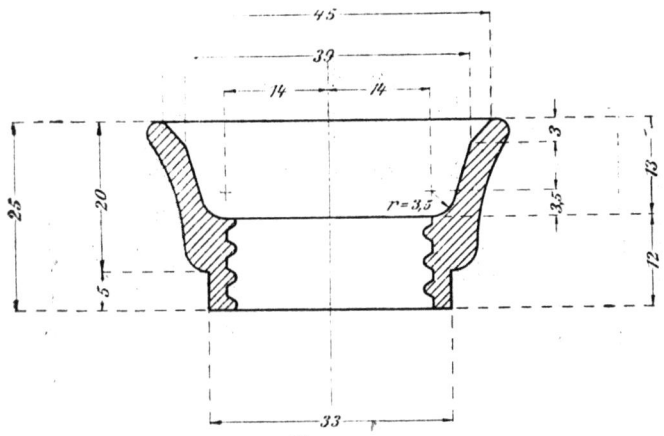

Ring 1.
Abb. 18. Abmessungen der Fassungsringe mit Edison-Normalgewinde.

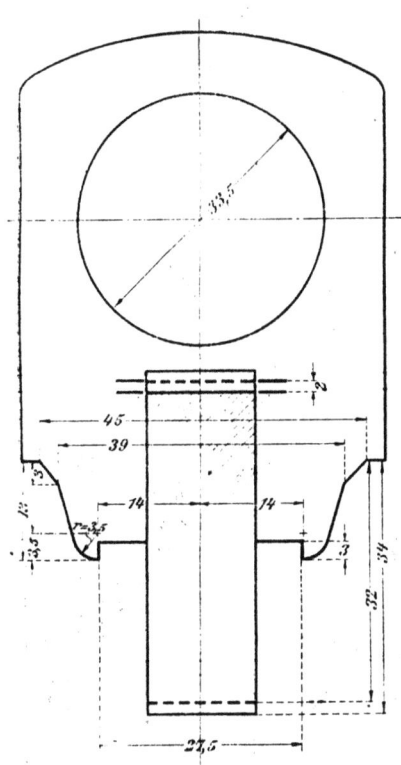

Lehre für Ring 1.
Abb. 19. Lehren für die Fassungsringe mit Edison-Normalgewinde.

62   Installationsmaterial.

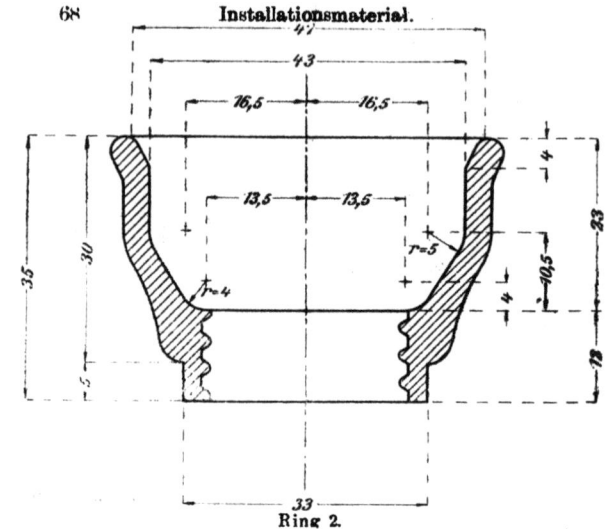

Abb. 18. Abmessungen der Fassungsringe mit Edison-Normalgewinde.

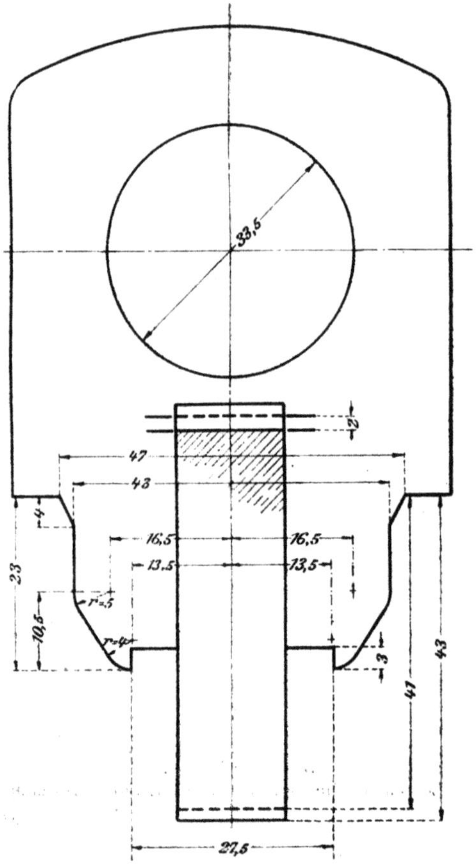

Abb. 19. Lehren für die Fassungsringe mit Edison-Normalgewinde.

Fassungen und Lampenfüße. 69

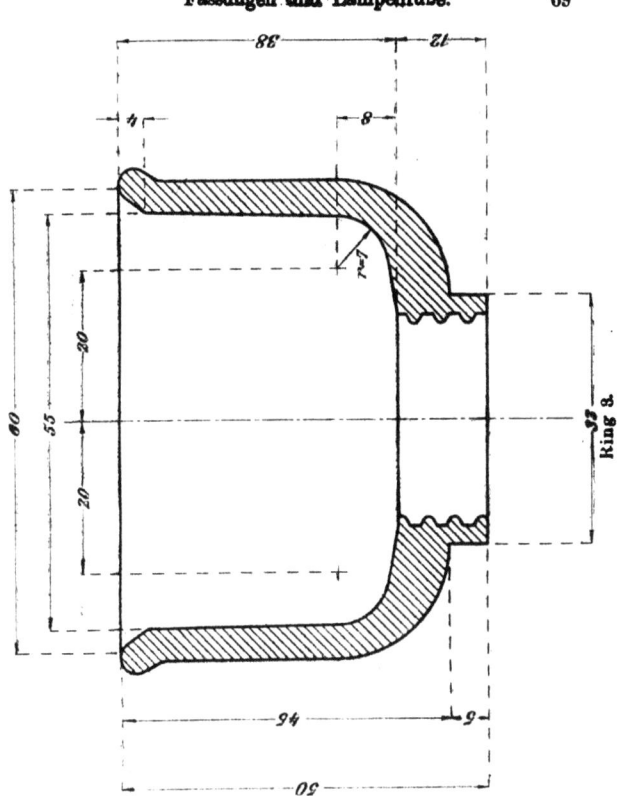

Abb. 18. Abmessungen der Fassungsringe mit Edison-Normalgewinde.

Tabelle V.

Gewinde	Mignon	Normal	Goliath
	mm	mm	mm
Wandstärke des Gewindekorbes	0,3	0,35	0,5
Bei Verwendung von Kopfschrauben für den Leitungsanschluß:			
Gewindelänge im Anschlußkontakt . . . . der	1,5	1,5	2,5
Gewindedurchmesser . . . Kopf-	2,4	2,8	4,8
Kopfdurchmesser schraube	5	6	9
Kopfhöhe . . .	2	2,5	5
Bei Verwendung von Buchsenklemmen:			
Durchmesser der Buchsenbohrung	2,5	3	4
Länge des Gewindes für die Anschlußschraube	2	2,5	4
Durchmesser der Anschlußschraube	2,4	2,8	4

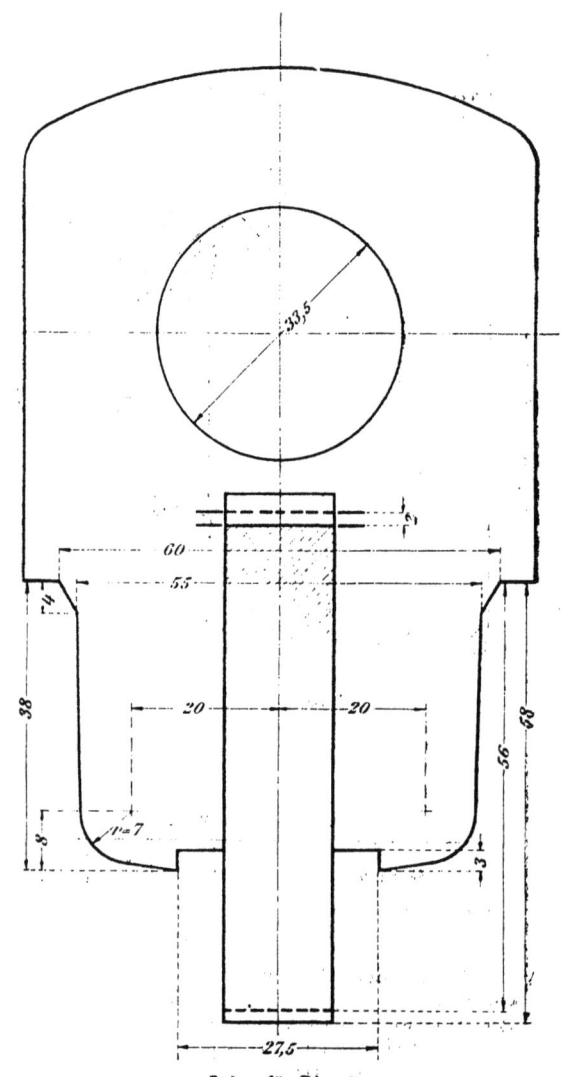

Lehre für Ring 3.

Abb. 19. Lehren für die Fassungsringe mit Edison-Normalgewinde.

b) Bei Fassungen mit Metallgehäuse müssen außerdem die in Tabelle VI gegebenen Mindestmaße innegehalten sein.

Ein Beispiel einer nach den vorstehenden Vorschriften und Regeln ausgeführten Fassung gibt Abb. 26.

Fassungen und Lampenfüße. 71

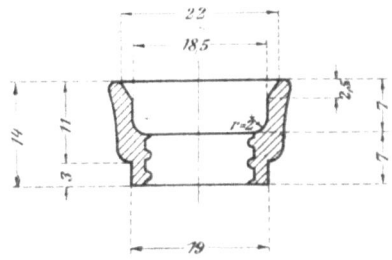

Ring a.

Abb. 20. Abmessungen der **Fassungsringe** mit Edison-Mignongewinde.

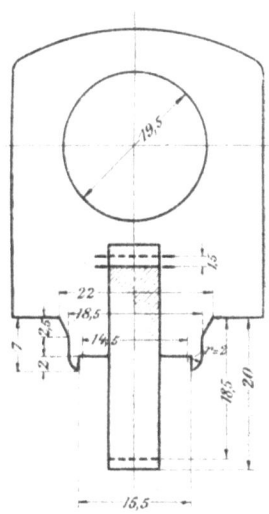

Lehre für Ring a.

Abb. 21. Lehren für die **Fassungsringe** mit Edison-Mignongewinde.

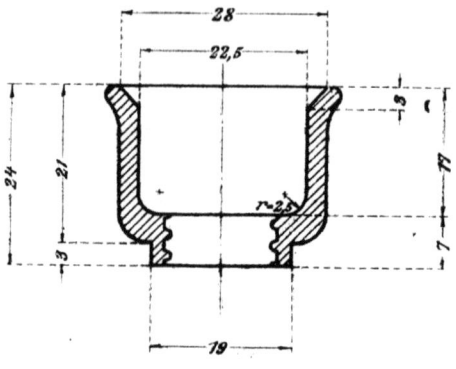

Ring b.

Abb. 20. Abmessungen der Fassungsringe mit Edison-Mignongewinde.

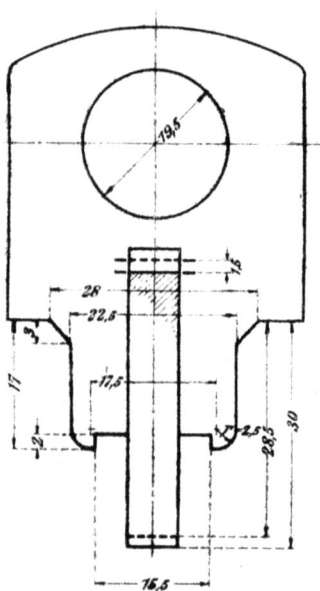

Lehre für Ring b.

Abb. 21. Lehren für die Fassungsringe mit Edison-Mignongewinde.

Fassungen und Lampenfüße. 73

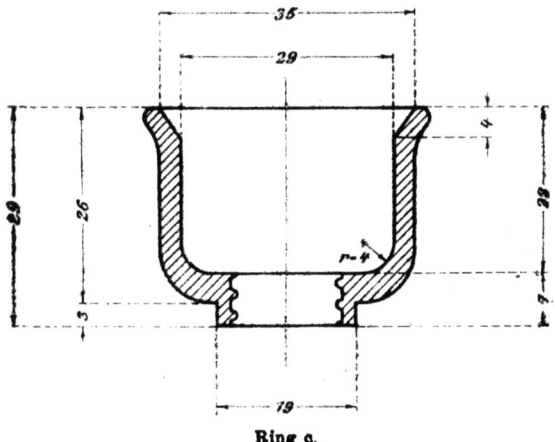

Ring c.

Abb. 20. Abmessungen der Fassungsringe mit Edison-Mignongewinde.

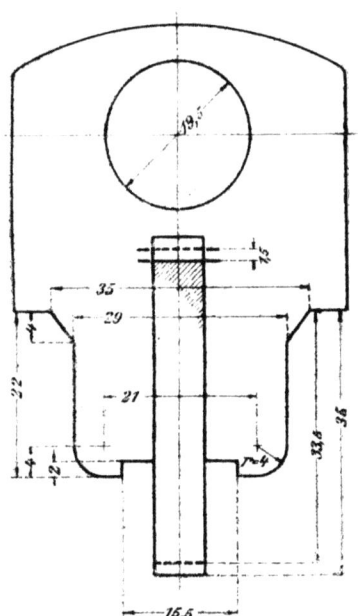

Lehre für Ring c.

Abb. 21. Lehren für die Fassungsringe mit Edison-Mignongewinde.

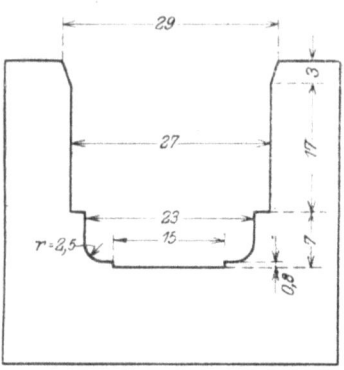

Lampenfuß passend zu Ring 0.

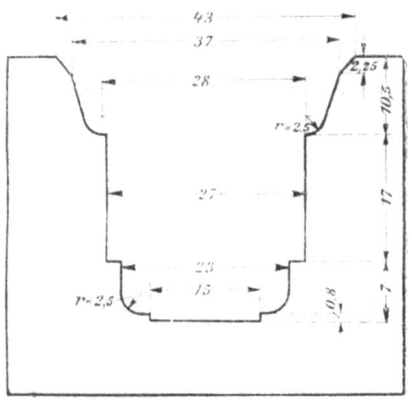

Lampenfuß passend zu Ring 1.

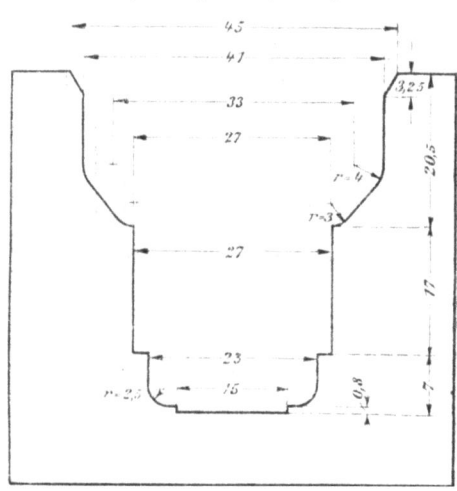

Lampenfuß passend zu Ring 2.

Abb. 22. Lehren für Lampenfüße mit Edison-Normalgewinde.

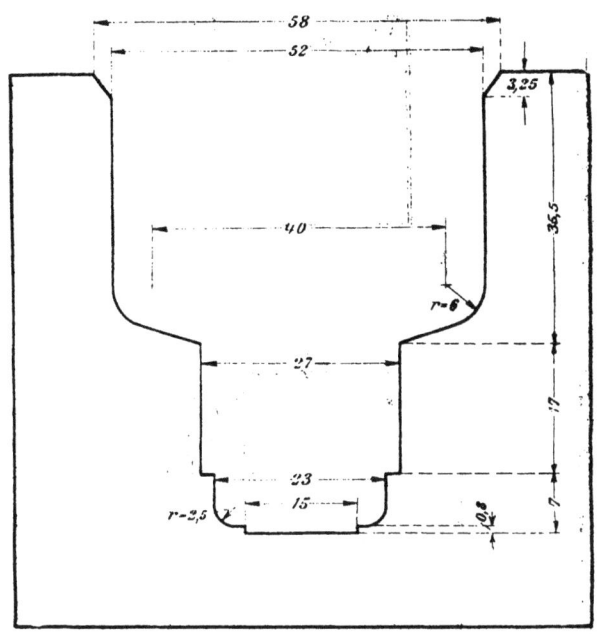

Lampenfuß passend zu Ring 3.

Abb. 22. Lehren für Lampenfüße mit Edison-Normalgewinde.

Tabelle VI.

Gewinde	Mignon	Normal	Goliath
	mm	mm	mm
Wandstärke des Mantels	0,3	0,45	1
Wandstärke des Fassungsbodens	0,3	0,45	1
Lichte Pfeilhöhe der Wölbung des Fassungsbodens	5	7	12
Wandstärke des Nippels	2,5	2,5	4
Länge des Nippelgewindes	7	7	10
Durchmesser der Nippelschraube	3,5	3,5	4,5
Länge der Gewindeüberdeckung zwischen Fassungsmantel und -boden	5	7	10

1. Bei Fassungen und Lampenfüßen (mit Normal-Edisongewinde) für das Pauschalsystem sollen die Unverwechselbarkeitsorgane die in

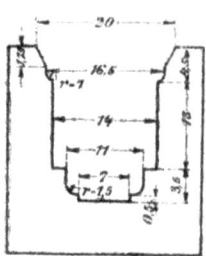

Lampenfuß passend zu Ring a.

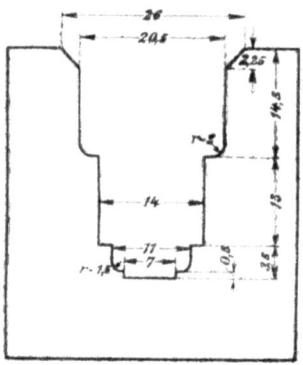

Lampenfuß passend zu Ring b.

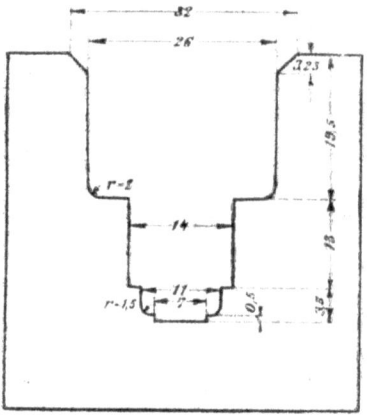

Lampenfuß passend zu Ring c.

Abb. 23. Lehren für Lampenfüße mit Edison-Mignongewinde.

Fassungen und Lampenfüße.

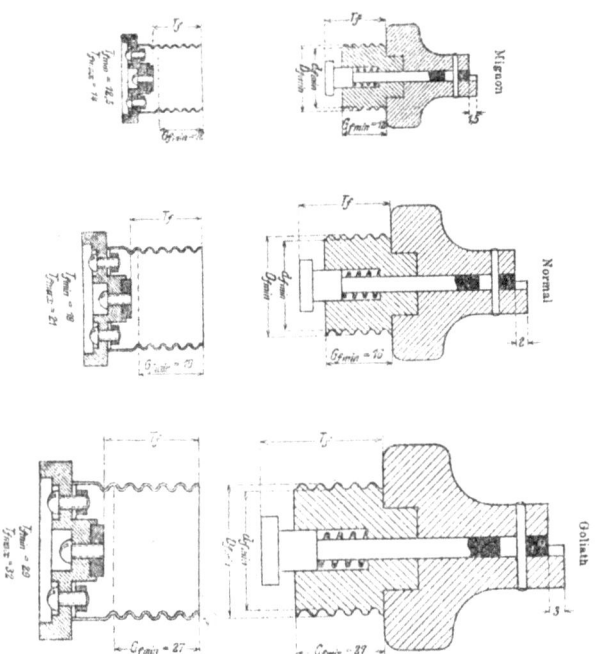

Abb. 24. Lehren für den Gewindekorb an Fassungen.

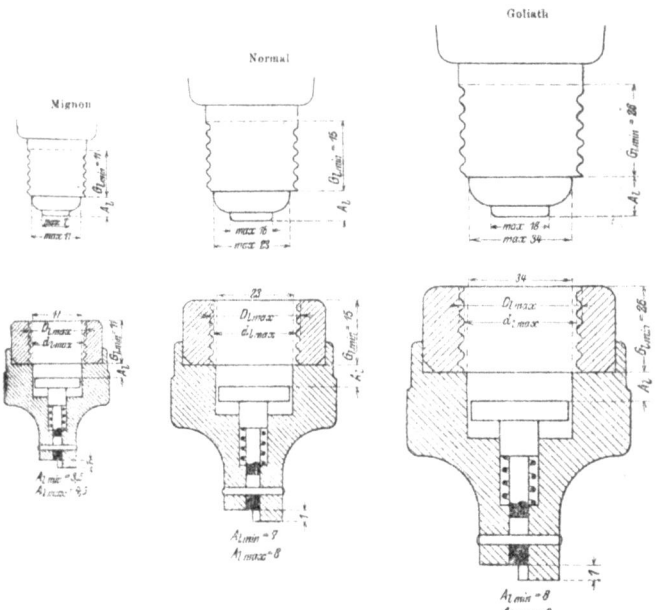

Abb. 25. Lehren für den Gewindeteil der Lampenfüße.

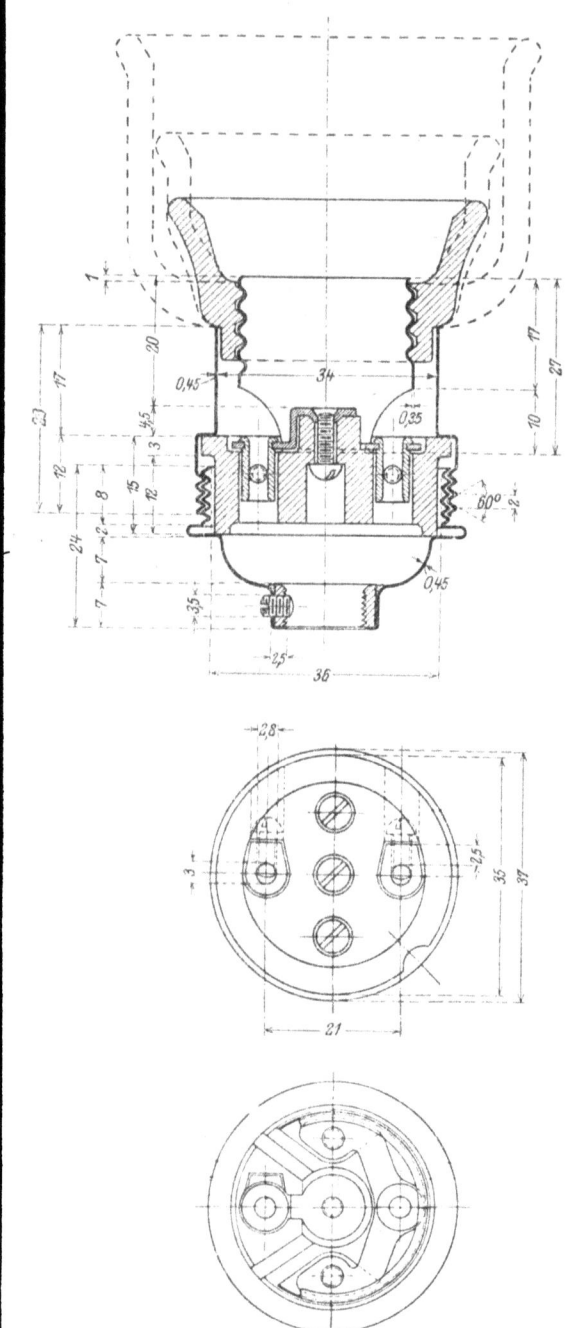

Abb. 26. Beispiel einer Fassung mit Edison-Normalgewinde

den Abb. 27 und 28 und Tabelle VII gegebenen Abmessungen haben.

Tabelle VII. Unverwechselbarkeitsmaße (mm).

Nr.	a Lochdurchmesser	b Zapfendurchmesser
4	4— 4,5	3— 3,5
6	6— 6,5	5— 5,5
8	8— 8,5	7— 7,5
10	10—10,5	9— 9,5
12	12—12,5	11—11,5
14	14—14,5	13—13,5
0	Schutzring ohne Loch	

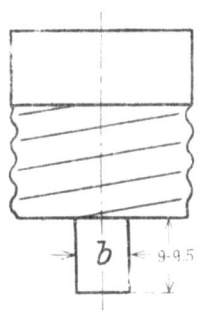

Abb. 27. Lampenfuß für Pauschalfassung.

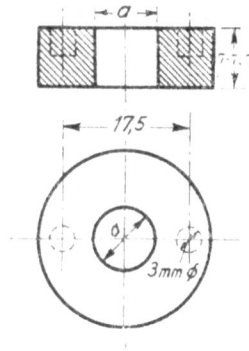

Abb. 28. Unverwechselbarkeitsring zum Einsetzen in Fassungen mit Edison-Normalgewinde.

§ 40.

Schalter in Fassungen müssen Momentschalter sein.

§ 41.

Schaltfassungen müssen im Innern so gebaut sein, daß eine Berührung zwischen den beweglichen Teilen des Schalters und den Zuleitungsdrähten ausgeschlossen ist. Handhaben zur Bedienung der Schaltfassungen dürfen nicht aus Metall bestehen. Die Schaltachse muß von den spannungführenden Teilen und von dem Metallgehäuse isoliert sein.

§ 42.

Schaltfassungen mit Normalgewinde für Spannungen über 250 V sowie Schaltfassungen mit Mignon- und Goliathgewinde für alle Spannungen sind unzulässig.

§ 43.

Zur Prüfung der mechanischen Haltbarkeit ist eine Schaltfassung, ohne Strom zu führen, absatzweise 5000-mal einzuschalten und 5000-mal auszuschalten, bei 700 bis 800 Ein- und Ausschaltungen pro Stunde. Schalter für Rechts- und Linksdrehung sind in jeder Drehrichtung mit 2500 Schaltungen zu prüfen. Nach diesem Versuch muß die Fassung noch die in den §§ 44 und 45 vorgeschriebenen Versuche aushalten.

§ 44.

Fassungen müssen in eingeschalteter Stellung eine Minute lang

bei 250 V Nennspannung 1500 V Wechselstrom
„ 500 „   „   2000 „   „
„ 750 „   „   2500 „   „

aushalten, und zwar

zwischen den einzelnen Kontakten,

zwischen jedem spannungführenden Kontakt und dem Mantel,

zwischen jedem spannungführenden Kontakt und einer Stanniolumhüllung am Griff,

zwischen den Kontakten des Hahns in ausgeschalteter Stellung.

§ 45.

Die Schaltfassung muß bei 1,1-facher Nennspannung mit 2 A induktionsfrei belastet im Gebrauchszustand während einer Dauer von 3 Minuten 90-mal ein- und ausgeschaltet werden können, ohne daß sich ein dauernder Lichtbogen bildet.

Erläuterungen zu Absatz H. Fassungen und Lampenfüße.

[Es sei hier noch besonders darauf hingewiesen, daß außer den Bestimmungen der §§ 34 bis 45 für Fassungen und Lampenfüße auch noch die Vorschriften des § 3 „Allgemeines" Geltung haben.]

[Die Bestimmungen der „Errichtungsvorschriften" und gegebenenfalls auch der „Bahnvorschriften" müssen naturgemäß von allen Apparaten eingehalten werden. Um die Hersteller und Verbraucher solcher Apparate hierauf hinzuweisen, ist in den „Vorschriften für die Konstruktion und Prüfung von Installationsmaterial" stets unter der Überschrift zu jedem Absatz darauf hingewiesen, welche Paragraphen der in Frage kommenden Vorschriften zu beachten sind. Es sei hier aber noch besonders hervorgehoben, daß bei Verwendung von Fassungen und Lampenfüßen für Sonderzwecke auch die entsprechenden Bestimmungen berücksichtigt werden müssen. Das wird leider vielfach übersehen. Für den vorliegenden Fall kommen insbesondere aus den „Errichtungsvorschriften" die Sonderbestimmungen über feuchte, durchtränkte und ähnliche Räume, über Betriebsstätten und Lagerräume mit ätzenden Dünsten und über Fahrzeuge elektrischer Grubenbahnen sowie von den „Bahnvorschriften" die Angaben über Lampen in Fahrzeugen in Betracht. Die genannten Bestimmungen sind im Anhange zu diesem Buche unter Nr. 1 bzw. 2 abgedruckt.]

[Die Normalisierung von Edisonfassungen wurde eingeleitet durch einen auf der Jahresversammlung 1896 vom Dresdener Elektrotechnischen Verein gestellten Antrag. Außerdem wurde damals angeregt, auch Lieferungsbedingungen und Bestimmungen über die Photometrierung von Glühlampen aufzustellen. Diesem Antrage wurde entsprochen und eine Kommission eingesetzt. Sie hat sich zunächst nur mit der Lichtmessung von Glühlampen und der Aufstellung von photometrischen Einheiten beschäftigt. Auf der Jahresversammlung 1987 wurde nun die Frage der Abmessung der Glühlampenfüße und Fassungen wiederum behandelt und es wurde nunmehr eine besondere Kommission, welche sich mit diesem Punkte befassen sollte, gewählt. Sie hat im Jahre 1898 Normalien über Edisongewinde und Fassungen vorgelegt. 1902 wurden hierzu noch weitere Angaben in den ersten Entwurf der „Vorschriften für die Konstruktion und Prüfung von Installationsmaterial" aufgenommen.]

[Die Glühlampenfassungen als diejenigen Installationsapparate, welche die weitaus meiste Verwendung finden und dem Laien am leichtesten zugänglich sind, erfordern in bezug auf zweckmäßige Konstruktion und solide Ausführung ganz besondere Sorgfalt. Leider standen früher viele Fabrikate leichtester Art zu obiger Forderung in krassestem Widerspruch. Sie sind es, die nicht nur zu mancherlei Störungen und Unannehmlichkeiten, sondern auch bereits zu Unglücksfällen Veranlassung gaben.]

[Um demgegenüber in Zukunft sichere Garantien für zuverlässige Ausführung zu schaffen, hielt die Kommission für Installationsmaterial enger gefaßte Vorschriften für Glühlampenfassungen für eine dringende Notwendigkeit und schritt bei dieser Gelegenheit zugleich zu einer allgemeinen Revision der Vorschriften für Fassungen überhaupt. Diese erstreckt sich im wesentlichen auf Unterscheidungen zwischen verschiedenen Spannungen, Forderung entsprechender Isolation und Aufstellung strengerer Prüfvorschriften.|

Die jetzigen Bestimmungen über Fassungen sind gegen früher wesentlich erweitert worden. Es war dies nötig, da die bisherigen Vorschriften mangelhafte Konstruktionen nicht verhinderten. Allgemeine Vorschriften wurden für Glühlampenfassungen jeder Art, besondere Vorschriften für die gebräuchlichsten Edisonfassungen mit Blechgehäuse aufgestellt.

Zu § 34.

Die Bezeichnung der Nennspannung ist nötig, da die Fassungen in den neuen Vorschriften je nach Spannung konstruktiv unterschieden werden.

Über die Wahl der Fassungen mit Rücksicht auf die jeweilige Spannung ist Näheres in der Erläuterung zu § 1 angegeben.

Zu § 35.

|Bei der Auswahl des Isolierstoffes ist es empfehlenswert die vom Verbande in Aussicht genommene und in kurzer Zeit erscheinende Tabelle betr. Klassifizierung von Isolierstoffen zu beachten.|

An solchen Stellen, wo ein Material nicht zum Zweck des Isolierens, sondern lediglich als eine Art Abdeckung oder dergl. benutzt wird (z. B. beim Vergießen von Klemmen, bei Abdeckung des Fassungsbodens und des Innenraumes des Fassungssteines), ist es nicht zu beanstanden, wenn Preßspan und andere, den Bedingungen nicht ganz entsprechende Materialien verwendet werden.

Zu § 36.

a) Isolierstoff ist hier vorgeschrieben, um Körper- bzw. Erdschluß am sichersten auszuschließen. Gleichzeitig erreicht man hierdurch auch für die höheren Spannungen einen zuverlässigen Berührungsschutz.

b) Es ist hierbei an die vielen Fälle gedacht, in denen die Zuleitung der Lampe zwar fest angeschlossen, aber wie ein Pendel oder eine freihängende Leitung soweit beweglich ist, daß die Lampe in größerem Umkreis nach Bedarf hin und her bewegt wird. Diese in Werkstätten, Lagerräumen, Speichern usw. häufige Benutzung entspricht dem Gebrauch einer Handlampe und es wird deshalb hierbei die gleiche Sicherheit wie für Handlampen gefordert. Wie weit die Benutzungsart solcher beweglichen Lampen tatsächlich den Sicherheitsgrad der Handlampen erfordert, kann nur im Einzelfalle entschieden werden.

Die Verwendung einer Isolierstoffassung und die Zugentlastung der Leitungsanschlüsse ist stets zu fordern. In Fällen, wo geringe Gefährdungsmöglichkeiten vorliegen, wird man die anderen, an die Handlampen gestellten Forderungen etwas mildern können.

c) Das für 250-V-Fassungen vorgeschriebene Maß der Kriechstrecke von 3 mm muß für 500 und 750 V entsprechend größer gehalten werden.

1—3. Die Vorschrift des Materials für Gewindekorb und Anschlußkontakte ist nötig mit Rücksicht auf die Verwitterung des Materials.

Zu § 37.

Als Fassungen mit Metallgehäuse gelten hier die gewöhnlichen Blechfassungen mit anschließendem Mantel in ihren verschiedenen Formen mit Nippel, Wandplatte usw., dagegen nicht Armaturen oder gewöhnliche Fassungen mit an sich ausreichenden Gehäuseabständen.

a) Die Befestigung des Mantels mittels Fassungsring ist unzulässig, weil der Mantel bei Fehlen des Fassungsringes herabfallen könnte und dann die spannungführenden Teile freiliegen würden.

1. Büchsenklemmen gelten für Blechfassungen als geeigneter und gegen Körperschluß sicherer als Kontaktschrauben mit Köpfen für Drahtösen, die jedoch bei anderen Fassungen zulässig sind.

2. Bei Fassungen mit Metallmantel soll der Fassungsstein kreisrund sein, um große, sichere Auflage zu erzielen und hierdurch zu verhindern, daß der Gewindekorb bei sonst möglicher Schiefstellung den Metallmantel berührt. Bei allen anderen Fassungen kann die Form des Fassungssteines beliebig sein, beispielsweise bei solchen Fassungen, bei denen der Fassungsstein direkt als Wandsockel ausgebildet ist, ferner bei Fassungseinsätzen für Isolierstofffassungen usw.

Zu § 38.

In der früheren Fassung der „Vorschriften und Regeln für die Konstruktion und Prüfung von Glühlampenfassungen und Lampenfüßen" waren über den Verwendungsbereich der Fassungsringe folgende Angaben gemacht:

Für Normal-Edisongewinde:

Ring 1. Für Metallfadenlampen bis einschl. 100 HK und 160 V.
Für Spezialkugellampen bis einschl. 100 HK und 260 V.
Für Kohlenfadenlampen bis einschl. 100 HK und 260 V.

Ring 2. Für Metallfadenlampen bis einschl. 100 HK über 160 bis 260 V.

Ring 3. Für Metallfadenlampen über 100 bis einschl. 200 HK bis 260 V.

Für Edison-Mignongewinde:

Ring a. Für kleine Zierlampen bis einschl. 10 HK und 260 V.

Ring b. Für Lampen bis einschl. 16 HK und 260 V.

Ring c. Für Lampen von 16 bis einschl. 25 HK bis einschl. 260 V.

Die Festlegung dieser Verwendungsgrenzen ist jetzt nicht mehr in den Text der Vorschriften aufgenommen, weil die Fabrikation der Lampen zurzeit in einer Entwicklung ist, die eine derartige Abstufung von Größen nach Kerzenstärken unzweckmäßig erscheinen läßt. Es ist deshalb nur die Form der Ringe und Lampenfüße festgelegt. Diese soll innegehalten werden. (Die namhaften Glühlampenfabriken haben mit dem V. D. E. die Innehaltung der Abmessungen an ihren Lampen vereinbart. Die Verwendung regelt sich danach, daß der Ring den Lampenfuß soweit bedecken muß, daß Berührung spannungführender Teile verhindert ist.)

Als Schutzmittel, welche eine Berührung spannungführender Teile des Lampenfußes verhindern, gelten außer den Fassungsringen auch alle andern Arten von Verkleidungen, beispielsweise verzierenden Abdeckungen und Glocken, auch solche in Form von Reflektoren, wenn sie so gestaltet sind, daß sie bei eingeschraubter Lampe das Berühren irgend eines spannungführenden Metallteiles unmöglich machen. Für die Fälle, in denen der Berührungsschutz durch ein derartiges Mittel erreicht wird, ferner im Hinblick auf die ganz kleinen Sockel der neuen Halbwattlampen, ist für Normalgewinde neuerdings auch der kleine Ring 0 normalisiert. Fassungen mit Blechgehäusen sollen stets so bemessen sein, daß sie für normale Fassungsringe verwendbar sind, um die Möglichkeit zur Auswechslung zu haben.

[Es erscheint ratsam, nicht nur die Blechfassungen, sondern alle Fassungen so auszuführen, daß sie zu den entsprechenden Normalfassungsringen passen. Spezialringe, etwa solche mit Mantelverlängerung (sogen. Trichter), können leicht zu Unträglichkeiten führen. Festsitzende Fassungsringe vorzusehen ist jetzt besonders schwierig, weil Fassungen verschiedener Spannungen (bei Mignon auch verschiedener Formen) in dem Falle auch verschiedene Typen nötig machen, die nach erfolgter Installation dann nur eine bestimmte Lampenart zulassen. Besonders für Isolierfassungen, aber auch bei Glühlichtarmaturen und Handlampen wird dieser Fall zu überlegen sein. Möglich ist hier unter Umständen der Ausweg, den festsitzenden Schutzring so groß und weit zu halten, daß er zu jeder Glühlampenart ohne weiteres paßt.]

[Zur Kontrolle der Lampenfüße wurden besondere Blechschablonen vorgesehen, deren Maulöffnung den Durchtritt des Sockels gestattet, wenn dieser nicht zu groß ist. In welcher Weise diese Lehren anzuwenden sind, ergibt Abb. 29.]

[Entsprechend den Glühlampenlehren wurden auch Lehren für den Innenraum der Fassungsringe geschaffen, die zugleich zur Prüfung der fertigen Fassung dienen, indem zur Kontrolle der Fassungstiefe ein Schieber vorgesehen ist.]

Abb. 29.

Anwendung der Lehren für Lampenfüße.

Zu § 39.

a) Die hier vorgeschriebenen Mindestmaße sollen eine gewisse Gewähr für solide Ausführung der Fassungen bieten. Es gilt dies sowohl für Fassungen allgemeiner Art, wie auch für die besondere, häufigst verwendete Form der Fassungen in Blechgehäusen.

Die Abb. 26 gibt ein Beispiel für die Konstruktion einer Fassung mit Blechgehäuse, bei der die Vorschriften und Regeln der Abschnitte D und H erfüllt sind. Es sind alle Maße angegeben, um auch dadurch eine Anleitung zu geben, was die Kommission im einzelnen für zweckmäßig hält. Jedoch ist damit nicht gesagt, daß eine vorschriftsmäßige Fassung in allen Einzelheiten genau dem dargestellten Beispiel entsprechen muß. Notwendig ist nur die Erfüllung der Vorschriften aus den §§ 3 und 34—45, während in Formen und Maßen, die in diesen Paragraphen nicht festgelegt sind, Abweichungen zulässig sind. Fassungen der gleichen Art mit Hahn und ebensolche für Mignon- und Goliathgewinde lassen sich an Hand des gegebenen Beispiels ohne weiteres entwickeln.

1. Entsprechend einem Bedürfnis der Praxis sind nunmehr auch Pauschalfassungen normalisiert, und zwar wurde dafür von den verschiedenen bestehenden Systemen dasjenige gewählt, welches sich im Zusammenhang mit der neuen Normalfassung am einfachsten durchführen ließ.

Zu § 40.

Der Schalter in schaltbaren Fassungen (früher Hahn-, neuerdings Schaltfassungen genannt) unterscheidet sich von dem sogenannten Dosenschalter nur durch seine Schaltleistung, die nach den Prüfvorschriften, § 44, bei dem 1,1-fachen der Nennspannung nur 2 A zu schalten brauchen. Es ist dieser Fassungsschalter jedoch nur im unmittelbaren Zusammenhang mit dem Fassungskörper zulässig, also niemals außerhalb der Fassung, also auch nicht etwa im Fuß einer Stehlampe u. dergl.

Für Schalter und Schaltfassungen ist im Gegensatz zu Dosenschaltern Metallgehäuse ohne Erdung zulässig. Eine etwaige Drehachse muß jedoch von dem Gehäuse besonders isoliert sein. Sinngemäß kann daher auch bei Zugfassungen der an dem Schalter befestigte Teil des Zugorgans aus Metall bestehen, wenn er vom Gehäuse isoliert ist; der übrige Teil samt Handhabe muß jedoch aus Isolierstoff bestehen.

[Auf die Befestigungsweise für den Gewindekorb ist besonderer Wert zu legen. Die in Abb. 26 als Beispiel wiedergegebene Fassung zeigt nach dieser Richtung hin eine bewährte Ausführung. Bei ihr dient der Korbanschlußteil mit seinen beiden Schenkeln zur Verstärkung des Bodens. Ohne diese wird zu wenig Halt gegen Verbiegen und Abreißen erreicht. Hinsichtlich der Festigkeit des Korbes ist zu beachten, daß Korbausschnitte nicht übermäßig groß gehalten werden sollen. Es ist, um die Festigkeit des Korbes zu erhöhen, ferner notwendig, das Gewinde nicht bis zum Boden zu rollen, vielmehr die freistehenden Schenkel zylindrisch zu lassen, damit sie nicht beim Einschrauben der Lampe harmonikaartig auseinandergezogen werden können. Vorteilhaft erscheint es, die Haltbarkeit des Gewindekorbes durch Einschrauben eines Prüfwerkzeuges zu erproben. Die Korbtiefen sollen nicht zu niedrig gehalten werden, um der Lampe möglichst guten Halt in der Fassung zu geben und dem Schiefstellen derselben vorzubeugen.]

[Nach Ansicht der Kommission sollte auch das Blechgehäuse nur aus Messing oder Kupferlegierung, nicht aber aus Aluminium oder Zink hergestellt werden. Die festgesetzten Abmessungen sind unter dieser Voraussetzung gewählt.]

[Für den Gewindenippel ist die Befestigung an der Kappe besonders wichtig. Er muß so sicher befestigt sein, daß Abreißen oder Ausbrechen bei der stärksten vorkommenden Beanspruchung unmöglich ist.]

J. Edisongewinde.

§ 46.

1. Edisongewinde sollen die in nachfolgender Tabelle VIII und Abb. 30 gegebenen Abmessungen

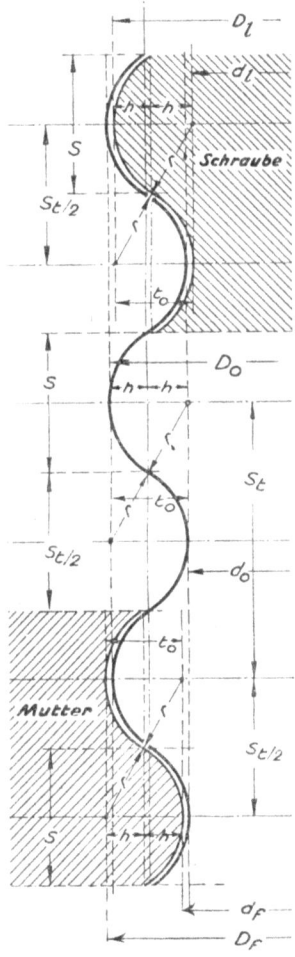

Abb. 30. Gewindeform.

haben. Zur Kontrolle dienen die Lehren nach Tabelle IX und Abb. 31.

Tabelle VIII. Zusammenstellung der Maße für die Edisongewinde (Abb. 30).

Benennung	Mignon		Normal-Edison		Großes Edison		Goliath-Edison	
	Gewindedurchmesser in mm		Gewindedurchmesser in mm		Gewindedurchmesser in mm		Gewindedurchmesser in mm	
	Innerer	Äußerer	Innerer	Äußerer	Innerer	Äußerer	Innerer	Äußerer
Idealgewinde	$d_0 = 12{,}33$	$D_0 = 13{,}93$	$d_0 = 24{,}3$	$D_0 = 26{,}6$	$d_0 = 30{,}5$	$D_0 = 33{,}1$	$d_0 = 35{,}95$	$D_0 = 39{,}55$
Schraube Sollmaß	$d_l = 12{,}2$	$D_l = 13{,}8$	$d_l = 24{,}1$	$D_l = 26{,}4$	$d_l = 30{,}3$	$D_l = 32{,}9$	$d_l = 35{,}7$	$D_l = 39{,}3$
Lampenfuß Maximal-bzw. Siche- lehre	$d_{l\,\text{max.}}=12{,}3$	$D_{l\,\text{max.}}=13{,}9$	$d_{l\,\text{max.}}=24{,}25$	$D_{l\,\text{max.}}=26{,}55$	$d_{l\,\text{max.}}=30{,}45$	$D_{l\,\text{max.}}=33{,}05$	$d_{l\,\text{max.}}=35{,}9$	$D_{l\,\text{max.}}=39{,}5$
rungs- stöpsel Minimal- lehre	—	$D_{l\,\text{min.}}=13{,}7$	—	$D_{l\,\text{min.}}=26{,}2$	—	$D_{l\,\text{min.}}=32{,}65$	—	$D_{l\,\text{min.}}=39{,}05$
Mutter Sollmaß	$d_f = 12{,}45$	$D_f = 14{,}05$	$d_f = 24{,}5$	$D_f = 26{,}8$	$d_f = 30{,}7$	$D_f = 33{,}3$	$d_f = 36{,}2$	$D_f = 39{,}8$
Fassung Minimal- bzw. Siche- lehre	$d_{f\,\text{min.}}=12{,}36$	$D_{f\,\text{min.}}=13{,}96$	$d_{f\,\text{min.}}=24{,}35$	$D_{f\,\text{min.}}=26{,}65$	$d_{f\,\text{min.}}=30{,}55$	$D_{f\,\text{min.}}=33{,}15$	$d_{f\,\text{min.}}=36{,}0$	$D_{f\,\text{min.}}=39{,}6$
rungs- sockel Maximal- lehre	$d_{f\,\text{max.}}=12{,}56$	—	$d_{f\,\text{max.}}=24{,}7$	—	$d_{f\,\text{max.}}=30{,}95$	—	$d_{f\,\text{max.}}=36{,}45$	—
Gewindesteigung	$S_t = \frac{1}{9}''\,\text{engl.} = 2{,}822\,\text{mm}$		$S_t = \frac{1}{7}''\,\text{engl.} = 3{,}628\,\text{mm}$		$S_t = \frac{1}{6}''\,\text{engl.} = 4{,}233\,\text{mm}$		$S_t = \frac{1}{4}''\,\text{engl.} = 6{,}35\,\text{mm}$	
Profilradius	$r = 0{,}825$		$r = 1{,}00$		$r = 1{,}19$		$r = 1{,}85$	
Gewindetiefe	$t_0 = 0{,}80$		$t_0 = 1{,}15$		$t_0 = 1{,}30$		$t_0 = 1{,}80$	
Schraube und Mutter Sehnen- längen	$S = 1{,}411$		$S = 1{,}814$		$S = 2{,}116$		$S = 3{,}175$	
Bogen- höhen	$h = 0{,}40$		$h = 0{,}575$		$h = 0{,}65$		$h = 0{,}90$	

Tabelle IX. Abmessungen der Lehren für Edisongewinde in mm (Abb. 31).

Benennung		Mignon				Normal-Edison				Großes Edison				Goliath-Edison			
		A	l	L	m	A	l	L	m	A	l	L	m	A	l	L	m
Schraube	Maximallehre	32,5	12,5	—	—	48	16	—	—	55	18	—	—	65	20	—	—
	Minimallehre	32,5	12,5	—	—	48	16	—	—	55	18	—	—	65	20	—	—
Mutter	Minimallehre	11	17	80	8	20	22	95	8	25	27	110	8	30	32	115	8
	Maximallehre	11	17	80	8	20	22	95	8	25	27	110	8	30	32	115	8

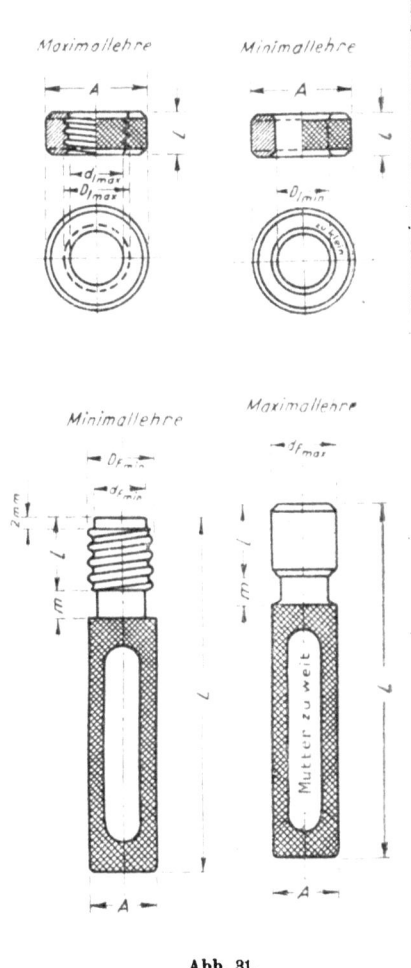

Abb. 31.
Kontrollehren für Edisongewinde.

Erläuterungen zu Absatz J. Edisongewinde.

Zu § 46.

[Die ersten Angaben über die Abmessungen des Normal-Edisongewindes sind auf der Jahresversammlung 1898 angenommen worden. Im Jahre 1907 wurden dann die Angaben über das Mignongewinde und im Jahre 1910 über das Goliathgewinde hinzugefügt. Für letzteres war ein Bedürfnis entstanden durch die Ausbildung der Metallfadenlampe und die damit bedingte

Tabelle X. Maße und Gewindeform für Nippelgewinde (Abb. 32, 33).

Gewindeform	Benennung	Größe I		Größe II		Größe III	
		Kerndurchmesser mm	Äußerer Gewindedurchmesser mm	Kerndurchmesser mm	Äußerer Gewindedurchmesser mm	Kerndurchmesser mm	Äußerer Gewindedurchmesser mm
	Idealgewinde	$d_0 = 8{,}75$	$D_0 = 10$	$d_0 = 11{,}75$	$D_0 = 13$	$d_0 = 14{,}75$	$D_0 = 16$
	Schraube Nippel — Sollmaß	$d_1 = 8{,}65$	$D_1 = 9{,}9$	$d_1 = 11{,}65$	$D_1 = 12{,}9$	$d_1 = 14{,}65$	$D_1 = 15{,}9$
	Maximallehre	$d_{1\,\text{max.}} = 8{,}7$	$D_{1\,\text{max}} = 9{,}95$	$d_{1\,\text{max.}} = 11{,}7$	$D_{1\,\text{max}} = 12{,}95$	$d_{1\,\text{max.}} = 14{,}70$	$D_{1\,\text{max.}} = 15{,}95$
	Minimallehre	—	$D_{1\,\text{min}} = 9{,}83$	—	$D_{1\,\text{min}} = 12{,}83$	—	$D_{1\,\text{min.}} = 15{,}83$
	Mutter Nippelmutter — Sollmaß	$d_2 = 8{,}85$	$D_2 = 10{,}1$	$d_2 = 11{,}85$	$D_2 = 13{,}1$	$d_2 = 14{,}85$	$D_2 = 16{,}1$
	Minimallehre	$d_{2\,\text{min.}} = 8{,}80$	$D_{2\,\text{min.}} = 10{,}05$	$d_{2\,\text{min.}} = 11{,}80$	$D_{2\,\text{min.}} = 13{,}06$	$d_{2\,\text{min.}} = 14{,}8$	$D_{2\,\text{min.}} = 16{,}05$
	Maximallehre	$d_{2\,\text{max.}} = 8{,}92$	—	$d_{2\,\text{max.}} = 11{,}92$	—	$d_{2\,\text{max.}} = 14{,}92$	—
	Gewindetiefe in mm	$t_0 = 0{,}625$		$t_0 = 0{,}625$		$t_0 = 0{,}625$	
	Anzahl der Gewindegänge auf 1" engl.	26		26		26	
	Gewindelänge der Nippelmutter in mm	$b_{\text{min.}} = 7$		$b_{\text{min.}} = 7$		$b_{\text{min.}} = 7$	
	Lichte Weite des Nippels	$a = 7$		$a = 10$		$a = 13$	

Steigerung der Ökonomie von Glühlampen. Hierdurch war das Anwendungsgebiet der Glühlampen bedeutend erweitert worden, so daß die hochkerzigen Metallfadenlampen bald eine wichtige Rolle in der Elektrotechnik spielten.

Die Dimensionen und Gewichte dieser hochkerzigen Lampen waren naturgemäß erheblich größer als die der früher im wesentlichen benutzten niedrigkerzigen Glühlampen. Schon dadurch war es bedingt, daß die normalen Glühlampenfassungen nicht mehr verwendet werden konnten. Es ergab sich aber auch bei den hochkerzigen Lampen manchmal eine erhebliche Stromstärke, so daß es auch aus diesem Grunde notwendig war, ein größeres Edisongewinde als das normale zu schaffen. Hierbei wurde ein bereits von der General Electric Company hergestelltes Gewinde, welches von deutschen Firmen seit einiger Zeit benutzt worden war, zugrunde gelegt. Im übrigen wurden die einzelnen Abmessungen analog dem bisherigen Normal-Edisongewinde und dem Mignongewinde aufgestellt.

Das den Maßen zugrunde gelegte Idealgewinde hat ein Profil aus zwei gleichen, unmittelbar tangential ineinander übergehenden Kreisbögen.

Der Abstand von der Ideal-Gewindelinie, sowie die für die Fabrikation vorgesehenen Toleranzen sind so klein gewählt, als es die praktische Herstellung zuläßt.

Das Gewindeprofil von Schraube und Mutter ist derart gewählt, daß der Horizontalabstand zwischen beiden überall gleich ist, was eine geringe Abweichung von der bisherigen Form ergibt.

Durch diese Maßnahmen zusammen genommen wird ein möglichst genaues Passen zwischen Schraube und Mutter erzielt.

Hervorzuheben ist jedoch, daß trotzdem die Möglichkeit der Auswechselung in älteren Fabrikaten bestehen bleibt, da beispielsweise eine Lampe nach den neuen Maßen in eine Fassung nach den früheren Normalien paßt, und umgekehrt.

Die Kontrollehren haben eine den gebräuchlichen Gewindelehren entsprechende Form erhalten, da mit diesen nur die richtige Ausführung des Gewindes kontrolliert werden soll.

Das Gewinde des Lampenfußes wird gemessen mit einem als Maximallehre geltenden Gewindekaliberring, während ein zu geringer Durchmesser durch die Minimalringlehre festgestellt wird.

Zur Kontrolle der Fassung dienen umgekehrt ein Gewindekaliber und ein glatter Kaliberbolzen.

K. Nippel.

§ 47.

1. Fassungsnippel und Nippelgewinde sollen die in den Abb. 32 und 33 und der vorstehenden Tabelle X gegebenen Abmessungen haben.

Zur Kontrolle des Nippelgewindes dienen die Lehren nach Tabelle XI und Abb. 34.

92   Installationsmaterial.

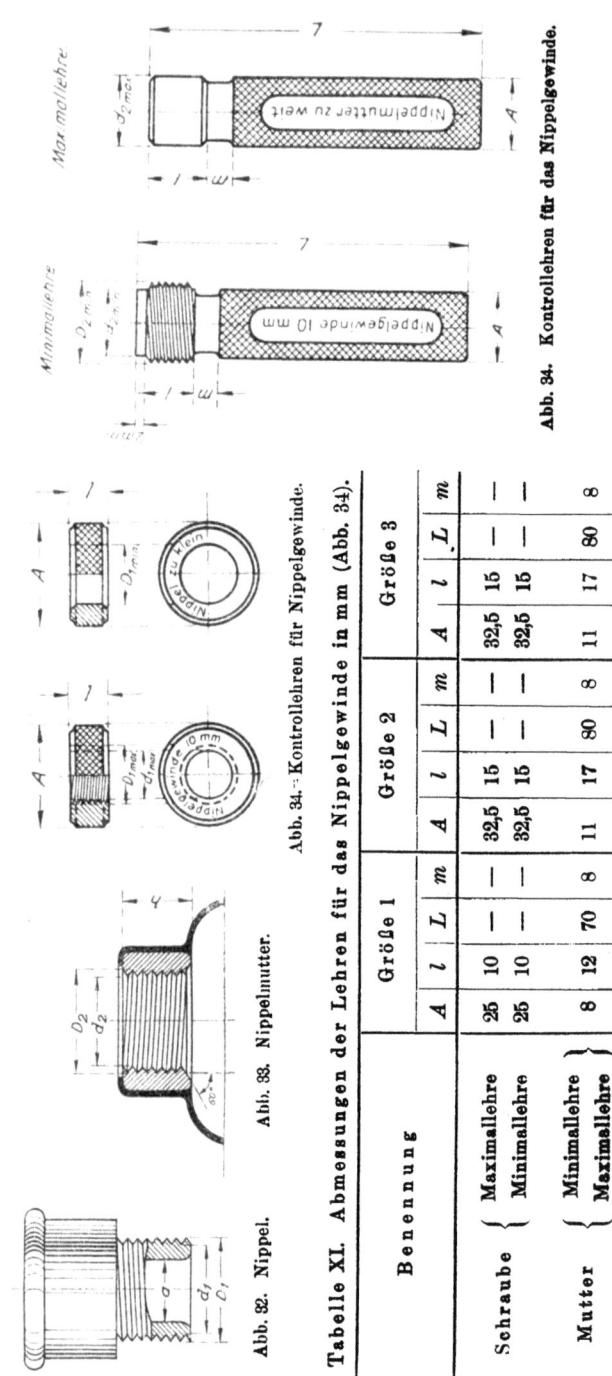

Abb. 32. Nippel. Abb. 33. Nippelmutter. Abb. 34. Kontrollehren für Nippelgewinde.

Tabelle XI. Abmessungen der Lehren für das Nippelgewinde in mm (Abb. 34).

Benennung		Größe 1				Größe 2				Größe 3			
		A	l	L	m	A	l	L	m	A	l	L	m
Schraube	Maximallehre	25	10	—	—	32,5	15	—	—	32,5	15	—	—
	Minimallehre	25	10	—	—	32,5	15	—	—	32,5	15	—	—
Mutter	Minimallehre	8	12	70	8	11	17	80	8	11	17	80	8
	Maximallehre												

Bei Nippeln und Nippelmuttern sollen die Kanten, wie in den Abb. 32 und 33 angegeben, stark verrundet sein.

2. Als Anschlußgewinde für Reduziernippel kann außer obigen Gewinden das normale Rohrgewinde des Vereins Deutscher Gas- und Wasserfachmänner und des Vereins Deutscher Ingenieure genommen werden („Zeitschrift des Vereins Deutscher Ingenieure" 1903, S. 1236).

Erläuterungen zu Absatz K. Nippel.

Zu § 47.

[Die Angaben des Verbandes über die normalen Abmessungen von Nippeln sind auf Anregung des Vereins zur Wahrung gemeinsamer Wirtschaftsinteressen der deutschen Elektrotechnik aufgestellt worden. Es sollten dadurch die Mißstände, die sich bei der Montage durch die vielfach verschiedenen Abmessungen der Gewinde ergeben, beseitigt werden. Die Normalien über Fassungsnippel wurden auf der Jahresversammlung 1908 angenommen.]

L. Handlampen.

Siehe auch Err.-Vorschr. §§ 18, 28, 33, Bahnvorschr. § 21.

§ 48.

a) Körper und Griff der Handlampen müssen aus wärme- und feuchtigkeitssicherem Isolierstoff bestehen. Die spannungführenden Teile müssen durch ausreichend widerstandsfähige Schutzmittel der zufälligen Berührung entzogen sein.

b) Die Anschlußstellen der Leitungen müssen von Zug entlastet sein.

c) Gewöhnliche Schaltfassungen in Handlampen sind verboten.

Schalter in Handlampen sind nur bis 250 V zulässig. Sie müssen den Vorschriften für Dosenschalter entsprechen und so im Körper oder im Griff eingebaut sein, daß sie mechanischen Beschädigungen bei Gebrauch der Handlampe nicht unmittelbar ausgesetzt sind.

Metallteile der Betätigungsvorrichtung des Schalters müssen auch beim Bruch des Schaltergriffes der zufälligen Berührung entzogen bleiben.

d) Die Einführungsstellen für die Leitungen müssen derart ausgebildet sein, daß eine Beschädigung der biegsamen Leitungen auch bei rauher Behandlung nicht zu befürchten ist.

e) Ist die Lampe mit einem Schutzkorbe, Aufhängehaken, Tragebügel oder dergleichen aus Metall versehen, so müssen diese auf dem isolierenden Körper befestigt sein.

Erläuterungen zu Absatz L. Handlampen.

Zu § 48.

Es sei hier noch besonders darauf hingewiesen, daß außer den Bestimmungen des § 48 für Handlampen auch noch die Vorschriften des § 3 „Allgemeines" Geltung haben.

Die Bestimmungen der „Errichtungsvorschriften" und gegebenenfalls auch der „Bahnvorschriften" müssen naturgemäß von allen Apparaten eingehalten werden. Um die Hersteller und Verbraucher solcher Apparate hierauf hinzuweisen, ist in den „Vorschriften für die Konstruktion und Prüfung von Installationsmaterial" stets unter der Überschrift zu jedem Absatz darauf hingewiesen, welche Paragraphen der in Frage kommenden Vorschriften zu beachten sind. Es sei hier aber noch besonders hervorgehoben, daß bei Verwendung von Handlampen für Sonderzwecke auch die entsprechenden Bestimmungen berücksichtigt werden müssen. Das wird leider vielfach übersehen. Für den vorliegenden Fall kommen insbesondere aus den „Errichtungsvorschriften" die Sonderbestimmungen über Betriebsstätten und Lagerräume mit ätzenden Dünsten in Frage. Die genannten Bestimmungen sind im Anhange zu diesem Buche unter Nr. 1 abgedruckt.

Den Bestimmungen über Handlungen wird seitens des Verbandes Deutscher Elektrotechniker schon seit mehreren Jahren ganz besondere Aufmerksamkeit zugewandt. C. L. Weber schreibt in seinen Erläuterungen hierzu folgendes:

„Durch schlecht gebaute oder in Unordnung geratene Handlampen sind mehrfach Todesfälle veranlaßt worden; auch bei niedrigen Spannungen. Die Handlampen sind starker Abnutzung ausgesetzt; teils durch den Gebrauch selbst, teils, weil sie außer Gebrauch nicht sorgsam aufbewahrt und behandelt werden. Dazu kommt, daß sie häufig unter Verhältnissen gebraucht werden (beim Reinigen von Kesseln, Fässern u. dergl.), die den Körper des Benutzers in seinem Wi erstand gegen Erde erheblich vermindern (Schweißbildung, Benetzung mit leitenden oder ätzenden Flüssigkeiten), ihn in gute Verbindung mit der Erde bringen und zugleich die Berührung der Lampe mit den Körperteilen begünstigen. Viele gebräuchliche Handlampen sind demgegenüber viel zu schwach gebaut. Die für den Bau dieser Lampen geltenden Vorschriften sind daher schrittweise immer mehr verschärft worden."

a) Handlampen, deren äußerer Teil aus Metall besteht, sind verboten, beispielsweise auch die noch immer in Verwendung befindlichen Handlampen mit Griffen aus Holz oder Isolierstoff und aufgesetzter Blechfassung.

Körper und Griff müssen aus Isolierstoff bestehen und werden am vorteilhaftesten zu einem geschlossenen Ganzen vereint; am besten ist es, wenn beide zusammen aus einem einzigen Stück des Materials gebildet sind. Der Körper dient als Träger des Korbes und des nach Bedarf vorzusehenden Schutzglases.

| Bei der Auswahl des Isolierstoffes ist es empfehlenswert, die vom Verbande in Aussicht genommene und in kurzer Zeit erscheinende Tabelle betr. Klassifizierung von Isolierstoffen zu beachten. |

b) Es hat sich des öfteren gezeigt, daß Mißstände und Beschädigungen beim Gebrauch von Handlampen auf mangelhafte Festigkeit und Sicherheit der Leitungsanschlüsse zurückzuführen waren. Die Art der Benutzung von Handlampen, die oft ein erhebliches Leitungsgewicht zu tragen haben, bedingt es, daß gerade den Anschlußstellen eine ganz besondere Sorgfalt gewidmet wird. Abgesehen davon, daß die Kontakte selbst genügend groß und fest und nach Möglichkeit gegen Lockerung gesichert sein müssen, ist das beste Mittel, um Schäden an dieser Stelle zu vermeiden, die Entlastung der Leitungen von Zug. Es ist aber hierbei daran zu denken, daß Handlampen meist einer ziemlich rauhen Behandlung ausgesetzt sind und daß eine Entlastungsvorrichtung, welche auf die Dauer ihren Zweck erfüllen soll, bei diesen Apparaten stärker und solider konstruiert sein muß, als z. B. bei einer Schreibtischlampe.

Bei der Konstruktion der Leitungsentlastung ist auch besonderer Wert zu legen auf die Möglichkeit öfterer Kontrolle der Entlastungsvorrichtung. Ein Festhalten der Umklöpplung allein genügt nicht zur Entlastung der Anschlußstellen, da die Leitungsadern von der Umklöpplung nicht gehalten werden.

c) Es erscheint zweckmäßig, von schaltbaren Fassungen bei Handlampen überhaupt abzusehen, da Handlampen ständig ihren Platz wechseln und nicht zur Raumbeleuchtung benutzt werden sollen. Werden Schalter an Handlampen überhaupt angebracht, so ist zu beachten, daß sie den Bedingungen für Ausschalter entsprechen, also mindestens für 4 A gebaut sein müssen. Die Griffe solcher Schalter werden vor Beschädigungen am besten dadurch geschützt, daß sie tief in den Körper oder Griff der Handlampe eingelassen sind.

d) Metalleinlagen oder sonstige metallene Verstärkungen, welche bei Bruch der Griffe etwa selbst als Handgriffe benutzt werden könnten, sind unzulässig. Erlaubt sind dagegen Bügelhalter und Schrauben sowie ähnliche k l e i n e Teile aus Metall. Die Bohrung für die Leitung muß groß genug sein für bequeme Durchführung der vorschriftsmäßigen Handlampenleitungen. Besonderer Wert ist auf Schutzvorrichtungen zu legen, die das Durchscheuern und Knicken der Zuleitung an der Ausführungsmündung des Handlampengriffes zu verhüten haben. Trichterförmiges Ausrunden der Mündung, nachgiebiges Leder oder Gummimanschetten als Schutz der Leitung sind zu empfehlen. Mit Rücksicht auf die erhöhte mechanische Beanspruchung der Zuleitungen an Handlampen ist es zweckmäßig, die Leitungen nach Gebrauch der Handlampe stets durch Herausnehmen des Steckers spannungsfrei zu machen.

M. Papierrohre (Isolierrohre) mit Metallmantel und Metallrohre für Verschraubung.

Siehe auch Err.-Vorschr. §§ 26, 31,
Bahnvorschr. §§ 10, 24, 36.

§ 49.

1. Rohre sollen die in den Tabellen XII und XIII gegebenen Abmessungen haben.

Tabelle XII. Abmessungen der Papierrohre (Isolierrohre) mit gefalztem Metallmantel in mm.

a	Innerer Rohrdurchmesser	7	9	11	13,5	16	23	29	36	48
b	Äußerer Rohrdurchmesser	11	13	15,8	18,7	21,2	28,5	34,5	42,5	54,5
c	Blechbreite	40	47	56,5	65	74	97	118	143	183
d	Blechstärke des Messingmantels	0,13	0,15	0,15	0,15	0,18	0,18	0,20	0,24	0,24
e	Blechstärke des Eisenmantels (galvanisch vermessingt oder lackiert)	0,15	0,15	0,15	0,15	0,18	0,20	0,24	0,24	0,24
f	Blechstärke des verbleiten Eisenmantels	0,20	0,20	0,20	0,20	0,23	0,25	0,29	0,29	0,29
g	Lichte Weite der Tüllen der Muffen	11,3	13,3	16,1	19	21,5	29	35	43	55

Die Messung des äußeren Rohrdurchmessers (b) bei Papierrohren mit gefalztem Metallmantel soll

Additional material from *Erläuterungen zu den Vorschriften für die Konstruktion und Prüfung von Installationsmaterial, den Vorschriften für die Konstruktion und Prüfung von Schaltapparaten für Spannungen bis einschl 750 V und den Normalien über die Abstufung von Stromstärken un über Anschlußbolzen,*
ISBN 978-3-642-52157-7, is available at http://extras.springer.com

nicht über dem Falz erfolgen; der Falz soll außen liegen und darf in das Papierrohr nicht eingedrückt sein.

Zur Kontrolle der Gewinde dienen die Lehren nach Abb. 35 und Tabelle XIV.

2. Rohre für Verschraubung nach Art der Stahlpanzerrohre jedoch ohne Auskleidung sollen in ihren Abmessungen mindestens der Tabelle XIII entsprechen.

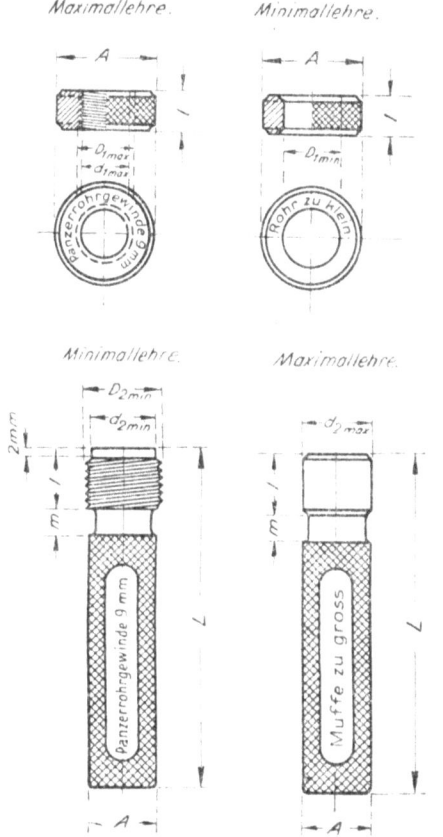

Abb. 35. Kontrollehren für Panzerrohrgewinde

3. Rohrähnliche Winkel-, T-, Kreuzstücke u. dergl. sollen als Teile des Rohrsystems in gleicher Weise ausgekleidet sein wie die Rohre selbst. Scharfe Kanten im Innern sind auf alle Fälle zu vermeiden.

Erläuterungen zu Absatz M. Papierrohre (Isolierrohre) mit Metallmantel und Metallrohre für Verschraubung.

[Da vor Einführung der Normalien für Isolierrohre vielfach Fabrikate in den Handel gebracht wurden, deren Metallmantel zu dünn war, sahen sich eine Anzahl von Isolierrohrfabrikanten sowie der Verband der elektrotechnischen Installationsfirmen in Deutschland veranlaßt, bei dem Verbande den Antrag auf Schaffung von Isolierrohrnormalien zu stellen. Der Verband hat diesem Wunsche Folge geleistet und in Verbindung mit den Anregern Maße für den äußeren und inneren Durchmesser der Rohre, für die Blechstärken, die Muffen, Tüllen und Gewinde eingeführt. Auf der Jahresversammlung 1906 wurden diese Normalien angenommen.

Zu § 49.

1. Bei verbleitem Eisenrohr soll die Blechstärke dieselbe sein wie Maß e, so daß

$$\frac{f-e}{2} = \text{Dicke der Bleischicht}$$

ist.

3. Unter dem Ausdruck „in gleicher Weise" ist nur das Prinzip der Isolierauskleidung, nicht aber ihr Aufbau und ihre Abmessungen zu verstehen.

Zu beachten ist allgemein, daß das Papier im Rohr gut imprägniert sein muß, um feuchtigkeitssicher zu sein.

Da die Rohrverlegung in den letzten Jahren eine sehr große Bedeutung erreicht hat, erscheint es notwendig, daß die hierzu gehörigen Dosen usw. sowie die sonstigen Apparate, in welche die Rohre eingefügt werden sollen, so gebaut sind, daß das Rohr richtig anschließt. In § 26 der Errichtungsvorschriften ist demnach auch bestimmt worden, daß Dosen entweder feste Stutzen oder hinreichende Wandstärke zur Aufnahme der Rohre haben sollen. Als hinreichende Wandstärke wird gemäß den Erläuterungen von C. L. Weber eine solche von 8 mm erachtet.

N. Verteilungstafeln.

Siehe auch Err.-Vorschr. §§ 9, 14, 37, 38, Bahnvorschr. § 19, 37.

§ 50.

1. Unter Verteilungstafeln ist der Zusammenbau von Sicherungen, Schaltern, Meßinstrumenten usw. auf besonderer, gemeinsamer Unterlage verstanden.

2. Unterlagen können aus Metall oder Isolierstoff bestehen. Solche aus Isolierstoff sollen feuerwärme- und feuchtigkeitssicher sein.

3. Die einzelnen Apparate sollen für sich befestigt sein.

4. Sammelschienen, denen mehr als 60 A zugeführt werden, sollen nicht aus aneinandergereihten Stücken bestehen.

5. Verteilungstafeln sollen durch eine Umrahmung oder ähnliche Mittel so geschützt sein, daß Fremdkörper nicht an die Rückseite der Tafel gelangen können.

Verteilungstafeln.

Erläuterungen zu Absatz N. Verteilungstafeln.

[Es sei hier noch besonders darauf hingewiesen, daß außer den Bestimmungen des § 50 für Verteilungstafeln auch noch die Vorschriften des § 3 „Allgemeines" Geltung haben.|

[Die Bestimmungen der „Errichtungsvorschriften" und gegebenenfalls auch der „Bahnvorschriften" müssen naturgemäß von allen Apparaten eingehalten werden. Um die Hersteller und Verbraucher solcher Apparate hierauf hinzuweisen, ist in den „Vorschriften für die Konstruktion und Prüfung von Installationsmaterial" stets unter der Überschrift zu jedem Absatz darauf hingewiesen, welche Paragraphen der in Frage kommenden Vorschriften zu beachten sind. Es sei hier aber noch besonders hervorgehoben, daß bei Verwendung von Verteilungstafeln für Sonderzwecke auch die entsprechenden Bestimmungen berücksichtigt werden müssen. Das wird leider vielfach übersehen. Für den vorliegenden Fall kommen insbesondere aus den „Errichtungsvorschriften" die Sonderbestimmungen über Theater und diesen gleichzustellende Versammlungsräume und aus den „Bahnvorschriften" die Bestimmungen über Schalttafeln in Fahrzeugen in Frage. Die genannten Bestimmungen sind im Anhange zu diesem Buche unter Nr. 1 und 2 abgedruckt.|

[Die Bestimmungen über Verteilungstafeln sind bei der jetzigen Neufassung der „Vorschriften für die Konstruktion und Prüfung von Installationsmaterial" zum ersten Male mit aufgenommen worden, während man sich bisher hierbei auf die Angaben der Errichtungsvorschriften beschränkt hatte. Da letztere Vorschriften aber den Herstellern von Verteilungstafeln nicht immer genügend bekannt sind, erschien es notwendig, einen besonderen Abschnitt in den Vorschriften für Installationsmaterial zu machen.|

Zu § 50.

1. Unter „Verteilungstafeln" wird hierbei die ganze Gruppierung aller auf gemeinsamer Unterlage montierter Apparate verstanden, nicht etwa die Unterlage selbst. Diese kann sowohl als eigentliche Tafel, wie auch beispielsweise als Leistengestell ausgebildet sein.

Als Verteilungstafel gilt auch der Zusammenbau mehrerer zusammenhängender Apparate in einem Holz- oder Eisenkasten.

Eine angemessene Zentralisierung von Apparaten ist dringend erwünscht. Sie ist deshalb z. B. auch für Sicherungen in § 14^5 der Err.-Vorschriften empfohlen. Das planlose Nebeneinandersetzen einzelner Apparate an die Wand, also eine Umgehung der Anwendung von Verteilungstafeln, ist zu verwerfen.

Jede Zentralisierung von Leitungen, Apparaten, Meßinstrumenten u. dergl. sollte nach den in § 50 niedergelegten Grundsätzen behandelt werden.

[Tafeln, auf welchen nur Zähler oder Meßinstrumente vereinigt sind, gelten nach dem Standpunkt der Kommission für Errichtungs- und Betriebsvorschriften nicht als Verteilungstafeln. Sie werden aber zu solchen, wenn außer den genannten Instrumenten auch noch Sicherungen oder Schalter darauf montiert sind. In diesem Falle müssen sie dann den Vorschriften über Verteilungstafeln entsprechen.]

[2. Sofern an Verteilungstafeln Unterlagen oder Rahmen aus Metall bestehen, sind die Bestimmungen des § 3 der Errichtungsvorschriften zu beachten. Bei Hochspannung müssen nach diesen Vorschriften alle nicht spannungführenden Metallteile, die Spannung annehmen können, miteinander gut leitend verbunden und geerdet werden. Bei Niederspannung ist eine solche Erdung nicht vorgeschrieben, dagegen ist sie empfohlen, soweit nach Maßgabe der örtlichen Verhältnisse eine besondere Gefahr besteht und die Erdung zuverlässig ausführbar ist.]

[Bei der Auswahl des Isolierstoffes ist es empfehlenswert, die vom Verbande in Aussicht genommene und in kurzer Zeit erscheinende Tabelle betr. Klassifizierung von Isolierstoffen zu beachten.]

3. Da die einzelnen Apparate für sich befestigt sein sollen, ist es unstatthaft, mehrere Apparate etwa von einem Rahmen z u s a m m e n - h a l t e n zu lassen, da ein derartiges gemeinsames Befestigungsmittel beim Herausnehmen e i n e s Apparates die anderen in Mitleidenschaft ziehen würde. Vorteilhaft sind Konstruktionen, bei denen die Apparate einzeln ohne Störung der übrigen Anlage ausgewechselt werden können.

Das Aufreihen oder Einschieben von Apparaten in einen gemeinsamen Träger, auch wenn dieser stromführend ist, soll jedoch als zulässig gelten. Es soll lediglich verhindert werden, daß Kombinationen von Apparaten nur etwa an einzelnen Punkten so befestigt würden, daß dazwischenliegende Apparate nur indirekt an der Befestigung teilhaben.

4. Durch diese Bestimmung soll das Aneinanderreihen von Apparaten in der Weise, daß durch den ersten Apparat eine außerordentlich große Stromstärke hindurchgeht, vermieden werden. Das Aneinanderreihen von kurzen Schienenstücken als Sammelschiene ist für größere Stromstärken unzulässig wegen der an den Verbindungsstellen auftretenden mehr oder weniger großen Übergangswiderständen und der stets möglichen Lockerung der Verbindungsschraubenkontakte. Verboten sind also in dem genannten Fall die sich von einer Sicherung zur anderen wiederholenden Verbindungslaschen. Bei Verteilungstafeln, deren Schienen über 60 A zu führen haben oder durch später mögliche Erweiterungen so stark belastet werden können, soll man aus einem Stück bestehende Sammelschienen verwenden.

Zulässig ist jedoch der häufig unvermeidliche Zusammenbau von mehreren besonders sicher verschraubten, verlöteten oder verschweißten ganzen Schienen.

5. Die Rückseiten der Tafeln enthalten fast immer irgendwie empfindliche Teile, seien es blanke oder isolierte Leitungen oder auch nur unverdeckt spannungführende Metallteile.

Verteilungstafeln.

Diese sind ohne besonderen Schutz dem Verschmutzen sowohl, wie auch der Beschädigung, zumal durch hineingesteckte oder zufällig hineinfallende Fremdkörper ausgesetzt.

[C. L. Weber schreibt in seinen Erläuterungen zu den Errichtungsvorschriften hierzu noch folgendes: „Erfahrungsgemäß werden die Oberkanten von Tafeln häufig als Aufbewahrungsorte für Schraubenzieher, Schlüssel und ähnliche Handgeräte mißbraucht, welche beim Herabfallen zwischen die blanken Leitungsteile Kurzschluß verursachen."]

Um das sicher zu vermeiden, sollen in der Regel Umrahmungen angebracht werden. Als Material für derartige Umrahmungen ist bei sachgemäßer Konstruktion auch Holz zulässig. Nur in Küsten, Mauernischen, Paneelen, wenn die unmittelbar dicht an die Verteilungstafeln anschließende Wand an sich schon genügend Schutz gewährt, ist eine derartige Umrahmung überflüssig.

Nach den Errichtungsvorschriften sollen bei Verteilungstafeln alle Leitungsklemmen von vorn zugänglich sein. Die Leitungen sollen erst nach Befestigung der Verteilungstafel auf der Wand an die Klemmen angeschlossen werden, wobei als Verteilungstafel wieder der komplette Zusammenbau von Unterlage und Apparaten und nicht etwa die Unterlage allein zu verstehen ist.

[Bei großen Verteilungstafeln empfiehlt es sich, auf die Möglichkeit der Erweiterung Rücksicht zu nehmen, damit vermieden wird, daß bei späterer Gelegenheit hinzukommende Apparate einzeln und ohne festen Zusammenhang mit der Tafel angebracht werden. Es wird sich, wenn Platz vorhanden ist, bei geschickter Ausführung meist ermöglichen lassen, neu hinzukommende Schalter oder Sicherungen nachträglich in den ganzen Zusammenbau einzufügen, so daß ein einheitliches Ganzes erhalten bleibt.]

III. Erläuterungen zu den Vorschriften für die Konstruktion und Prüfung von Schaltapparaten für Spannungen bis einschl. 750 V.

(Hebelschalter, Ölschalter, offene Schmelzsicherungen, Anlasser und Regulierwiderstände.)

Gültig ab 1. Juli 1915.

(Zur Erklärung: Die Vorschriften selbst sind durch einen seitlichen Strich gekennzeichnet. Alles andere sind Erläuterungen. Die in fett gedruckter eckiger Klammer stehenden Teile derselben stammen vom Herausgeber, die anderen von der Kommission.)

[Die vorliegenden „Vorschriften für die Konstruktion und Prüfung von Schaltapparaten für Spannungen bis einschließlich 750 V" sind im wesentlichen das Ergebnis der im Jahre 1911 neu gebildeten Kommission für Schaltapparate. Bis zu dieser Zeit hatte die Kommission für Installationsmaterial das Gebiet der größeren Schaltapparate mitbearbeitet. Es stellte sich aber heraus, daß es unmöglich ist, von einer Kommission aus beide Gebiete zu behandeln und infolgedessen wurden auf Antrag der Kommission für Installationsmaterial die Arbeiten über Schaltapparate abgezweigt und einer besonderen Kommission anvertraut.

Die „Vorschriften über die Konstruktion und Prüfung von Installationsmaterial" enthielten von Anfang an keine Bestimmungen über Hebelschalter. Erst in der im Jahre 1908 angenommenen zweiten Fassung war ein neuer Abschnitt über Hebelschalter eingeschoben worden. Die diesbezüglichen Bestimmungen sind nun hier mitübernommen und in die neuen Vorschriften über Schaltapparate unter entsprechender Umarbeitung eingefügt worden.

Ebenso enthielten die ersten Vorschriften für die Konstruktion und Prüfung von Installationsmaterial keine Angaben über offene Sicherungen. Auch hier wurden im Jahre 1908 gelegentlich der Umarbeitung der Vorschriften allgemeine Bestimmungen über Schmelzsicherungen eingefügt, welche auch für offene Sicherungen Geltung hatten. Der diesbezügliche Teil der Vorschriften wurde auch hier wieder abgesondert und unter entsprechender Umarbeitung in die neuen Schaltapparate-Vorschriften aufgenommen.

Es wurden weiterhin Bestimmungen über Ölschalter bis 750 V in Anlehnung an die im Jahre 1913 angenommenen „Richtlinien für die Konstruktion und Prüfung von Wechselstrom-Hochspannungsapparaten von einschl. 1500 V Nennspannung aufwärts" aufgenommen und schließlich auch Bestimmungen über Anlasser und Regulierwiderstände aufgestellt, welche anfänglich als Sonderarbeit des Verbandes geplant waren. Sie fanden hier mit Aufnahme, so daß die jetzigen Vorschriften über Schaltapparate eine abgeschlossene Vorschrift über den ganzen in Frage kommenden Bereich darstellen.

A. Vorbemerkungen.
B. Geltungsbereich § 1.
C. Begriffsbestimmungen § 2.
D. Allgemeines § 3.
E. Hebelschalter und Ölschalter §§ 4 bis 21.
F. Offene Schmelzsicherungen §§ 22 bis 25.
G. Anlasser und Regulierwiderstände §§ 26 bis 38.

A. Vorbemerkungen.

a) Die nachstehenden Vorschriften sind in der Weise geordnet, daß jeder Abschnitt für sich Konstruktions- und Prüfvorschriften enthält, und zwar sind stets zuerst die Konstruktions-, dann die Prüfvorschriften gegeben.

Die Prüfvorschriften sind äußerlich durch Kursivschrift gekennzeichnet.

1. Im Gegensatz zu den mit Buchstaben bezeichneten Absätzen, die grundsätzliche Vorschriften darstellen, enthalten die mit Ziffern versehenen Absätze Ausführungsregeln und Normalabmessungen. — Sie geben an, wie die Errichtungsvorschriften und die Vorschriften für Konstruktion und Prüfung von Schaltappa-

raten mit den üblichen Mitteln im allgemeinen zur Ausführung gebracht werden sollen

Abweichende Ausführungen sollen nicht mit den normalen verwechselbar sein.

Erläuterungen zu Absatz A. Vorbemerkungen.

Zwischen den Vorschriften und Regeln besteht ein prinzipieller Unterschied. Die Vorschriften sind immer zu befolgen. Sie enthalten diejenigen Forderungen, die unabhängig vom Prinzip und System der Konstruktion als nach dem heutigen Stande der Technik unerläßliche Bedingungen betrachtet werden. Demgegenüber enthalten die Regeln Angaben über die normalen Ausführungen, die heute allgemein eingeführt sind, und bei denen eine gewisse Einheitlichkeit aller Fabrikate von großem Wert für die Fabrikation, den geschäftlichen Verkehr und für den Verbraucher ist. Es ist aber nicht beabsichtigt, Abweichungen von diesen Regeln als unzulässigen Verstoß gegen die heute anerkannten Grundsätze der Technik und die Verbandsbestimmungen zu betrachten, wenn die „Vorschriften" durch die betreffende Konstruktion erfüllt sind.

Was die Prüfvorschriften betrifft, so haben die von der Kommission ausgeführten Versuche gezeigt, daß ihre Anwendung und überhaupt die einwandfreie Prüfung eines Apparates durchaus nicht leicht ist. Dazu gehören nicht allein Betriebsmittel von genügender Leistung und sonstige Einrichtungen, sondern auch ein reiches Maß von Erfahrungen. Es ist daher beabsichtigt, später noch besondere Anweisungen für die Ausführung der Prüfungen herauszugeben.

Nachdem mehrfach Prüfungszeugnisse ausgestellt worden sind von Stellen, deren Betriebsmittel bei weitem nicht ausreichten, wird h er besonders hingewiesen auf die Schwierigkeit einer Prüfung, die einer sachlichen Kritik standhalten kann, und auf die Notwendigkeit, die Untersuchungen nur solchen Anstalten zu übertragen, welche mit den erforderlichen Hilfsmitteln genügend ausgestattet sind. Folgende Anstalten kommen für die verschiedenen Prüfungen zurzeit in Frage: Physikalisch-Technische Reichsanstalt, Charlottenburg, Bayerische Landesgewerbeanstalt, Nürnberg, Großherzogl. Präzisionstechnische Anstalten, Ilmenau, Physikalisches Staatslaboratorium, Hamburg, Laboratorium der Städt. El.-Werke, München, Elektrotechn. Versuchsanstalt des Physikalischen Vereins, Frankfurt a. M., Königl. Elektrisches Prüfamt Chemnitz.

Von der Physikalisch-Technischen Reichsanstalt sind Prüfungsbestimmungen, welche vom 8. April 1910 ab für das Deutsche Reich Geltung haben, herausgegeben worden. Sie sind im Anhange zu diesem Buche unter Nr. 8 abgedruckt, um dem Benutzer Gelegenheit zu geben, sich leicht über den Inhalt orientieren zu können. Die anderen Prüfanstalten schließen sich meist den Normen der Reichsanstalt an mit Ausnahme des Laboratoriums der Städtischen Elektrizitätswerke München. Dieses berechnet die Gebühren nicht nach Einheitssätzen, sondern nach dem jeweiligen Aufwand an Arbeitszeit, Strom, Hilfsmitteln usw.

Es besteht die Absicht, für die Prüfung der am meisten vorkommenden Apparate normale Formulare auszuarbeiten. Durch diese soll erreicht werden, daß die Prüfung einheitlich vorgenommen wird und daß der die Prüfung Ausführende stets alles wichtige berücksichtigt. Außerdem wird durch die einheitlichen Formulare die Vergleichbarkeit der Prüfungsergebnisse wesentlich gefördert. Die Prüfformulare werden, nachdem die Kommission sie fertiggestellt hat, vom Verbande herausgegeben werden.

B. Geltungsbereich.

§ 1.

Die nachstehenden Vorschriften und Regeln beziehen sich auf Schaltapparate für Nennspannungen bis 750 V.

Erläuterungen zu Absatz B. Geltungsbereich.

Zu § 1.

Mit Rücksicht auf die wachsende Verbreitung der Anlagen mit hoher Gebrauchsspannung sind die Vorschriften auf die Spannungsstufe von 750 V ausgedehnt worden.

Die Entscheidung, was für ein Apparat im Einzelfalle anzuwenden ist, richtet sich nach der höchsten Spannung, welche zwischen zwei Teilen auftreten kann.

In den in neuerer Zeit aufgekommenen Drehstromanlagen von 380 V Außenspannung mit geerdetem Nullleiter wird öfters der Fehler gemacht, daß an 380 V Apparate für 250 V Nennspannung angeschlossen werden, in der Meinung, diese seien deshalb zulässig, weil infolge der Erdung des Nulleiters es sich um eine Niederspan-

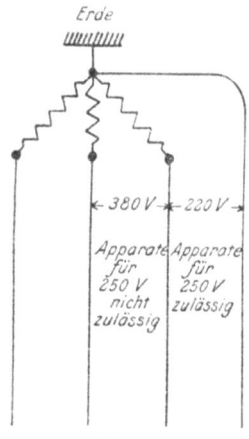

Abb. 36.

nungsanlage handelt. Diese Anwendung der Apparate für 250 V ist falsch. Wenn auch die Spannung gegen Erde nur 220 V beträgt und die Apparate daher nicht den in den Errichtungsvorschriften aufgestellten Forderungen für Hochspannungsanlagen zu entsprechen brauchen, so sind doch Apparate für 250 V nicht zulässig, weil die Betriebsspannung, welcher der Apparat ausgesetzt ist, in diesem Fall 380 V beträgt. Die Apparate für 250 V sind nur zwischen Außenleiter und geerdetem Nulleiter zulässig. (Vergl. Abb. 36.) Die gleichen Ausführungen gelten auch für Dreileiteranlagen von 2 × 220 V bei Anschluß zwischen den Außenleitern.

| Da in elektrischen Anlagen infolge des Spannungsabfalles an verschiedenen Stellen die Spannung sich ändert, so war es notwendig, eine feste Grundlage zur Entscheidung, in welche Spannungsgrenze eine Anlage einzurechnen ist, zu schaffen. Von der Kommission für Errichtungs- und Betriebsvorschriften ist hierfür schon vor langer Zeit ein Grundsatz aufgestellt worden, der für alle Verbandsvorschriften übernommen worden ist. Er ist dementsprechend auch hier anzuwenden. Nach den Erläuterungen zu den Errichtungsvorschriften von C. L. Weber ist dieser Grundsatz wie folgt gekennzeichnet:

„Maßgebend ist die Gebrauchsspannung, d. h. die an den Stromverbrauchern herrschende. Wenn also z. B. ein Netz für 2 × 220 V eingerichtet ist, hierbei aber etwa infolge großer Entfernung der Zentrale der Spannungsabfall in den Speiseleitungen den Betrag von 60 V überschreiten sollte, so daß die Stromerzeuger etwa mit 510 V arbeiten müßten, so soll diese Anlage noch nach den Vorschriften für Niederspannung behandelt werden.

Ebenso soll die für die Ladung von Akkumulatoren etwa notwendige Überspannung nicht die Einreihung der Anlage unter die schärferen Vorschriften für Hochspannung zur Folge haben, wenn bei der Entladung die Gebrauchsspannung 500 V nicht überschreitet." |

C. Begriffsbestimmungen.

Siehe auch Err.-Vorschr. § 2, Bahnvorschr. § 2.

§ 2.

a) **Feuersicher** ist ein Gegenstand, der entweder nicht entzündet werden kann oder nach Entzündung nicht von selbst weiter brennt.

b) **Wärmesicher** ist ein Gegenstand, der bei der höchsten betriebsmäßig vorkommenden Temperatur keine den Gebrauch beeinträchtigende Veränderung erleidet[1]).

c) **Feuchtigkeitssicher** ist ein Gegenstand, der sich im Gebrauch durch Feuchtigkeitsaufnahme nicht so verändert, daß er für die Benutzung ungeeignet wird.

d) **Nennstrom, Nennspannung, Nennleistung** bezeichnen den Verwendungsbereich.

Erläuterungen zu Absatz C. Begriffsbestimmungen.

Zu § 2.

Es handelt sich hier nicht um die Beurteilung der physikalischen Eigenschaften der Rohmaterialien, sondern es sollen die Gegenstände, d. h. die Materialien

---

[1]) Die genaue Festsetzung der Mindesttemperaturen, denen die einzelnen Konstruktionsteile unter allen Umständen müssen standhalten können, wird in einer besonderen Arbeit betr. Klassifizierung von Isolierstoffen gegeben werden.

in ihrer Verwendungsform untersucht werden. Für das Ergebnis ist dies durchaus wesentlich, da Größe und Form der Stücke erhebliche Unterschiede im Verhalten den verschiedenen Einflüssen gegenüber bedingen können.

Die Prüfung der fertigen Konstruktionsteile gibt jedenfalls das für die Praxis richtige Bild über die Verwendbarkeit des betreffenden Materials zu dem vorliegenden Zweck.

a) Die Prüfung soll normalerweise in einer Bunsenflamme erfolgen und nicht etwa mit einem Streichholz oder einer ähnlichen kleinen Flamme, da die Größe und Temperatur der Wärmequelle von Einfluß auf die Brennbarkeit der Stoffe ist.

∣Es sei hier auf die „Prüfvorschriften für die gekürzte Untersuchung elektrischer Isolierstoffe", welche im Anhange zu diesem Buche unter Nr. 6 abgedruckt sind, noch besonders verwiesen.∣

∣Außerdem wird es sich empfehlen, die z. Zt. noch in Bearbeitung befindliche Klassifizierung von Isolierstoffen, welche nachstehend unter b) noch besonders behandelt ist, bei der Auswahl zu beachten.∣

b) Die Änderungen, die auftreten können, sind chemischer und mechanischer Art. Auch die Untersuchung der Festigkeitsänderung ist wesentlich, da es Materialien gibt, die unter dem Einfluß der Wärme zwar keine merkliche Formveränderungen erleiden, jedoch so weich werden, daß sie selbst geringen mechanischen Beanspruchungen nicht mehr standhalten. Es ist nicht beabsichtigt, komplette Apparate zu erwärmen und dann mechanisch zu prüfen. Beispielsweise wird man nackte Hebelschaltertraversen oder Schieferplatten der Wärmeprobe aussetzen. Hierbei darf keine Veränderung (Blasenbildung oder Abschiefern des Materials) eintreten. Ein aus solchen der Wärmeprobe ausgesetzt gewesenen Teilen zusammengesetzter Apparat muß der mechanischen Prüfung ohne Schaden standhalten.

Von der Angabe einer einzigen, allgemein gültigen Prüftemperatur, der die Gegenstände schadlos müssen standhalten können, wurde abgesehen, da die praktischen Anforderungen, die an die verschiedenen Konstruktionsteile, z. B. Griffe, Schaltersockel, Sicherungselemente, Kappen u. a. m. gestellt werden, zu verschieden sind. Um hierfür genaue Unterlagen zu schaffen, wird von der Kommission für Isolierstoffe eine Aufstellung herausgegeben werden, in der die Bedingungen für die Wärmebeständigkeit der einzelnen Konstruktionsteile angegeben sind. Diese Arbeit ist bereits in Vorbereitung.

∣Die in Aussicht genommene Klassifizierungstabelle wird auch die mechanische Festigkeit als besondere Eigenschaft mit aufführen, welche unter den Begriffsbestimmungen nicht besonders behandelt ist.∣

∣Es ist noch zu beachten, daß die drei Eigenschaften „feuersicher, wärmesicher und feuchtigkeitssicher" nicht nur Isolierstoffe betreffen, sondern auch alle anderen Materialien, also auch Metalle.∣

d) ′Es sei hier noch besonders darauf hingewiesen, daß in der Neubearbeitung dieser Vorschriften die Begriffe Nennstrom, Nennspannung und Nennleistung einheitlich durchgeführt sind, während früher in den einzelnen Arbeiten, welche zu verschiedenen Zeiten entstanden sind, eine Reihe von anderen Ausdrücken gebraucht wurden, wie z. B. Normalstrom, Betriebsstrom, Maximalspannung, Höchstspannung, Höchstleistung usw.|

|Es wurde außerdem auch jetzt der Begriff „Normale Nennspannung" und „Normale Nennstromstärke" eingeführt, um eine Einheitlichkeit in den Nennspannungen und Nennstromstärken soweit irgend möglich zu erzielen. Es wird sich nicht immer vermeiden lassen, Apparate für Nennspannungen und Nennstromstärken zu verwenden, welche zwischen den normalen Werten liegen, doch soll dies tunlichst eingeschränkt werden, um sowohl für die Fabrikation wie auch für den Zwischenhandel und den Installateur eine möglichst geringe Zahl von Apparaten zu erzielen und dadurch die Lagerhaltung tunlichst zu verkleinern.|

|Über die bei den verschiedenen Apparaten festgesetzten normalen Nennstromstärken und normalen Nennspannungen ist Näheres aus den beiden Tabellen unter „I. Allgemeines" zu ersehen.|

D. Allgemeines.

Siehe auch Err.-Vorschr. §§ 3, 4, 5, 9, 10, 15, 23, 28, 35, 39, 41, Bahnvorschr. §§ 4, 5, 13, 15, 17, 19, 36.

§ 3.

a) Alle Apparate müssen so gebaut und bemessen sein, daß durch die bei ihrem Betrieb auftretende Erwärmung weder die Wirkungsweise und Handhabung beeinträchtigt werden, noch eine für die Umgebung gefährliche Temperatur entstehen kann.

b) Die spannungführenden Teile müssen auf feuer-, wärme- und feuchtigkeitssicheren Körpern angebracht sein.

c) Abdeckungen müssen mechanisch widerstandsfähig, zuverlässig befestigt, wärmesicher, und, wenn sie mit spannungführenden Teilen in Berührung stehen, auch feuchtigkeitssicher sein Solche aus Isolierstoff, die im Gebrauch mit einem Lichtbogen in Berührung kommen können, müssen auch feuersicher sein.

d) Griffe, Handräder, der Berührung zugängliche Gehäuse u. dergl. können aus Isolierstoff oder Metall bestehen. In letzterem Falle müssen sie entweder mit einem Erdungsanschluß versehen oder mit einer haltbaren Isolierschicht vollständig überzogen sein.

e) Metallteile, für die Erdung in Frage kommen kann, müssen mit einem Erdungsanschluß versehen sein.

Der Erdungsanschluß muß als solcher gekennzeichnet sein („Erde", oder ⏚).

f) Lackierung und Emaillierung von Metallteilen gilt nicht als Isolierung im Sinne des Berührungsschutzes.

g) Alle Schrauben, die Kontakte vermitteln, müssen metallenes Muttergewinde haben.

h) Ortsfeste Apparate müssen für Anschluß der Leitungsdrähte durch Verschraubung oder gleichwertige Mittel eingerichtet sein.

i) Für Schaltapparate gelten die „Normalien für Anschlußbolzen und ebene Schraubkontakte für Stromstärken von 10 bis 1500 A".

k) Auf jedem Apparat müssen Nennstrom und Nennspannung verzeichnet sein. Werden die Bezeichnungen abgekürzt, so ist für den Nennstrom A, für die Nennspannung V zu verwenden.

l) Schaltapparate müssen ein Ursprungszeichen haben, das den Hersteller erkennen läßt.

Erläuterungen zu Absatz D. Allgemeines.

Zu § 3.

Die Bestimmungen der „Errichtungsvorschriften" und gegeben nfalls auch der „Bahnvorschriften" müssen naturgemäß von allen Apparaten eingehalten werden. Um die Hersteller und Verbraucher solcher Apparate hierauf hinzuweisen, ist in den „Vorschriften für die Konstruktion und Prüfung von Schaltapparaten für Spannungen bis einschl. 750 Volt" stets unter der Überschrift zu jedem Absatz darauf hingewiesen, welche Paragraphen der in Frage kommender. Vorschriften zu beachten sind. Es sei aber hier noch besonders hervorgehoben, daß bei Verwendung von Apparaten für Sonderzwecke auch die entsprechenden Bestimmungen berücksichtigt werden müssen. Das wird leider vielfach übersehen. Für den vorliegenden Fall kommen insbesondere aus den „Errichtungsvorschriften" die Sonderbestimmungen über explosionsgefährliche Betriebsstätten und Lagerräume, Theater und schlagwettergefährliche Grubenräume und aus den „Bahnvorschriften" die Bestimmungen über Leitungen in Fahrzeugen in Frage. Die genannten Bestimmungen sind im Anhange zu diesem Buche unter Nr. 1 und 2 abgedruckt.

a) Die Vorschrift ist nicht etwa so aufzufassen, als ob bei Apparaten oder Apparateteilen, die ihrem Wesen nach heiß werden, (z. B. Schmelzsicherung, Widerstandskörper, Heizapparate, Funkenkammern usw.), Innehaltung niedriger Temperaturen gefordert wird. Es müssen vielmehr auch bei solchen Apparaten, bei denen hohe Temperaturen auftreten, die zur Isolierung verwendeten Teile den höchsten vorkommenden Temperaturen mit Sicherheit dauernd standhalten.

Schalter, die zu knapp bemessen sind, zeigen bei Überschreitung bestimmter Temperaturen einen dauernden Zuwachs an Energieverlust an den Kontaktstellen und daher eine dauernde Temperaturzunahme, wodurch entweder die Kontaktfedern erlahmen oder auch starke Oxydationserscheinungen (gewöhnlich beides) auftreten. Dieser Vorgang kann sich bis zum völligen Ausglühen der Schalterkontakte steigern. Es ist zu beachten, daß der gleiche Vorgang auch an richtig dimensionierten Schaltern auftreten kann, wenn nicht für ausreichende Schmierung der Kontakte Sorge getragen wird. Wärmeproben sind daher nur bei geschmierten Kontakten vorzunehmen. Als

Allgemeines. 109

Schmiermittel ist, sofern nichts anderes vorgeschrieben ist, säurefreies Fett zu verwenden.

b) Bei der Aufstellung dieser Forderung hat man an die Unterlags- oder Grundplatten der Apparate und an die aus künstlichem Isoliermaterial hergestellten Kuppeltraversen gedacht.

Für die Kuppeltraversen ist die Verwendung von Holz und entflammbaren künstlichen Materialien ausgeschlossen. Das verwendete Material muß den Bedingungen der Feuersicherheit genügen mit der Einschränkung jedoch, daß das Kennzeichen des Weiterbrennens nach der Entzündung nicht nach dem Verhalten kleiner Späne, sondern nach dem Verhalten der praktisch verwendeten Teile beurteilt werden soll.

[Über Feuersicherheit, Wärmesicherheit und Feuchtigkeitssicherheit sind Angaben in § 2 unter a bis c gemacht. Insbesondere ist bei der Auswahl der zur Verwendung kommenden Stoffe auch die in Aussicht genommene Klassifizierungstabelle später zu beachten.]

c) Für Abdeckungen müssen stets reichliche Wandstärken gefordert werden, damit derartige Kästen und Kapseln auch mechanischen Beanspruchungen ausreichend standhalten. In Fällen, wo sie der direkten Einwirkung von Lichtbogen ausgesetzt sind, ist außerdem Feuersicherheit zu fordern.

d) Bei Apparaten, an denen betriebsmäßig Stromunterbrechungen vorkommen, können sich im Laufe der Zeit Stromwege nach den Abdeckungen bilden, sei es durch Lösen von metallischen Teilchen oder durch Verrußen von Isolationsstrecken u. dgl. Metallische Abdeckungen oder sonstige der Berührung zugängliche Metallteile, die normalerweise nicht unter Spannung stehen, können auf diese Weise unter Spannung kommen und das Bedienungspersonal gefährden. Aus diesem Grunde muß die Erdung solcher Metallteile ermöglicht sein. Bei einer Kapselung aus Isolierstoff, welche alle Metallteile dauernd zuverlässig der Berührung entzieht, ist ein Erdungsanschluß nicht erforderlich.

Bei abschaltbaren Sicherungen ist in vielen Fällen eine dauernd zuverlässige Erdung der Griffe nicht durchführbar. Es empfiehlt sich dann, Sicherungen mit Griffen aus Isolierstoff zu verwenden.

e) In welchen Fällen Erdung vorgeschrieben ist, ist in den Errichtungsvorschriften und Erdungsleitsätzen angegeben. Die Ausführung der Apparate soll in jedem Fall, auch bei Niederspannung, die Durchführung der Erdung ermöglichen, wenn diese zweckmäßig erscheint. Die Erdungsanschlüsse müssen in elektrischer Beziehung den Anforderungen genügen, welche an stromführende Kontakte im allgemeinen gestellt werden.

Über die für Erdleitungen in Betracht kommenden Querschnitte, denen die Anschlußstellen genügen müssen, siehe die „Leitsätze für Schutzerdungen". Sie sind im Anhange zu diesem Buche abgedruckt. Der Verband Deutscher Elektrotechniker beabsichtigt diese Leitsätze in nächster Zeit zu ergänzen und dabei insbesondere die Frage der Erdung von Niederspannungsanlagen eingehend zu behandeln.

g) Für Schrauben ist Muttergewinde in Metall vorgeschrieben, weil Gewinde in Isolierstoff wegen der starken Schrumpfung des letzteren nachgeben, so daß die Kontakte locker werden. Es soll auch nach Möglichkeit vermieden werden, Schraubkontakte in der Weise zu verwenden, daß der Kontaktdruck über zwischengelagerten Isolierstoff erfolgt, gleichgültig, ob dieser nachgiebig oder starr (spröde) ist.

h) Unter Verschraubung ist eine Verbindung zu verstehen, bei welcher der Kontaktdruck mittels einer Schraube erzeugt wird.

|i) Die „Normalien für Anschlußbolzen und ebene Schraubkontakte für 10 bis 1500 A" sind in diesem Buche unter V abgedruckt und mit Erläuterungen versehen.|

k) Bei Apparaten, die für die volle Bezeichnung nicht genügend Raum bieten, kann auch die Bezeichnung mit Bruchstrich gemacht werden, u. zw. soll dann der Strom über, die Spannung unter dem Bruchstrich stehen.

|Der normale Nennstrom und die normale Nennspannung sollten stets auf dem Apparat verzeichnet sein, auch wenn der Apparat für eine andere Nennspannung oder einen anderen Nennstrom verwendet wird. In diesem Falle würden dann beide zu verzeichnen sein.|

|Fehlt in einem Apparat der Normalnennstrom und die Normalnennspannung, so würde dies bedeuten, daß er für diese nicht gebaut, d. h. also abnormal ist.|

|Über die bei den verschiedenen Apparaten festgesetzten normalen Nennstromstärken und normalen Nennspannungen ist Näheres aus den beiden Tabellen unter „I. Allgemeines" zu ersehen.|

l) Es sind mehrfach Anregungen und Wünsche an den Verband gelangt, daß ein bestimmtes „Verbandszeichen" geschaffen werde, mit dem Apparate, die den Verbandsvorschriften in jeder Beziehung entsprechen, versehen werden dürften. Ob in Zukunft eine derartige Einrichtung getroffen werden soll, steht z. Zt. noch nicht fest. Um aber auf diesem Wege einen ersten Schritt vorwärts zu kommen und Fabrikanten sowie Abnehmer in diesem Sinne zu gewöhnen, ist zunächst die Angabe des Ursprungszeichens gefordert. Es ist hiermit nicht verlangt, daß jeder Apparat die volle Firma des Herstellers trage, vielmehr genügt ein bestimmtes dem Hersteller eventuell geschütztes und für ihn verbindliches kleines Zeichen. Die Anbringung desselben an dem Schutzkasten genügt nicht. Vielmehr muß die Ausführung und Anbringung eines derartigen Zeichens, wenn es seinen Zweck erfüllen soll, so sein, daß es nicht ohne Beschädigung und ohne sichtbar bleibende Zerstörung entfernt werden kann. Es wird nicht gefordert, daß am eingebauten Apparat das Ursprungszeichen ohne weiteres sichtbar ist — wohl aber soll, solange der Apparat für sich ist, das Zeichen ohne Demontage irgend welcher Teile äußerlich leicht sichtbar sein.

|Als weiterer Schritt in dieser Richtung hat der Verband Deutscher Elektrotechniker eine Kontrolle des Marktes in gewissem Sinne in Aussicht genommen. Er hat die Absicht, eine Auskunftsstelle zu schaffen, durch welche sowohl Hersteller wie Verbraucher von Apparaten, welche in die Hände von Laien kommen, alles wünschenswerte erfahren können. Diese Stelle soll auch dazu dienen, wegen etwa auf den Markt kommender ungeeigneter Fabrikate, die in Hinsicht

auf Sicherheit bezüglich Leben und Feuer den vom Verband aufgestellten Bestimmungen nicht genügen, geeignete Schritte in die Wege zu leiten. Die Beratungen zur Schaffung einer solchen Auskunfts- und Kontrollstelle sind z. Zt. noch nicht abgeschlossen, doch ist anzunehmen, daß diese Stelle bald ins Leben treten wird.]

[Die allgemeinen Vorschriften dieses Paragraphen gelten nicht nur für die in den nächsten Absätzen noch besonders behandelten wichtigeren Apparategruppen, sondern für alle Arten von Schaltapparaten.]

E. Hebelschalter und Ölschalter.

Siehe auch Err.-Vorschr. §§ 11, 15, 22, 28, 34, 35, 36, 43, 45, Bahnvorschr. § 17.

§ 4.

a) Nennstrom und Nennspannung müssen auf dem ortsfesten Teil des Schalters so verzeichnet sein, daß sie am montierten Schalter nach Entfernung der Abdeckung leicht und deutlich zu erkennen sind.

b) Sind Schalter für mehrere Spannungen bestimmt, so muß für jede Spannung die zugehörige Stromstärke auf dem Schalter verzeichnet sein. Die zu der höheren Spannung gehörige Stromstärke braucht den in § 5 angegebenen Werten nicht zu entsprechen.

1. Die Bezeichnung soll auf dem Schalter so angebracht sein, daß sie nicht ohne weiteres entfernt werden kann.

2. Hebelschalter, die nur als Trennschalter zu benutzen sind, sollen durch ein gut sichtbares „T" gekennzeichnet sein.

§ 5.

a) Der geringste zulässige Nennstrom beträgt bei Hebelschaltern 25 A, bei Ölschaltern 60 A.

1. Normale Nennstromstärken sind:
25, 60, 100, 200, 350, 600 usw. A[1]).

§ 6.

a) Hebelschalter müssen für mindestens 250 V, Ölschalter für 750 V gebaut sein.

1. Normale Nennspannungen sind:
250, 500 und 750 V.

Besondere Bestimmungen für Hebelschalter (Messerschalter).

§ 7.

Abdeckungen mit offenem Schlitz sind nicht zulässig.

§ 8.

Die Griffdorne von Hebelschaltern dürfen nicht spannungführend sein.

---

[1]) Siehe „Normalien für die Abstufung von Stromstärken bei Apparaten".

§ 9.

Die Kriechstrecke zwischen spannungführenden Teilen sowie zwischen solchen und anderen Metallteilen muß bei Schaltern für 250 V mindestens 10 mm betragen.

§ 10.

Die Kontakte des Schalters dürfen in neuem Zustand bei dauernder Belastung mit dem Nennstrom nicht mehr als 35° C Temperaturzunahme aufweisen. (Prüfung bei 15 bis 25° C Raumtemperatur.)

§ 11.

Zur Prüfung der mechanischen Haltbarkeit ist der Schalter, ohne Strom zu führen, 1000-mal auszuschalten. Nach dieser Prüfung muß er die in den §§ 12 und 13 vorgeschriebenen Versuche noch aushalten.

§ 12.

Die spannungführenden Teile des Schalters müssen in eingeschalteter Stellung gegen die Befestigungsschrauben, gegen eine am Griff angebrachte Stanniolumwicklung und gegen das Gehäuse, ferner in ausgeschalteter Stellung zwischen den Klemmen folgende Spannungen eine Minute lang aushalten:

bei 250 V Nennspannung	1500 V	Wechselstr.	
„ 500 „	„	2000 „	„
„ 750 „	„	2500 „	„

§ 13.

Die Prüfung der Schaltleistung von ein- und zweipoligen Schaltern[1]*) hat zu erfolgen im Gebrauchszustand und in der Gebrauchslage mit Gleichstrom und induktionsfreier Belastung bei 10% höherer Spannung und 25% mehr Strom als auf dem betreffenden Schalter angegeben ist. Der Schalter gilt als brauchbar, wenn bei der nachstehend beschriebenen Prüfung weder ein Kurzschluss zwischen den Polen noch ein Überschlag nach den für Erdung eingerichteten Teilen (Schmelzen der Kennsicherung) eintritt. Für Hebelumschalter und Trennschalter ist die Prüfung der Schaltleistung nicht erforderlich.*

Ausführung der Prüfung:

1. *Bei der Prüfung ist der Schalter nach dem Schema, Abb. 37, anzuschließen. Zuleitungen sind nach Abb. 38 anzuordnen. Die Abbrennstellen müssen in ordnungsgemäßem Zustand sein.*
2. *Der Widerstand W_1 einschließlich des Leitungswiderstandes ist so zu bemessen, daß er bei dem vorgeschriebenen Prüfstrom die um 10% erhöhte EMK auf die Nennspannung des Schalters reduziert.*

---

[1]) Bestimmungen für die Prüfung dreipoliger Schalter bleiben vorbehalten.

W_2 ist der **Belastungswiderstand**,
W_3 ein Widerstand zur Verhütung
eines unmittelbaren Kurzschlusses bei

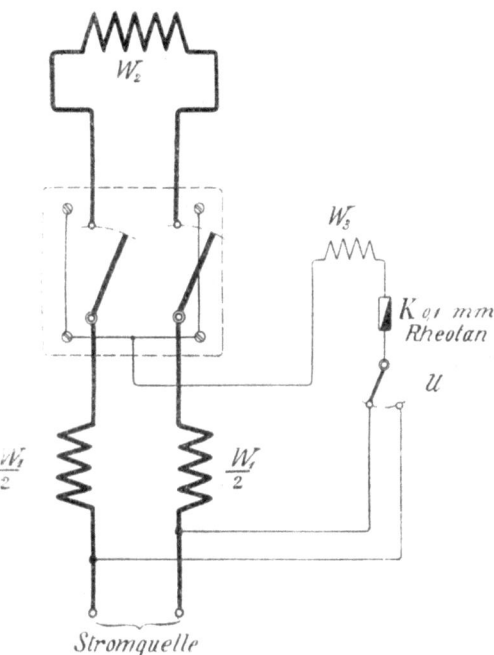

Abb. 37. Schaltungsschema für die Prüfung von Hebelschaltern.

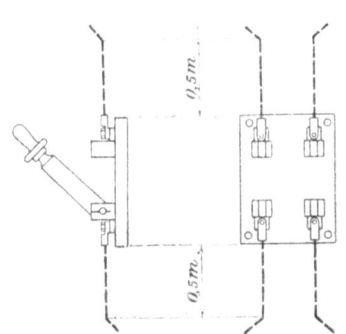

Abb. 38. Anordnung der Zuleitungen.

Ueberschlag nach den für Erdung eingerichteten Teilen,
  U ein Umschalter, der gestattet, die Befestigungsschrauben und die für

Erdung eingerichteten Teile bei dem Versuch wahlweise an den einen oder andern Pol zu legen,

K, Kennsicherung, bestehend aus blankem Widerstandsdraht (Rheotan) von 0,1 mm Durchmesser und mindestens 30 mm Länge.

3. *Die Prüfung ist mit dem zugehörigen, aufgesetzten Schutzkasten auszuführen, und zwar bei Anschluß der Stromquelle sowohl oben als auch unten.*

4. *Die Anzahl der Schaltungen soll 40 sein, je 20 bei oberem und unterem Anschluß der Stromquelle; nach je 10 Schaltungen ist der Erdungsschalter umzulegen.*

Besondere Bestimmungen für Ölschalter.[1]

§ 14.

Der Abstand spannungführender blanker Teile gegen Erde und von Pol zu Pol in Luft sowohl wie an denjenigen Stellen unter Öl die vom Lichtbogen getroffen werden können (geradlinig gemessener Abstand) muß mindestens 30 mm, von der Unterbrechungsstelle an den feststehenden Kontakten bis zum Ölspiegel mindestens 80 mm betragen.

§ 15.

Entsprechend § 11 f der Errichtungsvorschriften müssen Schalterstellung und Einschaltrichtung erkennbar sein.

§ 16.

a) Ölschalter sind mit einer Einrichtung zu versehen, die das Vorhandensein des normalen Ölstandes anzeigt.

1. Bei Ölschaltern für mehr als 200 A sollen zum Entleeren der Ölbehälter geeignete Einrichtungen vorgesehen sein.

2. Die Ölschalter sollen eine Vorrichtung zum Ausgleich der bei bestimmungsgemäßer Verwendung in ihnen auftretenden Drucksteigerungen haben, oder sie sollen so eingerichtet sein, daß sie diese schadlos aushalten.

§ 17.

Die äußeren Anschlußstellen des Schalters dürfen in neuem Zustand bei dauernder Belastung mit dem Nennstrom nicht mehr als 35 ⁰ C Temperaturzunahme aufweisen. (Prüfung bei 15 bis 25 ⁰ C Raumtemperatur). Zur Feststellung der Temperatur der unter Öl liegenden stromführenden Teile ist die Temperatur der oberen Ölschicht zu messen. Die

---

[1] Normale Installationsschalter unter 60 A., die aus Betriebsgründen in Öl gesetzt sind (z. B. um Schlagwettersicherheit zu erzielen), fallen nicht unter den Begriff „Ölschalter" im Sinne dieser Vorschriften.

Temperaturzunahme darf im Beharrungszustand bei Schaltern bis zu 350 A nicht mehr als 20°, bei Schaltern darüber bis 2000 A nicht mehr als 30°, bei allen größeren Schaltern nicht mehr als 40° C betragen.

§ 18.

Die spannungführenden Teile des Schalters müssen in eingeschalteter Stellung gegen die spannungslosen Teile, ferner im ausgeschalteten Zustand zwischen den Klemmen eine Spannung von 5000 V Wechselstrom 1 Minute lang aushalten. Der gleichen Spannungsprüfung sind auch alle sonstigen Zubehörteile zu unterziehen, die innerhalb des Ölkastens untergebracht sind.

Bestimmungen für Öl-Selbstausschalter und Öl-Fernschalter.

§ 19.

a) Dauernd eingeschaltete Magnetwicklungen (z. B. für Höchststrom- oder Nullspannungsauslösung) dürfen keine höhere Übertemperatur als 50° C (thermometrisch gemessen) bei ihrem Nennstrom bzw. normaler Spannung erreichen.

b) Zeitweise eingeschaltete Magnetwicklungen (für Ein- und Ausschalten bei Fernbetätigung) dürfen nach zehnmaligem unmittelbar aufeinander folgendem Ein- und Ausschalten bei normaler Spannung des Betätigungsstromes keine größeren Übertemperaturen (thermometrisch gemessen) als 50° C erreichen.

Anmerkung: Die thermometrische Messung ist nach § 14 der Normalien für Bewertung und Prüfung von elektrischen Maschinen und Transformatoren vorzunehmen.

c) Elektromagnete für Einschaltung müssen noch bei einer Spannung des Betätigungsstromes wirken, die von der normalen um $\pm 10\%$ abweicht.

d) Zeitweise eingeschaltete Elektromagnete für Ausschaltung müssen noch bei einer Spannung des Betätigungsstromes wirken, die von der normalen um $+ 10$ oder $- 25\%$ abweicht.

e) Elektromagnete für Nullspannungsauslösung dürfen erst nach 35% Rückgang der Spannung wirken.

§ 20.

a) Bei Magnetwicklungen für Maximalstrom gelten folgende Stromwerte als normal:

Nennstrom	Auslösestrom einstellbar zwischen		
A	A		A
4	5,5	und	8
6	8	„	12
8	11	„	16
10	14	„	20
15	21	„	30
20	28	„	40
25	35	„	50

8*

Nennstrom A	Auslösestrom einstellbar A		zwischen A
30	42	und	60
40	56	„	80
50	70	„	100
60	84	„	120
75	105	„	150
100	140	„	200
125	175	„	250
160	225	„	320
200	280	„	400
265	370	„	530
350	490	„	700
450	630	„	900
600	840	„	1 200
750	1 050	„	1 500
1 000	1 400	„	2 000
1 500	2 100	„	3 000
2 000	2 800	„	4 000
3 000	4 200	„	6 000
4 000	5 600	„	8 000
6 000	8 400	„	12 000

Wicklungen für weniger als 4 A Nennstrom sind nicht zulässig.

1. Das Verhältnis des an der Verwendungsstelle des Schalters möglichen Kurzschlußstromes zum Nennstrom soll nicht größer sein als 250 bei Auslösung ohne Verzögerung, 150 bei Auslösung mit von der Stromstärke abhängiger Verzögerung, $\frac{100}{\sqrt{t}}$ bei Auslösung mit von der Stromstärke unabhängiger Verzögerung (wobei t die Verzögerung in Sekunden bedeutet).

Für Stromwandler von Auslöseapparaten gelten die gleichen Bestimmungen.

Für die Einstellung des Auslösestromes soll eine Anzeigevorrichtung vorhanden sein. Die Auslösevorrichtung soll mit einer Genauigkeit von $\pm 7{,}5\%$ wirken.

Auslöseapparate mit Verzögerung sollen nicht in Wirkung treten, wenn innerhalb der ersten zwei Drittel der Verzögerungszeit der Strom auf die Nennstromstärke zurückgeht.

§ 21.

Die Auslösemagnete sind zu bezeichnen mit ihrem Nennstrom und den Auslösestromstärken, zwischen denen sie einstellbar sind, bzw. der Spannung des Auslösestromes.

Erläuterungen zu Absatz E. Hebelschalter und Ölschalter.

[Es sei hier noch besonders darauf hingewiesen, daß außer den Bestimmungen der §§ 4 bis 21 für Hebelschalter und Ölschalter auch noch die Vorschriften des § 3 „Allgemeines" Geltung haben.]
[Die Bestimmungen der „Errichtungsvorschriften" und gegebenenfalls auch der „Bahnvorschriften" müssen naturgemäß von allen Apparaten eingehalten werden.

Hebelschalter und Ölschalter.

Um die Hersteller und Verbraucher solcher Apparate hierauf hinzuweisen, ist in den „Vorschriften für die Konstruktion und Prüfung von Schaltapparaten für Spannungen bis einschl. 750 Volt" stets unter der Überschrift zu jedem Absatz darauf hingewiesen, welche Paragraphen der in Frage kommenden Vorschriften zu beachten sind. Es sei hier aber noch besonders hervorgehoben, daß bei Verwendung von Hebelschaltern und Ölschaltern für Sonderzwecke auch die entsprechenden Bestimmungen berücksichtigt werden müssen. Das wird leider vielfach übersehen. Für den vorliegenden Fall kommen insbesondere aus den „Errichtungsvorschriften" die Sonderbestimmungen über feuergefährliche Betriebsstätten und Lagerräume, explosionsgefährliche Betriebsstätten und Lagerräume, Schaufenster, Warenhäuser, Fahrzeuge elektrischer Grubenbahnen und den Schießbetrieb in Frage. Die genannten Bestimmungen sind im Anhange zu diesem Buche unter Nr. 1 abgedruckt.]

[Die Errichtungsvorschriften fordern in ihrer neuesten Fassung die Verwendung von Momentschaltern nur noch für Niederspannung bis 5 kW, während in der früheren Fassung für alle Leistungen bei Niederspannung Momentschalter verlangt waren.]

Unter „Hebelschalter" sind hier im wesentlichen die gewöhnlichen Messerschalter zu verstehen.

Zu § 4.

a) Die Bezeichnung von Nennstrom und Nennspannung auch auf den Schutzkappen ist zwar nicht verboten, es wird aber davon abgeraten, da Schutzkappen leicht vertauscht werden können. Auf dem ortsfesten Teil der Apparate müssen die Angaben in jedem Fall vorhanden sein.

[In den Erläuterungen von C. L. Weber ist hierzu noch folgendes gesagt:

„Der feste Teil, der die Angaben über Strom und Spannung trägt, soll nicht der verwechselbare Deckel sein, sondern die Unterlage, auf welcher die feststehenden Kontakte befestigt sind. Die Angaben sollen auch bei montiertem Schalter erkennbar sein. ETZ 1904, S. 424 N. 100 d."]

Daß die Bezeichnungen nach Abnahme der Abdeckung leicht und bequem sichtbar und lesbar sind, ist erforderlich. Die Ausübung einer Kontrolle darf keinesfalls das Demontieren des ganzen Apparates, wie es z. B. durch eine Stempelung auf der Sockelrückseite nötig sein würde, erfordern.

Abschraubbare Schilder sind zu vermeiden, weil dieselben zu absichtlichen oder irrtümlichen Vertauschungen Gelegenheit geben können.

b) Es werden Hebelschalter mit den Abmessungen der 250-V-Schalter auch häufig für 500 V benutzt, und meistens ist dann bei 500 V die Ausschaltstromstärke bei induktionsfreier Belastung erheblich kleiner als die Nennstromstärke bei 250 V. Mit Rücksicht auf solche Fälle muß, wenn die Benutzung eines solchen Schalters für mehrere Spannungen überhaupt gestattet sein soll, die der höheren Spannung entsprechende Ausschaltstromstärke auch auf dem Schalter verzeichnet sein.

2. Hebelschalter für größere Stromstärken werden

zumeist nur als Trennschalter, d. h. für stromloses Schalten ausgebildet und in diesem Falle würde die Angabe einer Ausschaltsstromstärke unnütze Schwierigkeiten bereiten. Um andererseits zu vermeiden, daß Hebelschalter ohne Bezeichnung irrtümlich als Leistungsschalter verwendet werden oder eine Umgehung der Vorschrift unter a und b zu verhindern, ist die Kenntlichmachung der Trennschalter notwendig.

[Beim Bau von Hebelschaltern und insbesondere von Trennschaltern ist zu beachten, daß die Bestimmungen des § 5 der „Betriebsvorschriften" erfüllt werden können. Die entsprechenden Teile dieses Paragraphen haben folgenden Wortlaut:

„b) Die Bedienung von Schaltern, das Auswechseln von Sicherungen und die betriebsmäßige Bedienung von Maschinen, Akkumulatoren, Apparaten, Lampen ist nur den damit beauftragten Personen gestattet, wo erforderlich unter Benutzung von Schutzmitteln.

1. Sicherungen und Unterbrechungsstücke bei Hochspannung sollen, wenn die Apparate nicht so gebaut oder angeordnet sind, daß man sie ohne weiteres gefahrlos handhaben kann, nur unter Benutzung isolierender oder anderer geeigneter Schutzmittel, betätigt werden."

Was unter Schutzmitteln zu verstehen ist, gibt § 2[1]) der Betriebsvorschriften an. Dieser lautet:

„1. Als Schutzmittel gelten gegen die herrschende Spannung isolierende, einen sicheren Stand bietende Unterlagen, Gummihandschuhe, Gummischuhe, Schutzbrillen, Werkzeuge mit Schutzisolierung, Abdeckungen, zuverlässige Erdungen und ähnliche Hilfsmittel.]

Zu § 5.

a) Um zu vermeiden, daß Schalter nur mit Rücksicht auf Erwärmung dimensioniert werden, wobei Schalter für kleine Stromstärken mechanisch viel zu schwach ausfallen würden, mußte nach unten hin eine Einschränkung in der Abstufung der Stromstärke vorgenommen werden. Bei Schaltern für 25 A müssen bereits die Querschnitte aus mechanischen Gründen reichlicher gewählt werden, als es elektrisch notwendig wäre. Eine noch kleinere Stromstufe als 25 A erschien daher nicht zweckmäßig.

Bei Ölschaltern ist die unterste Stromstärke auf 60 A festgesetzt mit Rücksicht darauf, daß der Materialaufwand für die stromleitenden Teile den Preis wenig beeinflußt und man bei Verwendung von Ölschaltern in der Regel mit größeren Leistungen zu rechnen hat.

[1. Die „Normalien für die Abstufung von Stromstärken bei Apparaten" sind in diesem Buche unter IV abgedruckt und mit Erläuterungen versehen.]

Zu § 6.

Über die Wahl der Hebelschalter und Ölschalter mit Rücksicht auf die jeweilige Spannung ist näheres in der Erläuterung zu § 1 angegeben.

Zu § 7.

Nicht betroffen werden von dieser Vorschrift natürlich Blasgehäuse, Schornsteine und ähnliche Ab-

Hebelschalter und Ölschalter.

deckungen, welche nicht zum Schutz des Bedienenden, sondern zur Führung des Lichtbogens dienen.

[Die Beseitigung der mit offenem Schlitz versehenen Abdeckungen, welche bisher fast überall benutzt worden sind, erwies sich als unbedingt notwendig, weil eine größere Anzahl von Unfällen dadurch entstanden sind, daß der Lichtbogen durch den offenen Schlitz herausgeschlagen und den Bedienenden verletzt hat. Es sind unter diesen Unfällen einige schwere zu verzeichnen gewesen, bei denen teils durch elektrischen Schlag, teils durch Inbrandsetzung der Kleider des Bedienenden der Tod herbeigeführt wurde.]

Zu § 8.

[Diese Vorschrift und diejenige des § 7 sind die einschneidensten Änderungen an den Vorschriften über Hebelschalter, welche bei der jetzigen Neubearbeitung vorgenommen worden sind. Nachdem bei den Dosenschaltern schon seit langer Zeit der Grundsatz durchgeführt war, daß zwischen der Hand des Bedienenden und den spannungführenden Teilen eine doppelte Isolierung vorhanden sein soll, erschien es namentlich mit Rücksicht auf einige Unfälle, welche an Hebelschaltern vorgekommen waren, notwendig, auch hier den gleichen Grundsatz durchzuführen. Wie diese Forderung konstruktiv erfüllt wird, bleibt den Fabrikanten überlassen. Das wesentliche ist, daß bei Verletzung des äußeren Isoliermantels die Hand mit spannungführenden Teilen nicht in Berührung kommen kann.]

Zu § 9.

Diese Bestimmung bezieht sich auf freie Kriechstrecken, an denen sich Feuchtigkeit, Staub, Ruß u. dergl. ansetzen kann. Sie braucht nicht erfüllt zu sein an solchen Stellen im Innern der Apparate, (z. B. Buchsenisolationen) welche atmosphärischen Einflüssen so gut wie vollständig entzogen sind.

Zu § 10.

Als zulässige Temperaturzunahme wurden 35° C über die umgebende Luft festgesetzt. Dies ergibt bei der als normal angenommenen Raumtemperatur von 25° C eine Gesamttemperatur von 60° C, welche die gebräuchlichen Schalter bei richtiger Wartung ohne Schaden dauernd aushalten. Bei vielen Schaltern treten bei einer Überschreitung dieser Gesamttemperatur bereits dauernde Verschlechterungen ein, so daß bei höherer Raumtemperatur als der oben genannten unter Umständen eine größere Schaltertype gewählt werden muß als für die gleiche Belastung bei normaler Raumtemperatur. Bei der Prüfung müssen neue Schalter verwendet werden, weil bei Schaltern, die schon im Betriebe waren, der Zustand der Kontakte durch Abnutzung verschlechtert sein kann. Ferner müssen die Kontakte vorschriftsmäßig gewartet, d. h. gesäubert und vorschriftsmäßig geschmiert sein. Das Schmiermittel muß säurefrei sein.

Bei einer Wärmeprüfung sollen die Zuleitungen im Querschnitt und in der Anordnung möglichst den praktisch verwendeten entsprechen, damit die Zuleitungen das Prüfungsresultat nicht beeinflussen.

[Für die Prüfung der Hebelschalter sind normale Formulare in Bearbeitung, in welche die Resultate aller aufgeführten Prüfungen eingetragen werden können. Derartige Formulare werden vom Verbande herausgegeben werden. Näheres hierüber siehe auch Erläuterung zu dem Abschnitt „A. Vorbemerkungen".]

Zu § 11.

Bei der mechanischen Prüfung soll der Schalter mit einer geeigneten Einrichtung (z. B. Kurbelbetrieb), die die Betätigung von Hand möglichst nachahmt, vor allem aber die annähernd gleiche Beanspruchung ergibt, 1000 mal ausgeschaltet werden. Bei dieser Probe darf kein Konstruktionsteil erlahmen oder brechen. Ein Schalter muß nach der mechanischen Probe noch die Spannungsprüfung nach § 12 und die Leistungsprüfung nach § 13 aushalten. Vor dem Versuch kann der Schalter geschmiert werden.

Zu § 12.

Bei Vornahme der Spannungsprüfung ist darauf zu achten, daß sich in den Befestigungslöchern der Grundplatte die Befestigungsschrauben befinden. Falls die zugehörigen Befestigungsschrauben nicht vorhanden sind, so sind für die Spannungsprüfung die größten dem Lochdurchmesser entsprechenden Schrauben mit normalen Unterlagscheiben einzusetzen und durch Muttern zu befestigen.

Mit Rücksicht auf die hohe mechanische Beanspruchung der Schalter ist die Prüfspannung von vornherein hoch gewählt worden, damit auch auf die Dauer nach Lockerung einzelner Teile noch eine ausreichende Isolierung erwartet werden kann.

Ferner sind die Kriechwege, die in neuem Zustand noch ausreichend sind, bei Staubansammlung oder in feuchter Luft nicht mehr ausreichend, wenn sie für eine kleinere Prüfspannung als die vorgeschriebene bemessen werden.

Der Schalter hat die Prüfung ausgehalten, wenn bei keiner der angegebenen Prüfungen zwischen den angelegten Polen ein Durchschlag oder Überschlag erfolgt ist. Leichte Glimmlichtentladungen längs der Oberfläche des Isoliermaterials sind als zulässig anzusehen.

Zu § 13.

In den meisten elektrischen Anlagen ist die Zentralenspannung für gewöhnlich höher als die Nennspannung am Verbrauchsort. Da mit ca. 10% Spannungserhöhung gerechnet werden muß, woraus häufig auch eine um ca. 10 % höhere Stromentnahme entsteht, und auch hierbei noch eine ungefährliche Unterbrechung des Stromkreises möglich sein muß, so ist für die Prüfung 10% Spannungs- und 25 % Stromerhöhung gewählt worden. Fast sämtliche jetzt auf dem deutschen Markt käuflichen Hebelschalter für 250 V bis 200 A können bei induktionsfreier Belastung ihren vollen Nennstrom unterbrechen. Es ist dies durch Versuche festgestellt. Dagegen haben diese Versuche gezeigt, daß die gleichen Schalter bei 500 V nur sehr kleine Stromstärken ausschalten konnten. Daß bisher in 500-V-Anlagen vielfach Schalter mit 250-V-Abmessungen verwendet werden konnten, ohne Störungen zu veranlassen, liegt daran, daß diese Schalter entweder nur als Trennschalter gebraucht

Hebelschalter und Ölschalter.

wurden, d. h. tatsächlich ohne oder nur unter sehr geringer Last geschaltet wurden, oder aber, daß sie in Stromkreisen mit Gegenspannung, wie z. B. bei laufenden Motoren oder in Batteriestromkreisen mit parallel geschalteten Generatoren betrieben wurden. (Für die Lichtbogenbildung am Schalter ist nämlich im wesentlichen nur die Differenz der elektromotorischen Kräfte maßgebend, welche in den genannten Fällen zumeist nur wenige Volt beträgt.) Sollen die Schalter bei 500 V auch als Ausschalter (z. B. Notschalter) verwendet werden, etwa wenn ein Motor aus irgendeinem Grunde nicht anläuft, so daß ein Ausschalten unter voller Last oder Überlast notwendig wird, so sollte man mit Rücksicht auf die außerordentlich starke Lichtbogenbildung die Verwendung von gewöhnlichen offenen oder halboffenen Hebelschaltern vermeiden und Spezialkonstruktionen verwenden.

Es empfiehlt sich, besonders bei Schaltern für größere Nennstromstärken, auch mit kleineren Stromstärken zu prüfen als es vorgeschrieben ist, da mitunter infolge der gegenseitigen dynamischen Wirkung der Lichtbogen die volle Stromstärke ohne Störung ausgeschaltet werden kann, während beim Ausschalten einer etwas kleineren Stromstärke Kurzschluß eintritt.

Trennschalter werden nicht als Leistungsschalter betrachtet. Auch Umschalter werden in der Regel nur als Trennschalter gebraucht, d. h. entweder zwar unter Spannung, aber in stromlosem Zustand oder bei Stromdurchgang ohne Spannungsunterschied (Umschalter ohne Unterbrechung) umgelegt. Für Trennschalter und Umschalter wird daher eine Schaltleistung nicht gefordert.

Besondere Bestimmungen für Ölschalter.

Um für die hier behandelten Ölschalter im Verhältnis zu den in den Richtlinien für Hochspannungsapparate enthaltenen Serien eine charakteristische Bezeichnung zu wählen, wird die Bezeichnung: „Serie O" vorgeschlagen.

Zu § 14.

Bei Erhöhung der Spannung über die Prüfspannung hinaus hat ein Überschlag stets zuerst außen am Schalter zu erfolgen, während Durchschläge im Innern der Ölschalter oder anderer Apparate oder Durchschläge des Porzellans bzw. der entsprechenden Isoliermaterialien nicht erfolgen sollen. Die Abstände an Spannungsauslösespulen brauchen den vorgeschriebenen Maßen nicht zu entsprechen. Es ist zu beachten, daß bei Schaltern für große Stromstärken die gegebenen Mindestabmessungen nicht genügen.

Zu § 15.

Es soll möglich sein, am Schalter selbst zu sehen, ob er sich in eingeschalteter Stellung befindet oder nicht. Es genügt, wenn dies für jemand sichtbar ist, der den Schalter kennt, so daß unter Umständen besondere Anzeigevorrichtungen überflüssig sind.

Diese Bestimmung bezieht sich nur auf den Schalter, nicht aber auf das Gestänge oder den Antrieb des Schalters, welche nicht normalisiert sind. Es ist nicht Aufgabe dieser Normalien, vorzuschreiben, daß beispielsweise an der Bedienungsschalttafel die Schaltstellung des Ölschalters erkennbar sein sollte, jedoch ist dies mit Rücksicht auf den Betrieb stets erforderlich.

[Die Erläuterungen zu den Errichtungsvorschriften C. L. Weber sagen hierzu folgendes:

„Auf welche Weise die Schaltstellung erkennbar gemacht wird, bleibt freigestellt. Bei vielen Bauarten ersieht man sie aus der Lage der arbeitenden Teile ohne weiteres. Bei Schaltern, deren arbeitende Teile eingebaut sind, soll sowohl an der Bedienungsseite als am Schalter selbst die Stellung zu erkennen sein. Nicht verlangt sind Aufschriften, die jedem aus dem Publikum verständlich sind, sondern es genügt, wenn der Sachverständige aus der Stellung irgend welcher leicht sichtbarer Bauteile oder Marken die Schaltstellung erkennen kann."]

Zur Kennzeichnung der Einschaltrichtung am Handantrieb genügt die Anbringung eines Pfeiles, welcher zeigt, nach welcher Richtung die Einschaltung erfolgt, eventuell in Verbindung mit Bezeichnungen „Ein", „Aus".

Zu § 16.

a) Die Einrichtung zur Anzeige des normalen Ölstandes muß so beschaffen sein, daß man ohne irgendeinen Handgriff am Schalter vorzunehmen, erkennen kann, ob der normale Ölstand vorhanden ist. Eingetauchte Holzstäbe gelten also nicht als normal, während beispielsweise Schaugläser und Schwimmer als normal gelten. Von der Einrichtung ist nicht zu fordern, daß sie anzeigt, wieviel Öl im Kasten enthalten ist oder wie hoch das Öl steht, sondern sie soll nur anzeigen, ob der normale Ölstand vorhanden ist.

1. Die Ölkästen der Schalter bis 200 A werden im allgemeinen so klein ausfallen, daß man sie mit ihrer Ölfüllung bequem abnehmen kann. Bei den größeren Ölkästen ist es zweckmäßig, das Öl erst ganz oder teilweise abzulassen, ehe man den Kasten herunternimmt.

Eine Einrichtung zur vollständigen Entleerung wird nicht vorgeschrieben, da es nichts schadet, wenn ein geringer Rest Öl im Kasten bleibt und mit demselben heruntergenommen wird. Bei manchen Konstruktionen dürfte die Anbringung des Ablaßloches an der tiefsten Stelle Schwierigkeiten bereiten.

2. Sicherheitsventile oder Klappen sollen in genügender Größe angeordnet sein, da beim Abschalten unter großer Kurzschlußstromstärke meistens ein erheblicher Überdruck im Schalter entsteht. Dagegen kann nicht verlangt werden, daß sie eine Garantie gegen eigentliche Schalterexplosionen bieten. Aus diesem Grunde wurde auch davon abgesehen, Dimensionen für die Ventile oder Klappen vorzuschreiben.

Es werden solche Vorrichtungen nur dann verlangt, wenn die Schalter nicht so eingerichtet sind, daß sie den Überdruck schadlos aushalten. Die letztere Einschränkung ist mit Rücksicht auf Konstruktionen gemacht worden, bei welchen die Schalter vollständig gekapselt sind.

Zu § 17.

Eine Erwärmungsprüfung der Ölschalter selbst wird im allgemeinen nicht erforderlich sein. Bei Schaltern für kleine Stromstärken wird sich die Erwärmung erfahrungsgemäß in sehr geringen Grenzen halten, nur bei größeren Schaltern treten Schwierigkeiten in dieser Beziehung auf.

Um eine Vereinfachung der Prüfung zu ermöglichen, wird als maßgebende Stelle, an welcher die Erwärmung zu messen ist, die obere Ölschicht festgelegt, weil jede Erwärmung in den Kontakten oder in anderen Teilen, z. B. durch Hysterese- und Wirbelstromverluste in den eisernen Deckeln, sich in einer Erwärmung des Öles ausdrückt, welche wieder infolge des Auftriebes des warmen Öles die höchste Temperatur in der obersten Ölschicht hervorruft.

Da bei Schaltern für kleinere Stromstärken, etwa bis 350 A, das Einhalten geringer Erwärmung keine Schwierigkeiten bietet, so wurde hier eine maximale Übertemperatur von 20° C vorgeschrieben, während bei größeren Stromstärken bis 2000 A einschließlich eine solche von 30° C, darüber hinaus dagegen 40° C zugelassen werden muß. Mit Rücksicht auf die geringere Viskosität des Öles bei höheren Temperaturen ist gegen eine derartige Erwärmung durchaus nichts einzuwenden, im Gegenteil dürfte sogar bei einer mäßigen Erwärmung die Funktion des Ölschalters verbessert werden.

Die Messung der Übertemperatur soll im Beharrungszustande erfolgen. Dieser Zustand wird entweder dadurch erreicht, daß der Schalter mit der Nennstromstärke belastet wird, bis der Beharrungszustand eingetreten ist, oder, was in der Praxis vielleicht zu einer Beschleunigung der Prüfung führen kann, dadurch, daß der Schalter zunächst mit angemessen erhöhter Stromstärke belastet wird, bis eine gewisse Erwärmung erreicht ist, und dann erst die Stromstärke auf den Nennstrom zurückgeführt wird.

Die Voraussetzung der Erwärmungsprüfung ist, daß die Kontakte des Schalters sich in ordnungsmäßigem Zustande befinden. Die Prüfung wird vorwiegend an neuen Schaltern vorzunehmen sein; wenn die Schalter dagegen im Betriebe bereits eine Abnutzung erfahren haben, so sind die Kontakte durch Entfernung von Schmelzperlen, Glättung, eventuell Auswechslung der Abbrennteile in ordnungsmäßigen Zustand zu versetzen.

Zu § 18.

a) Da die Prüfspannung außerordentlich hoch gewählt worden ist, so daß etwaige Fehler im Porzellan oder anderen Isoliermaterial sich sehr schnell geltend machen, so ist die Prüfdauer auf eine Minute beschränkt worden, während welcher der Schalter die Prüfspannung ohne einen Durchschlag oder Überschlag aushalten muß.

Die Spannung soll allmählich auf den zu prüfenden Apparat gegeben werden, weil andernfalls bei dem Einschalten Überspannungen auftreten können, welche eine unnütze Verschärfung der Beanspruchung bedeuten.

Zu § 19.

a) Die Vorschrift, daß die Übertemperatur dauernd eingeschalteter Spulen bei ihrem Nennstrom bzw. normaler Spannung nicht mehr als 50° C betragen soll, entspricht den Normalien für die Bewertung und Prüfung elektrischer Maschinen und Transformatoren.

Dementsprechend ist auch die thermometrische Messung im Sinne des § 14 dieser Normalien auszuführen. Die Festsetzung einer niedrigeren Übertemperatur wurde als unzweckmäßig verworfen, weil diese Forderung wesentliche Vergrößerungen der Magnete und damit auch der Schalter selbst, also erhebliche Verteuerungen nach sich ziehen würde, während bei der angegebenen Übertemperatur schädliche Einflüsse nicht zu erwarten sind.

b) Eine kurzzeitige Dauerbetätigung statt der mehrmaligen Einzelbetätigung konnte nicht eingeführt werden, weil dies eine zu hohe Beanspruchung der Magnete bedeuten würde, und infolgedessen die Dimensionen ganz wesentlich vergrößert werden müßten, wozu keine praktische Veranlassung vorliegt. Mehr als zwei- bis dreimal unmittelbar hintereinander dürfte wohl im Betriebe kein derartiger Magnet arbeiten, so daß mit einer zehnmaligen Belastung eine genügende Sicherheit gewährt ist.

Die Bestimmung des § 14 der Maschinennormalien hat folgenden Wortlaut:

„Wird ein Thermometer zum Messen der Temperatur verwendet, so muß für eine möglichst gute Wärmeleitung zwischen diesem und dem zu messenden Maschinenteil gesorgt werden, z. B. durch Stanniolumhüllung. Zum Vermeiden von Wärmeverlusten wird außerdem die Kugel des Thermometers und die Meßstelle gemeinsam mit einem schlechten Wärmeleiter (trockener Putzwolle u. dergl.) überdeckt."

c) Größere Abweichungen als $\pm 10\%$ erschienen unzweckmäßig, weil dieselben zu Unzuträglichkeiten führen. Soll der Magnet so gebaut sein, daß er auch bei niedrigeren Spannungen arbeitet, so muß er außerordentlich groß und teuer werden. Wird er dagegen mit höheren Spannungen eingeschaltet, so zieht er zu kräftig, und durch den harten Schlag können Beschädigungen am Schalter eintreten; auch gerät die Klinke, welche zur Festlegung der Einschaltstellung einfallen soll, dann in Schwingungen, so daß die Einschaltung unsicher wird.

Im allgemeinen werden diese Einschaltmagnete von konstanter Spannung gespeist, so daß Abweichungen von $\pm 10\%$ kaum vorkommen.

d) Die höhere Spannung ist zugelassen worden, weil eine Erhöhung der Spannung bis zum Betrage von 10% vorkommen kann, und weil es wünschenswert ist, daß die Magnete dann noch nicht so heiß werden, daß sie unter Umständen ihren Dienst versagen.

Im übrigen wird es aber möglich sein, den Magneten so zu bauen, daß er bei erhöhter Spannung sicher funktioniert.

Das sichere Funktionieren bei Erniedrigung der Spannung um 25% wurde vorgeschrieben, weil diese Magnete häufig bei starken Überlastungen funktionieren sollen, bei diesen Überlastungen oder Kurzschlüssen aber auch die Hochspannung heruntergeht, und dadurch unter Umständen auch die Betätigungsspannung des Magneten beeinflußt wird. Der Betrag von 25% für das Abfallen der Spannung dürfte unter diesen Gesichtspunkten als durchaus reichlich bemessen gelten.

Es kann auf Grund der Normalien nicht verlangt werden, daß der Ausschaltemagnet bei noch niedrigerer

Spannung funktioniert, wie dies der Fall sein müßte, wenn er beispielsweise von einer direkt gekuppelten Erregermaschine gespeist wird, welche zum Zwecke der Regulierung der Maschine auf ganz niedrige Spannung eingestellt werden muß.

e) Bei vorübergehendem entferntem Kurzschluß tritt häufig in großen Zentralen ein momentanes Nachlassen der Spannung ein, was aber für den Betrieb ohne Bedeutung ist. Es wäre sehr unangenehm, wenn in solchen Fällen die Schalter mit Nullspannungsauslösung auslösen würden. Deshalb wurde bestimmt, daß die Auslösung erst eintreten darf, wenn die Spannung um 35% gesunken ist. Damit ist aber nicht etwa gesagt, daß die Auslösung nun auch bei 35% Rückgang wirklich eintreten muß, denn eine Genauigkeit in dieser Beziehung braucht von diesen Apparaten nicht verlangt zu werden. Die Vorschrift besagt nur, daß die Apparate in der Grenze von 100 bis 65% noch nicht abschalten dürfen.

Zu § 20.

a) Andere Wicklungen als die hier aufgeführten, d. h. solche, welche anderen Nennströmen oder anderen Einstellgrenzen entsprechen, sind nicht normal im Sinne dieser Vorschrift.

Wie sich aus der Tabelle ergibt, soll der Auslösestrom einstellbar sein zwischen dem 1,4-fachen und dem Doppelten des Nennstromes. Eine Erniedrigung der unteren Grenze wurde nicht für zweckmäßig gehalten, weil dann die Spanneinrichtungen der Magnete zu schwach ausfallen müßten. Eine Erhöhung der oberen Grenze erschien nicht als zweckmäßig, weil so hohe Überlastungen im allgemeinen, d. h. normal, nicht zugelassen werden sollen. Es ist hervorzuheben, daß die Wicklung bei Nennstrom, beispielsweise eine Wicklung für 10 A, bei diesem Werte bei Dauerbelastung 50° Übertemperatur erreichen darf, daß man aber nicht von ihr verlangen darf, daß sie den einstellbaren Auslösestrom dauernd verträgt. Überlastungen sollen nur zeitweilig, u. zw. kurzzeitig, auftreten.

Wird die Nennstromstärke kleiner als 4 A, so ergibt sich eine sehr hohe Spannung in der Spule. Wenn auch diese Spannung fast vollständig induktiv ist und daher einen erheblichen Energieverlust nicht bedeutet, so gefährdet sie doch die Isolation innerhalb der Spule und kann im Betrieb Störungen hervorrufen, insbesondere wenn durch Überspannungen mit erhöhter Frequenz die Spannung an den Klemmen sehr stark steigt. Aus diesem Grunde sind Wicklungen für Nennstromstärken unter 4 A für unzulässig erklärt worden.

1. Es erwies sich als erforderlich, ein Verhältnis zwischen dem möglichen Kurzschlußstrom und der geringsten Nennstromstärke der Wicklung festzusetzen. Da nämlich durch die vorgeschriebene kleinste Auslösestromstärke und durch die zugelassene Erwärmung von 50° durch den Nennstrom die Größe der Magnete und damit die bei Nennstrom in der Wicklung erzeugte Wärme bestimmt ist, so wird bei einer bestimmten Überlastung die Wicklung schneller schmelzen, als die Auslösung erfolgt, wobei auch noch zu be-

rücksichtigen ist, daß die Stromstärke in der Wicklung schneller einen gefährlichen Betrag erreicht, als die Magnetisierung genügend hoch werden kann, um den Anker anzuziehen. In einem praktischen Fall ist bei einer Kurzschlußstromstärke von 7000 A eine Wicklung für 15 A durchgeschmolzen, ohne daß der Schalter auslösen konnte. Aus Versuchen und Erfahrungen wurden die Zahlen gewonnen, welche im § 20 angegeben sind. Diese Zahlen beruhen auf der Möglichkeit einer zweimaligen Einschaltung ohne nennenswerte Pausen und sind so gewählt, daß nach Möglichkeit dabei noch keine Beschädigung der in der Spule vorhandenen Isolierung stattfindet.

Es wird also bei gegebener Kurzschlußstromstärke mit normalen Magnetwicklungen nur eine gewisse minimale Nennstromstärke zulässig sein. Wenn z. B. der Kurzschlußstrom 7000 A beträgt, so wird die geringste Nennstromstärke der Auslösewicklung 30 A betragen, falls die Auslösung ohne Verzögerung erfolgt. Ist nun an diese Sammelschienen z. B. ein Kondensationsmotor angeschlossen, welcher 10 A aufnimmt, und will man diesen Motor gegen Überlastungen schützen, welche unter 30 A liegen, so gibt es zwei Wege. Der eine ist, einen abnormalen Schalter zu nehmen, welcher ein entsprechend vergrößertes Magnetgestell besitzt, so daß die Wicklung bei der Nennstromstärke nicht 50° Übertemperatur, sondern eine erheblich kleinere Übertemperatur erreicht, d. h. die Kupferquerschnitte so stark zu vergrößern, daß sie auch bei 7000 A nicht mehr so schnell schmelzen. Der andere Weg würde der sein, außer den nicht verzögerten Auslösungen für 30 A noch solche für 10 A z. B. mit unabhängiger Verzögerung zu verwenden. Würde ein Kurzschluß von 7000 A eintreten, so kann zwar die Auslösewicklung für 10 A Schaden nehmen, es kann jedoch eine Gefährdung nicht eintreten, weil die Wicklung für 30 A immer noch die Ausschaltung bewirkt. Beide Möglichkeiten bedeuten eine Verteuerung, jedoch ist andererseits zu berücksichtigen, daß Fälle, bei welchen Kurzschlußstromstärken von mehr als dem 250-fachen der Nennstromstärke vorkommen, nur sehr selten sind, und daß es unzweckmäßig wäre, die normalen Schalter mit Rücksicht auf diese abnormalen Fälle zu dimensionieren.

Wie aus den Zahlen ersichtlich ist, ist bei verzögerter Auslösung nur ein kleineres Verhältnis zwischen Kurzschlußstrom und Nennstrom zulässig. Das entspricht einerseits den physikalischen Tatsachen, anderseits aber auch der praktischen Anordnung, denn je näher die Schalter der Zentrale liegen und je stärker ihre Auslösung verzögert wird, um so größer wird auch ihre Nennstromstärke sein, um so weniger liegt also die Gefahr vor, daß das zulässige Verhältnis kleiner ist als das tatsächliche. Die Schalter am Ende der Leitungen, weit von der Zentrale entfernt, sollen nach Möglichkeit schnell wirken, damit sie die kranken Teile abschalten, ehe gesunde in Mitleidenschaft gezogen werden. Daher ist bei diesen Schaltern ein möglichst großes Verhältnis zwischen Kurzschluß- und Nennstrom wünschenswert, und dies entspricht auch den Vorschriften des § 20. Verzögerte Auslösungen, welche bei Kurzschlüssen sofort wirken, sind wie Auslösungen ohne Verzögerung zu behandeln.

Es erwies sich als erforderlich, dieselben Bestimmungen für die Stromwandler anzuwenden, welche zu Auslösezwecken dienen, d. h. welche unter allen Umständen zur Sicherheit der Anlage funktionieren müssen. Für Stromwandler, welche zu Meßzwecken dienen, sind diese Vorschriften nicht unbedingt zu berücksichtigen, da bei einem Defekt dieser Stromwandler keine Gefährdung der Sicherheit eintritt, sondern höchstens ein Stromwandler verbrennen und das zugehörige Meßinstrument unwirksam werden kann.

Die Anzeigevorrichtung für den Auslösestrom soll gestatten, zu ersehen, auf welchen Auslösestrom der Schalter gerade eingestellt ist, wobei jedoch nicht unbedingt erforderlich ist, daß sie vom Bedienungsgange aus ohne Schwierigkeiten abzulesen ist.

Die Genauigkeit der Anzeigevorrichtung ist auf $\pm 7\frac{1}{2}\%$ festgesetzt worden, weil eine solche magnetische Einstellvorrichtung nicht als Präzisionsapparat zu bezeichnen ist, und vielen ungünstigen Einflüssen unterworfen ist, welche die Genauigkeit einschränken. Immerhin bleibt die Genauigkeit von $7\frac{1}{2}\%$ noch innerhalb der Grenze, welche die Genauigkeit von Schmelzsicherungen erreicht.

Bei Drehstromsystemen mit herausgeführtem Nullleiter sollen die Ölschalter in allen drei Phasen Maximalrelais haben. Bei Systemen ohne Nulleiter haben sich dagegen die Schalter mit zwei Relais in der Praxis gut bewährt, jedoch sollen hierbei die Relais sämtlicher Schalter in dem Netz in den gleichen Phasen liegen, da andernfalls durch gleichzeitige Erdschlüsse der ungesicherten Leiter zweier verschiedener Stromkreise ein Kurzschluß zwischen verschiedenen Phasen hervorgerufen werden kann.

Wenn in einem Netz Stromkreise sehr stark verschiedener Querschnitte vorhanden sind, empfiehlt es sich, die schwachen Stromkreise in allen drei Phasen durch Maximalauslöser zu sichern; denn wenn diese Vorsichtsmaßregel nicht eingehalten wird, und die ungesicherte Phase des schwachen Stromkreises und eine durch entsprechend hohe Einstellung gesicherte Phase eines anderen Stromkreises mit viel stärkerem Querschnitt gleichzeitig Erdschluß bekommen würden, so würde durch diesen Erdschluß ein Strom gehen können, welcher zum Zerstören der schwachen Leitung ausreichen würde, welcher aber durch den betreffenden Auslöser des Stromkreises mit großem Querschnitt noch nicht unterbrochen werden kann.

[Über die Vorgänge, welche beim Ausschalten sich abspielen, sind eingehende Untersuchungen von Hoepp unter dem Titel „Unterbrechungslichtbogen bei elektrischen Schaltapparaten" ETZ 1913, Seite 33, veröffentlicht. Die dort angegebenen Unterlagen werden bei dem Bau und bei der Entscheidung über die Verwendung gute Dienste leisten können. Ebenso werden die wichtigen Ausführungen von Dr. Linke über „Schaltvorgänge bei elektrischen Maschinen und Transformatoren" ETZ 1914, Seite 757, bei der Benutzung von Schaltern zu den verschiedentlichsten Zwecken zweckdienliche Hinweise geben.|

F. Offene Schmelzsicherungen.

Siehe auch Err.-Vorschr. §§ 14, 20, 28, 34, 35, 36, 43, Bahnvorschr. § 16, 19.

§ 22.

a) Nennstrom und Nennspannung sind auf dem ortsfesten Teil der Sicherung sichtbar und haltbar zu verzeichnen.

1. **Normale Nennstromstärken sind:**
   25, 60, 100, 200, 350, 600 usw. A.[1])
2. **Normale Nennspannungen sind:**
   250, 500 V.

§ 23.

a) Nennstrom und Nennspannung sind auf dem Schmelzeinsatz zu verzeichnen.

1. **Normale Nennstromstärken sind:**
   6, 10, 15, 20, 25, 35, 60, 80, 100, 125, 160, 200, 225, 260, 300, 350, 430, 500, 600 usw. A.[2])

§ 24.

Die spannungführenden Teile der Sicherung müssen gegen die Befestigungsschrauben, gegen das Gehäuse und gegen den Griff (falls ein solcher vorhanden ist), ferner nach Entfernung der Schmelzlamelle von Kontakt zu Kontakt folgende Spannungen eine Minute lang aushalten:

bei 250 V 1500 V Wechselstrom
„ 500 „ 2000 „   „

§ 25.

Bei der Prüfung auf Überlastungsfähigkeit sind die Sicherungen mit dem 1,6-fachen und dem 1,8-fachen Nennstrom zu belasten. Den 1,6-fachen Nennstrom müssen sie 1 Stunde lang aushalten; bei dem 1,8-fachen Nennstrom müssen sie innerhalb derselben Zeit abschmelzen.

Erläuterungen zum Absatz F. Offene Schmelzsicherungen.

[Es sei hier noch besonders darauf hingewiesen, daß außer den Bestimmungen der §§ 22 bis 25 für offene Schmelzsicherungen auch noch die Vorschriften des § 3 „Allgemeines" Geltung haben.]

[Die Bestimmungen der „Errichtungsvorschriften" und gegebenenfalls auch der „Bahnvorschriften" müssen naturgemäß von allen Apparaten eingehalten werden. Um die Hersteller und Verbraucher solcher Apparate hierauf hinzuweisen, ist in den „Vorschriften für die Konstruktion und Prüfung von Schaltapparaten für Spannungen bis einschl. 750 V" stets unter der Überschrift zu jedem Absatz darauf hingewiesen, welche Paragraphen der in Frage kommenden Vorschriften zu beachten sind. Es sei hier aber noch besonders hervor-

---

[1]) Siehe die „Normalien für die Abstufung von Stromstärken bei Apparaten".
[2]) Siehe die Bestimmungen über die Belastung von Leitungen. Errichtungsvorschriften § 20¹.

Offene Schmelzsicherungen.

gehoben, daß bei Verwendung von offenen Schmelzsicherungen für Sonderzwecke auch die entsprechenden Bestimmungen berücksichtigt werden müssen. Das wird leider vielfach übersehen. Für den vorliegenden Fall kommen insbesondere aus den „Errichtungsvorschriften" die Sonderbestimmungen über feuergefährliche Betriebsstätten und Lagerräume, explosionsgefährliche Betriebsstätten und Lagerräume, Schaufenster, Warenhäuser und Fahrzeuge elektrischer Grubenbahnen in Frage. Die genannten Bestimmungen sind im Anhange zu diesem Buche unter Nr. 1 abgedruckt.]

Unter „offenen Schmelzsicherungen" sind solche verstanden, bei denen ein Schmelzstreifen zwischen zwei Kontakten frei durch die umgebende Luft eingespannt ist. Der ganze Apparat kann durch einen Schutzkasten abgedeckt sein. Nicht unter diesen Begriff fallen solche Schmelzsicherungen, bei denen Löschhörner, magnetische Gebläse u. dergl. angebracht sind, oder deren Schmelzstreifen durch besondere Rohre aus Isolierstoff unter Einhaltung eines Luftabstandes umschlossen sind.

[Beim Bau von Schmelzsicherungen ist zu beachten, daß die Bestimmungen des §5 der „Betriebsvorschriften" erfüllt werden können. Die entsprechenden Teile dieses Paragraphen haben folgenden Wortlaut:

„b) Die Bedienung von Schaltern, das Auswechseln von Sicherungen und die betriebsmäßige Bedienung von Maschinen, Akkumulatoren, Apparaten, Lampen ist nur den damit beauftragten Personen gestattet, wo erforderlich, unter Benutzung von Schutzmitteln.

1. Sicherungen und Unterbrechungsstücke bei Hochspannung sollen, wenn die Apparate nicht so gebaut oder angeordnet sind, daß man sie ohne weiteres gefahrlos handhaben kann, nur unter Benutzung isolierender oder anderer geeigneter Schutzmittel, betätigt werden."

Was unter Schutzmitteln zu verstehen ist, gibt § 2^1 der Betriebsvorschriften an. Dieser lautet:

„1. Als Schutzmittel gelten gegen die herrschende Spannung isolierende, einen sicheren Stand bietende Unterlagen, Gummihandschuhe, Gummischuhe, Schutzbrillen, Werkzeuge mit Schutzisolierung, Abdeckungen, zuverlässige Erdungen und ähnliche Hilfsmittel."]

Zu § 22.

a) Die Verzeichnung von Nennstrom und Nennspannung ist nötig, um unbeabsichtigten Verwechslungen vorzubeugen. Der Verbraucher muß dem Apparat ansehen können, für welche Nennstromstärke und Nennspannung er höchstens zu verwenden ist. Mit Rücksicht auf Einheitlichkeit in bezug auf Anschlußstellen und Anschlußbolzen erscheint die Innehaltung bestimmter Nennstromstärken erwünscht. Deshalb wird die Beachtung der Normalien über die Abstufung von Stromstärken bei Apparaten gefordert.

[Die „Normalien für die Abstufung von Stromstärken bei Apparaten" sind in diesem Buche unter IV abgedruckt und mit Erläuterungen versehen.]

2. Als höchste Nennspannung sind hier 500 V an-

gegeben. Der gegenwärtige Stand der Erfahrungen mit offenen Schmelzsicherungen für mehr als 500 V ist noch nicht derartig, daß hierfür Bestimmungen aufgestellt werden können.

[Über die Wahl der Schmelzsicherungen mit Rücksicht auf die jeweilige Spannung ist Näheres in der Erläuterung zu § 1 angegeben.]

Zu § 23.

a) Um gefahrbringenden Verwechslungen bei dem Ersatz von Schmelzstreifen vorzubeugen, muß auch auf diesen eine deutliche Bezeichnung von Nennstrom und Nennspannung vorhanden sein. Die festgesetzten Stromstärken entsprechen denen der Drahtbelastungstabelle in § 20 der Errichtungsvorschriften.

1. [Die „Normalien für die Abstufung von Stromstärken bei Apparaten" sind in diesem Buche unter IV abgedruckt und mit Erläuterungen versehen.]

Zu § 24.

Als Isolationsprüfung wird wie bei Hebelschaltern eine Spannungsprüfung mit Wechselstrom vorgeschrieben, nicht eine Messung des Isolationswiderstandes. Die im Apparatebau üblichen Baustoffe gestatten die Beanspruchung mit den gewählten Prüfspannungen ohne Schwierigkeiten. Über die Spannungsprüfung und das Verhalten des Apparates hierbei siehe Erläuterungen zu § 12.

Zu § 25.

Der Spielraum zwischen dem maximalen und minimalen Prüfstrom ist hier kleiner als bei Sicherungen mit geschlossenem Schmelzeinsatz, weil die Herstellung offener Sicherungen die genauere Innehaltung eines bestimmten Wertes gestattet.

Ferner soll bei offenen Sicherungen der Wert des Grenzstromes höher über dem Nennstrom liegen als bei Sicherungen mit eingeschlossenem Schmelzstreifen, weil die offene Sicherung bei Strömen, welche nicht allzu hoch über dem Grenzstrom liegen, eine geringere Trägheit hat, und daher selbst bei etwas höherem Grenzstrom schneller schmilzt, als die geschlossene Sicherung gleichen Nennstromes.

Ein verhältnismäßig hoher Grenzstrom für die offene Sicherung ist also z. B. erforderlich bei der im Betriebe nicht zu vermeidenden Hintereinanderschaltung von offenen und geschlossenen Schmelzsicherungen. Er ist ferner nötig für die Betriebe, in denen offene Sicherungen vorwiegend Verwendung finden, z. B. in Motorstromkreisen, damit die Sicherung dem Anlaßstrom standhalten kann.

Die Prüfungen offener Schmelzsicherungen sind im Gebrauchszustand vorzunehmen. Wird besonderes nicht gefordert, so werden die Sicherungen einzeln für sich mit der zugehörigen Abdeckung und den zugehörigen Sicherungsböcken untersucht.

Die Untersuchung des gegenseitigen Einflusses nebeneinander eingebauter Sicherungen gehört nicht zu der Prüfung der einzelnen Sicherung, sondern zu der Konstruktion der betreffenden Schalttafel usw.

[Die Bemessung von Sicherungen, die Wahl der verwendeten Materialien und die Bauart sind von außerordentlich großer Bedeutung und bieten viele Schwierigkeiten. Es sei daher hier auf den Aufsatz „Theoretisches und Praktisches über Abschmelzsicherungen" von Dr.-Ing. Georg Meyer, ETZ 1907, Seite 430, hingewiesen. Darin werden die Vorgänge, welche beim Arbeiten der Sicherung sich abspielen, eingehend betrachtet. Es werden an Hand von Versuchen Angaben über die Konstanten der verschiedenen Materialien, wie sie vom praktischen Gesichtspunkt aus von Bedeutung sind, gemacht. In einem weiteren Aufsatz von E. Oelschläger, EZT 1904, Seite 762, ist „über den zeitlichen Verlauf des Schmelzstromes von Sicherungen, beobachtet mit dem Oszillographen" interessantes Beobachtungsmaterial gegeben, welches für den Bau von Sicherungen gleichfalls von großer Bedeutung ist. Es ist darin gezeigt, wie lange es dauert, bis eine Sicherung den Stromkreis unterbricht, wenn sie mit verschiedenem Vielfachen ihres Normalstromes belastet wird. Das Verhalten der Sicherung bei Kurzschluß ist untersucht worden.

G. Anlasser und Regulierwiderstände[1]).

Siehe auch Err.-Vorschr. §§ 12, 28, 33, 34, 35, 39, 43, Bahnvorschriften §§ 17, 38, 40.

§ 26.

Bei Apparaten mit Handbetrieb darf die Achse der Betätigungsvorrichtung nicht spannungführend sein.

§ 27.

Alle der Berührung zugängigen Metallteile müssen untereinander dauernd leitend verbunden und mit einem gemeinsamen Erdungsanschluß versehen sein, damit die Apparate bei Verwendung in solchen Fällen, wo eine Erdung zweckmäßig oder nach §§ 3 und 4 der Err.-Vorschr. notwendig ist, geerdet werden können.

§ 28.

Das Widerstandsmaterial muß von wärme- und feuersicherer Unterlage getragen werden. Falls diese nicht feuchtigkeitssicher ist, müssen die Widerstandsträger noch besonders vom Gehäuse isoliert sein.

§ 29.

a) Anlasser müssen derart gebaut sein, daß die Widerstände, Spiralen, Bleche usw. bei den betriebsmäßigen Beanspruchungen nicht mit Metallteilen des Gehäuses in Berührung kommen können. Hierbei sind Größe des Anlaßstromes, Dauer und Häufigkeit des Anlassens besonders zu berücksichtigen

    1. Anlasser für Wechsel- und Drehstrommotoren sollen so gebaut sein, daß sie den Sekundärkreis nicht völlig unterbrechen können.

---

[1]) Die Bestimmungen dieses Abschnittes sind sinngemäß auch auf Flüssigkeitswiderstände anzuwenden.

§ 30.

Die Verbindungsleitungen zwischen den Widerständen und den Kontakten müssen zuverlässig isoliert und möglichst übersichtlich geführt sein.

§ 31.

a) Drähte mit nicht feuchtigkeitssicherer Isolierung dürfen nicht mit dem Gehäuse in Berührung kommen.

b) Drähte mit nicht wärmebeständiger Isolierung müssen einer schädlichen Einwirkung der im Apparat entwickelten Wärme entzogen sein.

§ 32.

Die Anschlußklemmen der Apparate müssen entsprechend den „Normalien für die Bezeichnung von Klemmen bei Maschinen, Anlassern, Regulatoren und Transformatoren" kenntlich gemacht werden. Sind Widerstand und Stufenschalter getrennt, so müssen beide entsprechende Bezeichnungen haben.

§ 33.

a) Jedem Apparat ist ein Schaltbild mitzugeben, aus dem sich die Anschlüsse und die innere Schaltung erkennen lassen.

1. Es empfiehlt sich, dies Schaltbild fest am oder im Apparat anzubringen.

§ 34.

Kontaktbahn und Anschlußstellen müssen mit einer widerstandsfähigen zuverlässig befestigten und leicht abnehmbaren Abdeckung versehen sein. Diese darf keine Öffnung enthalten, die eine unmittelbare Berührung spannungführender Teile zuläßt. (Ausnahmen siehe §§ 28 und 29 der Errichtungsvorschr.)

§ 35.

Ölanlasser sind mit einer Einrichtung zu versehen, die das Vorhandensein des normalen Ölstandes erkennen läßt.

§ 36.

Auf jedem Apparat muß die Stellung, bei der der Apparat eingeschaltet, und die, bei der er ausgeschaltet ist, sowie der Schaltweg deutlich gekennzeichnet sein (z. B. ⌒).

Aus   Ein

§ 37.

Für Magnete in Verbindung mit Anlassern gelten sinngemäß die Vorschriften des § 19.

§ 38.

Anlasser und Regulierwiderstände für 250 und 500 V sind mit 2000 V Wechselstrom,

Anlasser und Regulierwiderstände. 133

solche für 750 V mit 2500 V Wechselstrom eine Minute lang auf Isolierung der spannungführenden Teile gegen Körper zu prüfen.

Erläuterungen zu Absatz G. Anlasser und Regulierwiderstände.

[Es sei hier besonders darauf hingewiesen, daß außer den Bestimmungen der §§ 26 bis 38 über Anlasser und Regulierwiderstände auch noch die Vorschriften des § 3 „Allgemeines" Geltung haben.]

[Die Bestimmungen der „Errichtungsvorschriften" und gegebenenfalls auch der „Bahnvorschriften" müssen naturgemäß von allen Apparaten eingehalten werden. Um die Hersteller und Verbraucher solcher Apparate hierauf hinzuweisen, ist in den „Vorschriften für die Konstruktion und Prüfung von Schaltapparaten für Spannungen bis einschl. 750 V" stets unter der Überschrift zu jedem Absatz darauf hingewiesen, welche Paragraphen der in Frage kommenden Vorschriften zu beachten sind. Es sei hier aber noch besonders hervorgehoben, daß bei Verwendung von Anlassern und Regulierwiderständen für Sonderzwecke auch die entsprechenden Bestimmungen berücksichtigt werden müssen. Das wird leider vielfach übersehen. Für den vorliegenden Fall kommen insbesondere aus den „Errichtungsvorschriften" die Sonderbestimmungen über Betriebsstätten und Lagerräume mit ätzenden Dünsten, feuergefährliche Betriebsstätten und Lagerräume, explosionsgefährliche Betriebsstätten, Theater und aus den „Bahnvorschriften" die Sonderbestimmungen über Fahrschalter und Ausschalter auf Fahrzeugen in Frage. Die genannten Bestimmungen sind im Anhange zu diesem Buche unter Nr. 1 und 2 abgedruckt.]

[Über den Bau von Anlassern und Regulierwiderständen mit Schlagwetter-Schutzvorrichtung sind Angaben in „Leitsätze für die Ausführung von Schlagwetter-Schutzvorrichtungen an elektrischen Maschinen, Transformatoren und Apparaten" enthalten. Diese Leitsätze sind im Anhang zu diesem Buche unter Nr. 4 zum Abdruck gebracht.]

Zu § 26.

Die Achse des Betätigungsmechanismus soll deshalb nicht zur Stromführung benutzt werden, weil dann durch eine Beschädigung der Isolierung das aus dem Anlasser herausragende Antriebsorgan spannungführend werden könnte. Auch Kurbeln oder Handräder, welche völlig aus Isolierstoff (Gummi, Porzellan usw.) bestehen, würden bei einer mechanischen Beschädigung eine Berührung stromführender Teile nicht ausschließen. Dadurch, daß die Achse nicht spannungführend ist, kann sie mit dem Gehäuse leitend verbunden werden, und, wenn das letztere außerdem geerdet wird, so ergibt sich daraus unter Umständen eine erhebliche Sicherheit für das Bedienungspersonal. Die Vorschrift entspricht im übrigen derjenigen für Dosenschalter (vgl. Vorschr. f. d. Konstr. u. Prüfung von Installationsmaterial) mit dem Unterschied, daß die Achse nach § 27 mit dem Metallgehäuse verbunden sein soll.

Zu § 27.

Die Apparate sollen mit einer Erdungsschraube versehen sein, um sie nach Bedarf erden zu können. Bei der Prüfung der Apparate im Werk ist daher zu untersuchen, ob die nicht spannungsführende Achse, sofern sie der Berührung zugänglich ist, mit dem Gehäuse in leitender Verbindung steht. Die Erdung wird in den angezogenen §§ 3 und 4 der Errichtungsvorschriften für Hochspannung gefordert. Die Ausführung der Apparate soll aber auch bei Niederspannung die Durchführung der Erdung ermöglichen, wenn diese unter besonderen Umständen zweckmäßig erscheint.

Zu § 28.

Es ist üblich, das Widerstandsmaterial entweder auf gut isolierender feuersicherer Unterlage, z. B. Porzellan oder Speckstein, zu befestigen, oder auf nicht feuchtigkeitssichere Unterlagen, z. B. Metallrohre mit Asbestüberzug, aufzuwickeln. Die erstgenannten Stoffe geben eine so hochwertige Isolierung, daß diese an sich ausreichend ist. Für das zweite dagegen ist mit Recht eine weitere feuchtigkeitssichere Isolierung verlangt.

[Bei der Auswahl des Isolierstoffes ist es empfehlenswert, die vom Verbande in Aussicht genommene und in kurzer Zeit erscheinende Tabelle betr. Klassifizierung von Isolierstoffen zu beachten.]

Zu § 29.

a) Das Widerstandsmaterial und die Verbindungsdrähte sollen so in das Gehäuse eingebaut werden, daß sie bei den betriebsmäßigen Beanspruchungen nicht mit dem Gehäuse in Berührung kommen. Zu dem Zwecke müssen diese Teile reichlich genug bemessen, zuverlässig gelagert und innere Beschädigungen bei der Montage vermieden werden.

Die Beanspruchung eines Anlassers und seiner einzelnen Widerstandsstufen ist von sehr vielen Einflüssen abhängig. Sie wächst etwa mit dem Quadrat des Drehmoments oder des Motorstromes (Anlaßleistung) und ist ferner proportional der Dauer der Belastung (Anlaßdauer). Es kann nicht erwartet werden, daß der Bedienende beim Anlassen genau nach den Angaben des Strommessers und der Uhr verfährt, daher ist eine reichliche Bemessung der Widerstände erforderlich, welche eine geringe Überschreitung der gewöhnlichen Anlaßleistung und Anlaßdauer gestattet.

Anderseits müssen aber bei der Bestellung von Anlassern alle Punkte, welche eine außergewöhnliche Beanspruchung des Anlassers über die listenmäßigen Angaben hinaus erwarten lassen, berücksichtigt und erwähnt werden, wie z. B. abnormal hoher Anlaßstrom, lange Anlaßzeit (bei Beschleunigung großer Schwungmassen), mehrmaliges Anlassen kurz nacheinander usw.

1. Die Regel, daß bei Wechsel- und Drehstrommotoren mit Schleifringen die Sekundärkreise in der Nullstellung des Anlassers nicht völlig unterbrochen werden sollen, bezweckt, beim Ausschalten Schädigungen von Motoren und Apparaten zu vermeiden.

Anlasser und Regulierwiderstände.

Wird die Vorschaltung des Rotoranlassers bei der Ausschaltung des Stators vergessen, so ist zu befürchten, daß bei Wiedereinschaltung des Stators Störungen auftreten, indem der Motor als Kurzschlußmotor anläuft. Da zum ordnungsgemäßen Anlaufen des Motors Stator- und Rotorschalter beide bedient werden müssen, so empfiehlt es sich, entweder Stator- und Rotorschalter entsprechend zu kuppeln oder gegeneinander zu verriegeln, oder den Rotoranlasser mit selbsttätiger Rückstellung zu versehen.

Zu § 30.

Als Verbindungsleitungen werden in der Regel blanke Leitungen auf Porzellan befestigt, Drähte mit Perlenisolation, imprägnierte Drähte mit Baumwoll- oder Asbestumspinnung sowie Gummiaderdrähte verwandt. Die erstgenannte Verlegungsart ist durchaus einwandfrei, wird aber nur für große Stromstärken durchführbar sein.

Zu § 31.

Bei geringeren Stromstärken und großer Anzahl von Verbindungsdrähten kann man Drähte mit nicht feuchtigkeitssicherer oder solche mit feuchtigkeitssicherer aber brennbarer Isolierung kaum entbehren. Auch Drähte mit Isolierung durch Glasperlen oder Porzellanröhrchen, die an sich vorzüglich isolieren würden, sind der Beschädigung ausgesetzt und können bei Verschiebung einzelner Glasperlen eine Berührung mehrerer Drähte nicht verhüten. Die Vorschrift wünscht nun, daß Drähte mit nicht feuchtigkeitssicherer Isolierung derart verlegt sind, daß sie mit dem Gehäuse nicht in Berührung kommen. Dieses kann dadurch bewirkt werden, daß man bei kürzerer Länge die Verbindungsdrähte steif genug wählt oder bei größerer besondere Unterstützung durch Porzellanrollen oder dergl. anordnet, im übrigen aber für ausreichende Entfernung zwischen den Verbindungsdrähten und dem Gehäuse sorgt.

Als Drähte mit nicht wärmebeständiger Isolierung kommen nur Gummiaderdrähte in Frage, welche aber nicht über 50° C erwärmt werden dürfen. Solche Drähte werden beispielsweise zur Verbindung von Kontakten untereinander verwendet, besonders dann, wenn, wie z. B. bei Aufzugsapparaten, durch Beschädigung der Isolation gefährliche Verbindungen mehrerer Leitungen entstehen könnten. Werden solche nicht feuerbeständigen Verbindungsdrähte zum Anschluß an Widerstände benutzt, so sollen sie der Wärme möglichst entzogen werden. Dieses kann z. B. dadurch geschehen, daß man den Draht von unten an den Widerstand heranführt, wo die stärkste Kühlung zu erwarten ist. Daß bei solchen Verbindungsdrähten mit nicht feuersicherer Umwehrung die Isolation in der Nähe des Widerstandsanschlusses verkohlt, ist unbedenklich, wenn der Draht in der Nähe des Widerstandes fest genug gehalten ist, so daß er andere Teile des Apparates an dieser Stelle nicht berühren kann.

Zu § 32.

Die Anschlußklemmen der Apparate sollen nach den Normalien für die Bezeichnung der Klemmen kenntlich gemacht werden. Bei getrenntem Widerstand sind für die Widerstandsanschlüsse arabische Zahlen zu verwenden.

Zu § 33.

Die Vorschrift, daß jedem Apparat ein Schaltbild mitgegeben werden soll, bezweckt eine leichtere Übersicht bei Störungen und erforderlichen Reparaturen. Es empfiehlt sich, das Schaltbild innen in dem Gehäusedeckel, nicht aber auf der Rückseite des Apparates zu befestigen. Das Schaltbild auf der Außenseite des Deckels anzubringen, ist weniger empfehlenswert, weil auf der Außenseite meist schon Bedienungsvorschriften vorgesehen werden. Bei sehr kleinen Apparaten wird sich eine lose Mitgabe des Schaltbildes nicht immer umgehen lassen. In der Regel sollte aber das Schaltbild fest mit dem Apparat verbunden werden, damit es nicht verloren gehen kann und immer zur Stelle ist. Bei komplizierteren Apparaten wird es außerdem sehr erwünscht sein, wenn dem Apparat eine Bedienungsvorschrift beigegeben wird.

Zu § 34.

Unter den in diesem Paragraphen erwähnten Öffnungen sind hauptsächlich größere Schlitze, aus welchen die Bedienungskurbel herausragt, zu verstehen. Solche Schlitze, welche eine Berührung der innenliegenden Kontakte zulassen könnten, sind verboten. Dagegen sollen kleine ringförmige Öffnungen von wenigen Millimetern Breite, welche zwischen dem Gehäusedeckel und der herausgeführten Achse verbleiben, nicht beanstandet werden.

Zu § 35.

Für den Ölstandsanzeiger gilt hier auch sinngemäß das im § 16 für Ölschalter gesagte.

Zu § 36.

Die Kennzeichnung des Schaltweges ist deshalb gefordert, damit der Bedienende besonders in Fällen der Gefahr über die Richtung, in der er die Schaltkurbel zu bewegen hat, nicht im Zweifel sein kann. Bei kleinen Winkelwegen, z. B. 60° Gesamtausschlag, wird zwar ein Zweifel nicht bestehen können, wohl aber bei größeren Winkelwegen (180° oder 360°). Aber auch im ersteren Falle wird die Übersichtlichkeit erhöht.

Zu § 38.

Eine ganz erhebliche Sicherheit glaubte man dadurch erreichen zu können, daß man die Prüfungsspannung der Apparate hoch genug wählte, und es ist wohl anzunehmen, daß bei einer Prüfspannung von 2000 bzw. 2500 V der größte Teil der Apparate, welche innere Fehler besitzen, ausgemerzt wird. Es ist absichtlich für 250 V keine geringere Prüfspannung als für 500 V eingesetzt, um auch diese Apparate einer scharfen Prüfung zu unterziehen und etwa vorhandene Fehler festzustellen.

IV. Erläuterungen zu den „Normalien über die Abstufung von Stromstärken bei Apparaten".

Gültig ab 1. Januar 1912.

(Zur Erklärung: Die Vorschriften selbst sind durch einen seitlichen Strich gekennzeichnet. Alles andere sind Erläuterungen. Die in fett gedruckter eckiger Klammer stehenden Teile derselben stammen vom Herausgeber, die anderen von der Kommission.)

2, 4, 6, 10, 25, 60, 100, 200, 350, 600, 1000, 1500, 2000, 3000, 4000, 6000 A.

Erläuterungen zu vorstehenden Normalien.

[Die ersten Normalabstufungen für Stromstärken bei Apparaten wurden auf der Jahresversammlung 1895 beschlossen. Sie umfaßten damals das Gebiet von 1—1000 A. Im Jahre 1910 wurden die alten Normalien einer Umarbeitung unterzogen und bis auf Stromstärken von 6000 A ausgedehnt.]

[Die Abstufung der Stromstärken bis 1000 A ist den Angaben über die Belastung von Drahtquerschnitten in § 20 der Errichtungsvorschriften angepaßt worden. Erst im Verlauf einer langen Reihe von Jahren war es möglich, die in den verschiedenen Vorschriften des Verbandes vorkommenden Bestimmungen über Normalstromstärken einheitlich zu gestalten. In den früheren Jahren fanden sich immer noch Abweichungen vor, doch sind sie in der letzten Zeit beseitigt worden. Es war dies leider nicht früher möglich. Jede Änderung einer der anderen Vorschriften, in welchen Normalstromstärken vorkamen, wurde aber benutzt, um eine Einheitlichkeit herbeizuführen, so daß jetzt fast alle Angaben in den Einzelvorschriften mit den Normalien über die Abstufung von Stromstärken bei Apparaten in Übereinstimmung sind. Eine Abweichung hiervon zeigen von wesentlichen Vorschriften jetzt nur noch die „Bahnvorschriften". Dies ist darauf zurückzuführen, daß diese Vorschriften seit 1906 unverändert bestehen. Eine Änderung dieser Vorschriften ist deswegen schwer möglich, weil sie einen Teil der Kgl. Preußischen Bau- und Betriebsordnung bilden und damit für lange Zeit unveränderlich festliegen.]

V. Erläuterungen zu den „Normalien über Anschlußbolzen und ebene Schraubkontakte für Stromstärken von 10 bis 1500 A."

Gültig ab 1. Januar 1912.

(Zur Erklärung: Die Vorschriften selbst sind durch einen seitlichen Strich gekennzeichnet. Alles andere sind Erläuterungen. Die in fett gedruckter eckiger Klammer stehenden Teile stammen vom Herausgeber, die anderen von der Kommission.)

Die Kontaktfläche der Anschlußstelle ist gleich Ringfläche der Unterlegscheibe.

138 Anschlußbolzen und ebene Schraubkontakte.

Stromstärke	Mindestmaße			
	Schraubendurchmesser für den Klemmkontakt		Durchmesser für den Anschlußbolzen	
A	mm	Zoll engl.	Messing	Kupfer
10	3	1/8	3	3
25	4,5	3/16	4,5	4,5
60	6	1/4	6	6
100	7	5/16	8	7
200	9	3/8	12	10
350	12	1/2	20	14
600	16	5/8	—	20
1000	20	3/4	—	30
1500	26	1	—	40

Wenn an Stelle eines einzigen Anschlußbolzens oder Schraubkontaktes deren mehrere verwendet werden, so muß die Summe ihrer Nennstromstärken mindestens gleich der Nennstromstärke des entsprechenden Einzelkontaktes sein.

Erläuterungen zu vorstehenden Normalien.

Die Normalien über einheitliche Kontaktgrößen und Schrauben stellen den Anfang der umfangreichen Tätigkeit des Verbandes Deutscher Elektrotechniker bezüglich Aufstellung von Normalien usw. überhaupt dar. Schon auf der ersten Jahresversammlung in Köln im Jahre 1893 hat Herr Fabrikbesitzer Voigt einen Vortrag gehalten über „Vorschläge zur Einführung einheitlicher Kontaktgrößen und Schrauben bei Ausschaltern, Sicherungen sowie größeren Apparaten von 50 A an." Darin war mit außerordentlicher Klarheit auf die Wichtigkeit der Schaffung einheitlicher Grundlagen für den Bau elektrischer Apparate hingewiesen worden. Die Anregung wurde von der Jahresversammlung gern aufgenommen und es wurde eine Kommission zur Bearbeitung der Frage eingesetzt. Diese hatte schon nach zweijähriger Arbeit ihren Auftrag erledigt und legte der Jahresversammlung in München 1895 das Resultat ihrer Arbeiten vor. Im Jahre 1910 wurden die alten Normalien einer Umarbeitung unterzogen.

Eine Einheitlichkeit in den Gewinden zu erzielen, erschien ausgeschlossen, weil man von den Fabrikanten nicht verlangen kann, daß sie andere Gewinde in ihren Betrieben einführen. Die Umfrage hat ergeben, daß einzelne Firmen in allen Durchmessern das engl. Withworth-Gewinde führen; andere arbeiten bei den kleinen Durchmessern bis 6 mm mit Löwenherz-Gewinden und darüber erst nach Withworth; wieder andere haben das Millimetergewinde nach den Normalien des Vereins Deutscher Ingenieure eingeführt.

Um allen Wünschen gerecht zu werden, einigte man sich dahin, daß für die Kontaktschrauben Withworth- oder Millimetergewinde nach freier Wahl zugelassen sein soll.

Für Stromstärken bis 10 A wollte man vorläufig Bolzen- und Schraubendurchmesser nicht festsetzen, weil in dieses Bereich viele Konstruktionen fallen, die heute noch sehr in der Entwicklung stehen, wie Schaltuhren und dergleichen mehr. Bei diesen findet man teilweise recht dünne Schrauben, die nicht berücksichtigt werden könnten. Um aber keinerlei Schwierigkeiten hervorzurufen, wurde die Festsetzung von Schraubendurchmessern und eventuell Anschlußbolzen für 2,4 und 6 A einer späteren Ergänzung der Tabelle vorbehalten.

Die gleichwertig mit den englischen Zollgewinden gewählten Schraubendurchmesser in Millimeter entsprechen den in der Praxis üblichen Mittelwerten.

Schrauben- und Anschlußbolzen-Normalien für größere Stromstärken als 1500 A festzusetzen, hält die Kommission z. Zt. nicht für empfehlenswert, weil hier vielfach Spezialforderungen zu erfüllen sind und es dem Konstrukteur überlassen bleiben soll, nach freiem Ermessen entweder mehrere Normalschrauben oder Bolzen zu verwenden oder eine Spezialkonstruktion für den Anschluß zu wählen.

Die Schaftdurchmesser der Anschlußbolzen aus Kupfer sind von 200 A aufwärts ermittelt nach der Formel:

$$J^2 = T\,(3{,}1\,d^2 + 1{,}2\,d^3)$$

von Humann & Teichmüller („ETZ" 1907, S. 475), worin T die Temperaturzunahme des Bolzens infolge des Stromdurchganges und d den Durchmesser desselben bedeutet; 3,1 und 1,2 sind die Koeffizienten für 1° Temperaturerhöhung. Für T wurde 30 bis 35° C angenommen und die ermittelten Werte nach dem vollen Millimeter auf- oder abgerundet; die vergrößerten Ausstrahlungsflächen an den Verbindungsstellen zwischen Bolzen und Leitung sind absichtlich vernachlässigt. Werden für irgend einen Apparat mehrere Bolzen verwendet, so ist deren Querschnitt nach obiger Formel festzustellen. So z. B. kann man für 1500 A zwei Bolzen zu je 750 A, für 2000 A zwei solche zu je 1000 A verwenden.

Vorstehende Bestimmungen gelten nicht für andersgeartete Anschluß- und Verbindungsorgane an Installationsmaterialien wie Dosenschalter, Fassungen. Stöpselsicherungen und dergleichen, wo sich die Anwendung dieser Normalien durch die Konstruktion verbietet. Jedoch müssen auch an solchen Apparaten die Anschlußschrauben usw. derart dimensioniert sein, daß ihre Temperaturzunahme infolge Stromdurchgangs über die Umgebung nicht höher als 30 bis 35° C ausfällt.

VI. Anhang.

1. Auszug aus den Vorschriften für die Errichtung und den Betrieb elektrischer Starkstromanlagen nebst Ausführungsregeln[1]).

Gültig ab 1. Juli 1915.

I. Errichtungsvorschriften.

§ 1.

Geltungsbereich.

Die hierunter stehenden Bestimmungen gelten für elektrische Starkstromanlagen oder

---

[1]) Sonderdrucke können von der Verlagsbuchhandlung Julius Springer, Berlin, bezogen werden.

Teile solcher, mit Ausnahme von im Erdboden verlegten Leitungsnetzen, elektrischen Straßenbahnen und straßenbahnähnlichen Kleinbahnen, Fahrzeugen über Tage und elektrochemischen Betriebsapparaten.

> 1. **Im Gegensatz zu den mit Buchstaben bezeichneten Absätzen, die grundsätzliche Vorschriften darstellen, enthalten die mit Ziffern versehenen Absätze Ausführungsregeln. Letztere geben an, wie die Vorschriften mit den üblichen Mitteln im allgemeinen zur Ausführung gebracht werden sollen, wenn nicht im Einzelfall besondere Gründe eine Abweichung rechtfertigen.**

Die zwischen ⚒|| stehenden Zusätze gelten nur für elektrische Starkstromanlagen in Bergwerken unter Tage, abgekürzt: in B. u. T.

A. Erklärungen.

§ 2.

a) **Niederspannungsanlagen** sind solche Starkstromanlagen, bei welchen die effektive Gebrauchsspannung zwischen irgend einer Leitung und Erde 250 V nicht überschreiten kann; bei Akkumulatoren ist die Entladespannung maßgebend.

Alle übrigen Starkstromanlagen gelten als Hochspannungsanlagen.

d) **Elektrische Betriebsräume.** Als elektrische Betriebsräume gelten Räume, die wesentlich zum Betrieb elektrischer Maschinen oder Apparate dienen und in der Regel nur unterwiesenem Personal zugänglich sind.

f) **Betriebsstätten.** Als Betriebsstätten werden diejenigen Räume bezeichnet, welche im Gegensatz zu elektrischen Betriebsräumen auch anderen als elektrischen Betriebsarbeiten dienen und nichtunterwiesenem Personal regelmäßig zugänglich sind.

g) **Feuchte, durchtränkte und ähnliche Räume.** Als solche gelten Betriebs- oder Lagerräume gewerblicher und landwirtschaftlicher Anlagen, in welchen erfahrungsgemäß durch Feuchtigkeit oder Verunreinigungen (besonders chemischer Natur) die dauernde Erhaltung normaler Isolation erschwert, oder der elektrische Widerstand des Körpers der darin beschäftigten Personen erheblich vermindert wird.

Heiße Räume sind als durchtränkte zu betrachten, wenn die darin beschäftigten Personen ähnlichen Einwirkungen ausgesetzt sind.

h) **Feuergefährliche Betriebsstätten und Lagerräume.** Als feuergefährliche Betriebsstätten und Lagerräume gelten Räume, in denen leicht entzündliche Gegenstände hergestellt, verarbeitet oder angehäuft werden, so-

Auszug a. d. Errichtungsvorschriften. 141

wie solche, in welchen sich betriebsmäßig entzündliche Gemische von Gasen, Dämpfen, Staub oder Fasern bilden können.

i) **Explosionsgefährliche Betriebsstätten und Lagerräume.** Als explosionsgefährlich gelten Räume, in denen explosible Stoffe hergestellt, verarbeitet oder aufgespeichert werden oder leicht explosible Gase, Dämpfe oder Gemische solcher mit Luft erfahrungsgemäß sich ansammeln.

k) **Schlagwettergefährliche Grubenräume.** Als schlagwettergefährliche Grubenräume gelten diejenigen, welche von der zuständigen Bergbehörde als solche bezeichnet werden; alle anderen gelten als nicht schlagwettergefährlich.

B. Allgemeine Schutzmaßnahmen.

§ 3.

Schutz gegen Berührung.

a) Die unter Spannung gegen Erde stehenden nicht mit Isolierstoff bedeckten Teile müssen im Handbereich gegen zufällige Berührung geschützt sein. Bei Spannungen bis 40 V gegen Erde ist dieser Schutz im allgemeinen entbehrlich. (Weitere Ausnahmen siehe § 28a).

1. Abdeckungen, Schutzgitter und dergleichen sollen der zu erwartenden Beanspruchung entsprechend mechanisch widerstandsfähig sein und zuverlässig befestigt werden.

b) Bei Hochspannung müssen sowohl die blanken als auch die mit Isolierstoff bedeckten unter Spannung gegen Erde stehenden Teile durch ihre Lage, Anordnung oder besondere Schutzvorkehrungen der Berührung entzogen sein. (Ausnahmen siehe §§ 6c, 8c, 28b und 29a).

c) Bei Hochspannung müssen alle nicht spannungführenden Metallteile, die Spannung annehmen können, miteinander gut leitend verbunden und geerdet werden, wenn nicht durch andere Mittel ein gefährliches Spannungsgefälle vermieden oder unschädlich gemacht wird (siehe auch §§ 6b, 8a, 8b, 8c).

2. Es empfiehlt sich auch bei Niederspannung die derBerührung zugänglichen nicht spannungführenden Metallteile (Abdeckungen, Schutzgehäuse und dergleichen) zu erden, soweit nach Maßgabe der örtlichen Verhältnisse eine besondere Gefahr besteht und die Erdung zuverlässig ausführbar ist.

5. Erdleitungen sollen für die zu erwartende Erdschlußstromstärke bemessen werden, mit der Maßgabe, daß Querschnitte über 50 qmm für Kupfer, über 100 qmm für verzinktes oder verbleites Eisen nicht verwendet zu werden brauchen, und mit der Maßgabe, daß in elektrischen Betriebsräumen Kupferquerschnitte unter 16 qmm nicht verwendet werden sollen. Für Anschluß-

leitungen an die Haupterdungsleitung von weniger als 5 m Länge genügt in jedem Falle ein Kupferquerschnitt von 16 qmm. In anderen Räumen soll der Kupferquerschnitt 4 qmm nicht unterschreiten.

※ d) Schutzverkleidungen aus Pappe oder ähnlichen wenig widerstandsfähigen Stoffen dürfen in B u. T. nicht angewendet werden. Holz ist unter Umständen zulässig

※ *7. Bei Hochspannung sollen die unter b) erwähnten Schutzverkleidungen so angebracht sein, daß sie nur mit Hilfe von Werkzeugen entfernt werden können.*

§ 4.
Übertritt von Hochspannung.

a) Um den Übertritt unzulässiger Hochspannung in Verbrauchsstromkreise bis zu 1000 V, sowie das Entstehen solcher in ihnen zu verhindern oder ungefährlich zu machen, sind geeignete Maßnahmen zu treffen.

1. Als geeignete Maßnahme gilt das Anbringen erdender oder kurzschließender oder abtrennender Sicherungen oder gleichwertiger Mittel oder das Erden geeigneter Punkte.

§ 5.
Isolationszustand.

6. Lackierung und Emaillierung von Metallteilen gilt nicht als Isolierung im Sinne des Berührungsschutzes.

Als Isolierstoffe für Hochspannung gelten faserige oder poröse Stoffe, die mit geeigneter Isoliermasse getränkt sind, ferner feste feuchtigkeitssichere Isolierstoffe.

Material wie Holz und Fiber soll nur unter Öl und nur mit geeigneter Isoliermasse getränkt als Isolierstoff angewendet werden. (Ausnahme siehe § 12[1]). Die nicht polierten Flächen von Steinplatten sind durch einen geeigneten Anstrich gegen Feuchtigkeit zu schützen.

※ In B. u. T. sollen Steinplatten (Marmor, Schiefer und dergleichen) nur unter Öl Anwendung finden.

D. Schalt- und Verteilungsanlagen.

§ 9.

a) Schalt- und Verteilungstafeln müssen aus feuersicherem Baustoff bestehen. Holz ist als Umrahmung und als Schutzgeländer zulässig.

c) Schalttafeln, die nicht von der Rückseite zugänglich sind, müssen so beschaffen sein, daß die Anschlüsse der Leitungen nachgesehen werden können.

2. An Verteilungstafeln, die nicht von der Rückseite zugänglich sind, sollen die Leitungen erst nach Befestigung der Tafel an diese herangeführt und angeschlossen werden.

3. Verteilungstafeln sollen durch eine Umrahmung oder ähnliche Mittel so geschützt sein, daß

Fremdkörper nicht an die Rückseite der Tafel gelangen können.

d) Die Sicherungen und, wo erforderlich auch die Schalter an Schaltanlagen sind mit Bezeichnungen zu versehen, aus denen hervorgeht, zu welchen Räumen oder Gruppen von Stromverbrauchern sie gehören.

E. Apparate.

§ 10.

Allgemeines.

a) Die äußeren spannungführenden Teile und, soweit sie betriebsmäßig zugänglich sind, auch die inneren müssen auf feuer-, wärme- und feuchtigkeitssicheren Körpern angebracht sein. Abdeckungen und Schutzverkleidungen müssen mechanisch widerstandsfähig und wärmesicher sein sowie zuverlässig befestigt werden. Solche aus Isolierstoff, die im Gebrauch mit einem Lichtbogen in Berührung kommen können, müssen auch feuersicher sein (Ausnahme siehe § 15 b).

b) Die Apparate sind so zu bemessen, daß sie durch den stärksten normal vorkommenden Betriebsstrom keine für den Betrieb oder die Umgebung gefährliche Temperatur annehmen können.

c) Die Apparate müssen so gebaut oder angebracht sein, daß einer Verletzung von Personen durch Splitter, Funken, geschmolzenes Material oder Stromübergänge bei ordnungsmäßigem Gebrauch vorgebeugt wird (siehe auch § 3).

d) Apparate müssen so gebaut und angebracht sein, daß für die anzuschließenden Drähte (auch an den Einführungsstellen) eine genügende Isolation gegen benachbarte Gebäudeteile, Leitungen und dergleichen erzielt wird.

1. Bei dem Bau der Apparate soll bereits darauf geachtet werden, daß die unter Spannung gegen Erde stehenden Teile der zufälligen Berührung entzogen werden können (Ausnahme siehe § 15 b).

2. Griffe, Handräder und dergleichen können aus Isolierstoff oder Metall bestehen. In letzterem Falle ist § 3 Regel 2 zu berücksichtigen. Bei Spannungen bis 1000 V sind metallene Griffe, Handräder und dergleichen, die mit einer haltbaren Isolierschicht vollständig überzogen sind, auch ohne Erdung zulässig.

Bei Spannungen über 1000 V sollen isolierende Griffe (entweder ganz aus Isolierstoff oder nur damit überzogen) so eingerichtet sein, daß sich zwischen der bedienenden Person und den spannungführenden Teilen eine geerdete Stelle befindet. Ganz aus Isolierstoff bestehende Schaltstangen sind von dieser Bestimmung ausgenommen.

e) Ortsfeste Apparate müssen für Anschluß der Leitungsdrähte durch Verschraubung oder gleichwertige Mittel eingerichtet sein (siehe auch § 21^{12}).

f) Metallteile, für die eine Erdung in Frage kommen kann, müssen mit einem Erdungsanschluß versehen sein.

g) Alle Schrauben, die Kontakte vermitteln, müssen metallenes Muttergewinde haben.

h) Bei ortsveränderlichen oder beweglichen Apparaten müssen die Anschluß- und Verbindungsstellen von Zug entlastet sein.

i) Der Verwendungsbereich (Stromstärke, Spannung, Stromart usw.) muß, soweit es für die Benutzung notwendig ist, auf den Apparaten angegeben sein.

§ 11.
Ausschalter und Umschalter.

a) Alle Schalter, die zur Stromunterbrechung dienen, müssen so gebaut sein, daß beim ordnungsmäßigen Öffnen unter normalem Betriebsstrom kein Lichtbogen bestehen bleibt (Ausnahme siehe § 28d). Sie müssen mindestens für 250 V gebaut sein.

Soweit Schalterabdeckungen gefordert werden müssen, sind offene Betätigungsschlitze nicht zulässig.

1. Schalter für Niederspannung bis 5 kW sollen in der Regel Momentschalter sein.

2. Ausschalter sollen in der Regel nur an den Verbrauchsapparaten selbst oder in festverlegten Leitungen angebracht werden.

b) Nennstromstärke und Nennspannung sind auf dem Schalter zu vermerken.

c) Der Berührung zugängliche Gehäuse und Griffe müssen, wenn sie nicht geerdet sind, aus nichtleitendem Baustoff bestehen oder mit einer haltbaren Isolierschicht ausgekleidet oder überzogen sein.

d) Griffdorne für Hebelschalter, Achsen von Drehschaltern und diesen gleichwertige Betätigungsteile dürfen nicht spannungführend sein.

e) Ausschalter für Stromverbraucher müssen, wenn sie geöffnet werden, alle Pole ihres Stromkreises, die unter Spannung gegen Erde stehen, abschalten. Ausschalter für Niederspannung, die kleinere Glühlampengruppen bedienen, unterliegen dieser Vorschrift nicht.

3. Als kleinere Glühlampengruppen gelten solche, welche nach § 14^I mit 6 A gesichert sind.

f) An Hochspannungsschaltern muß die Schaltstellung erkennbar sein.

Kriechströme über die Isolatoren müssen durch eine geerdete Stelle abgeleitet werden.

Hochspannungsölschalter in großen Schaltanlagen sind so einzubauen, daß zwischen ihnen und der Stelle, von der aus sie bedient werden, eine Schutzwand besteht.

4. Als große Schaltanlagen gelten solche, deren Sammelschienen mehr als 10 000 kW abgeben. Die Schutzwand soll die Bedienenden gegen Flammen und brennendes Öl schützen.

§ 12.

Anlasser und Widerstände.

a) Anlasser und Widerstände, an denen Stromunterbrechungen vorkommen, müssen so gebaut sein, daß bei ordnungsmäßiger Bedienung kein Lichtbogen bestehen bleibt.

b) Die Anbringung besonderer Ausschalter (siehe § 11e) ist bei Anlassern und Widerständen nur dann notwendig, wenn der Anlasser nicht selbst den Stromverbraucher allpolig abschaltet.

1. In eingekapselten Steuerschaltern ist bis 1000V Holz, das durch geeignete Behandlung feuchtigkeitssicher und wärmesicher gemacht ist, auch außerhalb eines Ölbades zulässig, abgesehen von Räumen mit ätzenden Dünsten (siehe § 33[1]).

2. Die stromführenden Teile von Anlassern und Widerständen sollen mit einer Schutzverkleidung aus feuersicherem Stoff versehen sein (Ausnahme siehe § 28[1] und 39h). Diese Apparate sollen auf feuersicherer Unterlage, und zwar freistehend, oder an feuersicheren Wänden und von entzündlichen Stoffen genügend entfernt angebracht werden.

c) Bei Apparaten mit Handbetrieb darf die Achse der Betätigungsvorrichtung nicht spannungführend sein.

d) Kontaktbahn und Anschlußstellen müssen mit einer widerstandsfähigen, zuverlässig befestigten und abnehmbaren Abdeckung versehen sein; sie darf keine Öffnung enthalten, die eine unmittelbare Berührung spannungführender Teile zuläßt (Ausnahmen siehe §§ 28 u. 29).

§ 13.

Steckvorrichtungen.

a) Nennstromstärke und Nennspannung müssen auf Dose und Stecker verzeichnet sein.

Stecker dürfen nicht in Dosen für höhere Nennstromstärke und Nennspannung passen.

An den Steckvorrichtungen müssen die Anschlußstellen der ortsveränderlichen oder beweglichen Leitungen von Zug entlastet sein.

Die Kontakte in Steckdosen müssen der unmittelbaren Berührung entzogen sein.

b) Soweit nach § 14 Sicherungen an der Steckvorrichtung erforderlich sind, dürfen sie nicht im Stecker angebracht werden.

1. Wenn an ortsveränderlichen Stromverbrauchern eine Steckvorrichtung angebracht wird, so soll die Dose mit der Leitung und der Stecker mit dem Stromverbraucher verbunden sein.

c) Der Berührung zugängliche Teile der Dosen und Steckerkörper müssen, wenn sie nicht für Erdung eingerichtet sind, aus Isolierstoff bestehen.

Erdverbindungen der Stecker müssen hergestellt sein, bevor die Polkontakte sich berühren.

d) *Bei Hochspannung müssen Steckvorrichtungen so gebaut sein, daß das Einstecken und Ausziehen des Steckers unter Spannung verhindert wird.*

Bei Zwischenkupplungen ortsveränderlicher Leitungen genügt es, wenn ihre Betätigung durch Unberufene verhindert ist.

§ 14.
Schmelzsicherungen und Selbstschalter.

a) Schmelzsicherungen und Selbstschalter sind so zu bemessen oder einzustellen, daß die von ihnen geschützten Leitungen keine gefährliche Erwärmung annehmen können; sie müssen so eingerichtet oder angeordnet sein, daß ein etwa auftretender Lichtbogen keine Gefahr bringt.

1. Die Stärke der Schmelzsicherung soll der Betriebsstromstärke der zu schützenden Leitungen und der Stromverbraucher tunlichst angepaßt werden. Sie soll jedoch nicht größer sein, als nach der Belastungstabelle und den übrigen Regeln des § 20 für die betreffende Leitung zulässig ist.

2. Bei Schmelzsicherungen sollen weiche, plastische Metalle und Legierungen nicht unmittelbar den Kontakt vermitteln, sondern die Schmelzdrähte oder Schmelzstreifen sollen mit Kontaktstücken aus Kupfer oder gleichgeeignetem Metall zuverlässig verbunden sein.

Reparierte Sicherungsstöpsel sollen nicht verwendet werden.

3. Schmelzsicherungen, die nicht spannungslos gemacht werden können, sollen so gebaut oder angeordnet sein, daß sie auch unter Spannung, gegebenenfalls mit geeigneten Hilfsmitteln, von unterwiesenem Personal ungefährlich ausgewechselt werden können.

b) Schmelzsicherungen für niedere Stromstärken müssen bei Niederspannung so beschaffen sein, daß die fahrlässige oder irrtümliche Verwendung von Einsätzen für zu hohe Stromstärken durch ihre Bauart ausgeschlossen ist. (Ausnahme siehe § 28h). Für niedere Stromstärken dürfen nur Sicherungen mit geschlossenem Schmelzeinsatz verwendet werden.

4. Als niedere Stromstärken gelten hier solche bis 60 A, doch soll für Stromstärken unter 6 A die Unverwechselbarkeit der Sicherungen nicht gefordert werden.

c) Nennstromstärke und Nennspannung sind sichtbar und haltbar auf dem ortsfesten Teile der Sicherung sowie auf dem Schmelzeinsatz zu verzeichnen.

5. Bei Niederspannung sollen die Sicherungen an einer den Berufenen leicht zugänglichen Stelle angebracht werden; es empfiehlt sich, solche tunlichst auf besonderer gemeinsamer Unterlage zusammenzubauen.

§ 15.
Andere Apparate.

a) Bei ortsfesten Meßgeräten für Hochspannung müssen die Gehäuse entweder gegen die Betriebsspannung sicher isolieren oder sie müssen geerdet sein, oder es müssen die Meßgeräte von Schutzkästen umgeben oder hinter Glasplatten derart angebracht sein, daß auch ihre Gehäuse gegen zufällige Berührung geschützt sind (siehe § 3). Die an Meßwandler angeschlossenen Meßgeräte unterliegen dieser Vorschrift nicht, wenn ihr Sekundärstromkreis gegen den Übertritt von Hochspannung gemäß § 4 geschützt ist.

b) Bei ortsveränderlichen Meßgeräten (auch Meßwandlern) kann von den Forderungen der §§ 10a, 10^1, 10^2 und 10f abgesehen werden.

c) Handapparate mit einer Aufnahme bis einschließlich 0,3 kW sind für Betriebsspannungen von mehr als 250 V nicht zulässig.

1. Handapparate sollen besonders sorgfältig ausgeführt und ihre Isolierung soll derart bemessen sein, daß auch bei rauher Behandlung Stromübergänge vermieden werden. Die Bedienungsgriffe der Handapparate mit Ausnahme derjenigen von Betriebswerkzeugen sollen möglichst nicht aus Metall bestehen und im übrigen so gestaltet sein, daß eine Berührung benachbarter Metallteile erschwert ist.

Die Handapparate, sowie Koch- und Heizapparate sollen ein Ursprungszeichen tragen, das den Hersteller erkennen läßt.

F. Lampen und Zubehör.

§ 16.
Fassungen und Glühlampen.

a) Jede Fassung ist mit der Nennspannung zu bezeichnen.

Bei Fassungen verwendete Isolierstoffe müssen wärme-, feuer- und feuchtigkeitssicher sein.

Die unter Spannung gegen Erde stehenden Teile der Fassungen müssen durch feuersichere Umhüllung, die jedoch nicht unter Spannung gegen Erde stehen darf, vor Berührung geschützt sein.

In Stromkreisen, die mit mehr als 250 V betrieben werden, müssen die äußeren Teile der Fassungen aus Isolierstoff bestehen und alle spannungführenden Teile der Berührung entziehen. Fassungen mit Mignongewinde sind in solchen Stromkreisen nicht zulässig.

b) Schaltfassungen mit Mignon- und Goliathgewinde sind für alle Spannungen, Schaltfassungen mit Normalgewinde für Spannungen über 250 V unzulässig.

Schaltfassungen müssen im Innern so gebaut sein, daß eine Berührung zwischen den beweglichen Teilen des Schalters und den Zuleitungsdrähten ausgeschlossen ist. Handhaben zur Bedienung der Schaltfassungen dürfen nicht aus Metall bestehen. Die Schaltachse muß von den spannungführenden Teilen und von dem Metallgehäuse isoliert sein.

⚒ In B. u. T. sind Schaltfassungen unzulässig.

c) Die unter Spannung gegen Erde stehenden Teile der Lampen müssen der zufälligen Berührung entzogen sein.

d) Glühlampen in der Nähe von entzündlichen Stoffen müssen mit Vorrichtungen versehen sein, welche die Berührung der Lampen mit solchen Stoffen verhindern.

e) In Hochspannungsstromkreisen sind zugängliche Glühlampen und Fassungen nur für Gleichstrom und nur für Betriebsspannungen bis 1000 V gestattet.

⚒ *In B. u. T. sind Glühlampen und Glühlampenfassungen in Hochspannungsstromkreisen nur zulässig, wenn sie im Anschluß an vorhandene Gleichstrom-Bahn- oder Kraftanlagen betrieben werden. Es müssen jedoch in diesem Falle die unter f) geforderten isolierten Fassungen und außerdem Schutzkörbe angewendet werden.*

⚒ f) In B. u. T. dürfen Glühlampen in erreichbarer Höhe, bei denen die Fassungen äußere Metallteile aufweisen, nur mit starken Überglocken, die die Fassung umschließen, verwendet werden. Die Überglocke ist nicht erforderlich, wenn die äußeren Teile der Fassung aus Isolierstoff bestehen und alle stromführenden Teile der Berührung entzogen sind.

§ 18.
Beleuchtungskörper, Schnurpendel und Handlampen.

a) In und an Beleuchtungskörpern müssen die Leitungen mit einer Isolierhülle gemäß § 19 versehen sein. Fassungsadern dürfen nicht als Zuleitungen zu ortsveränderlichen Beleuchtungskörpern verwendet werden.

Wird die Leitung an der Außenseite des Beleuchtungskörpers geführt, so muß sie so befestigt sein, daß sie sich nicht verschieben und durch scharfe Kanten nicht verletzt werden kann. *Bei Hochspannung dürfen die Leitungen von zugänglichen Beleuchtungskörpern nur geschützt geführt werden.*

1. Die zur Aufnahme von Drähten bestimmten Hohlräume von Beleuchtungskörpern sollen so beschaffen sein, daß die einzuführenden Drähte sicher ohne Verletzung der Isolierung durchgezogen werden können; die engsten für

zwei Drähte bestimmten Rohre sollen bei Niederspannung wenigstens 6 mm, *bei Hochspannung wenigstens 12 mm* im Lichten haben.

✂ In B. u. T. sollen Rohre an Beleuchtungskörpern für Niederspannung, die für zwei Drähte bestimmt sind, mindestens 11 mm lichte Weite haben.

2. Bei Niederspannung sollen Abzweigstellen in Beleuchtungskörpern tunlichst zusammengefaßt werden.

3. Bei Hochspannung sollen Abzweig- und Verbindungsstellen in Beleuchtungskörpern nicht angeordnet werden.

4. Beleuchtungskörper sollen so angebracht werden, daß die Zuführungsdrähte nicht durch Bewegen des Körpers verletzt werden können; Fassungen sollen an den Beleuchtungskörpern zuverlässig befestigt sein.

b) Bei Hochspannung sind zugängliche Beleuchtungskörper nur bei Gleichstrom und nur bis 1000 V gestattet. Ihre Metallkörper müssen geerdet sein.

✂ Für B. u. T. siehe § 16 e.

c) Werden die Zuleitungen als Träger des Beleuchtungskörpers verwendet (Schnurpendel), so müssen die Anschlußstellen von Zug entlastet sein.

✂ In B. u. T. sind Schnurpendel unzulässig.

d) Bei Hochspannung sind Schnurpendel unzulässig.

e) Körper und Griff der Handlampen müssen aus Isolierstoff bestehen. Die spannungführenden Teile müssen der zufälligen Berührung durch ausreichend widerstandsfähige Schutzmittel entzogen sein.

Die Anschlußstellen der Leitungen müssen von Zug entlastet sein.

Gewöhnliche Schaltfassungen in Handlampen sind verboten.

Schalter in Handlampen sind nur bis 250 V zulässig. Sie müssen den Vorschriften für Dosenschalter entsprechen und so im Körper oder Griff eingebaut sein, daß sie mechanischen Beschädigungen bei Gebrauch der Handlampe nicht unmittelbar ausgesetzt sind.

Metallteile der Betätigungsvorrichtung des Schalters müssen auch beim Bruch des Schaltergriffes der zufälligen Berührung entzogen bleiben.

Die Einführungsstellen für die Leitungen müssen derart ausgebildet sein, daß eine Beschädigung der biegsamen Leitungen auch bei rauher Behandlung nicht zu befürchten ist.

Ist die Lampe mit einem Schutzkorbe, Aufhängehaken, Tragebügel oder dergleichen aus Metall versehen, so müssen diese auf dem isolierenden Körper befestigt sein.

f) Bei Hochspannung sind Handlampen nicht zulässig (Ausnahme siehe § 28 k).

G. Beschaffenheit und Verlegung der Leitungen.

§ 19.

Beschaffenheit isolierter Leitungen.

a) Isolierte Leitungen müssen mit einer Hülle versehen sein, deren Haltbarkeit und Isolierfähigkeit den vorliegenden Betriebsverhältnissen entspricht.

1. Leitungen, die nur gegen chemische Einflüsse geschützt sind, gelten nicht als isolierte Leitungen.

2. Isolierte Leitungen sollen den „Normalien für isolierte Leitungen in Starkstromanlagen" entsprechen. Man unterscheidet folgende Arten:

I. Leitungen für feste Verlegung.

Gummiaderleitungen, für Spannungen bis 750 V.
Spezialgummiaderleitungen, für alle Spannungen.
Rohrdrähte, für Niederspannungsanlagen, zur erkennbaren Verlegung, welche es ermöglicht, den Leitungsverlauf ohne Aufreißen der Wände zu verfolgen.
Panzeradern, nur zur festen Verlegung für Spannungen bis 1000 V.

II. Leitungen für Beleuchtungskörper.

Fassungsadern, zur Installation nur in und an Beleuchtungskörpern in Niederspannungsanlagen.
⚒ In B. u. T. ist Fassungsader unzulässig.
Pendelschnüre, zur Installation von Schnurzugpendeln in Niederspannungsanlagen.
⚒ In B. u. T. ist Pendelschnur unzulässig.

III. Leitungen zum Anschluß ortsveränderlicher Stromverbraucher.

Gummiaderschnüre (Zimmerschnüre), für geringe mechanische Beanspruchung in trockenen Wohnräumen in Niederspannungsanlagen.
Werkstattschnüre, für mittlere mechanische Beanspruchung in Werkstätten- und Wirtschaftsräumen in Niederspannungsanlagen.
Spezialschnüre, für rauhe Betriebe in Gewerbe, Industrie und Landwirtschaft in Niederspannungsanlagen.
Hochspannungsschnüre, zum Anschluß ortsveränderlicher Stromverbraucher für Spannungen bis 1000 V.
Leitungstrossen, geeignet zur Führung über Leitrollen und Trommeln.

IV. Bleikabel.

Gummi-Bleikabel.
Papier- oder Faserstoff-Bleikabel.
Einleiter-Gleichstrom-Bleikabel mit und ohne Prüfdraht bis 750 V.
Konzentrische und verseilte Mehrleiter-Bleikabel mit und ohne Prüfdraht.
⚒ Abteufkabel.

Auszug a. d. Errichtungsvorschriften. 151

§ 20.

Bemessung der Leitungen.

a) Elektrische Leitungen sind so zu bemessen, daß sie bei den vorliegenden Betriebsverhältnissen genügende mechanische Festigkeit haben und keine unzulässigen Erwärmungen annehmen können.

1. Isolierte Leitungen und Schnüre aus Leitungskupfer dürfen mit den in nachstehender Tabelle verzeichneten Stromstärken dauernd belastet werden.

Querschnitt in qmm	Stromstärke in A	Nennstromstärke für die entsprechende Abschmelzsicherung in A
0,5	7,5	6
0,75	9	6
1	11	6
1,5	14	10
2,5	20	15
4	25	20
6	31	25
10	43	35
16	75	60
25	100	80
35	125	100
50	160	125
70	200	160
95	240	200
120	280	225
150	325	260
185	380	300
240	450	350
310	540	430
400	640	500
500	760	600
625	880	700
800	1050	850
1000	1250	1000

Blanke Kupferleitungen bis zu 50 qmm unterliegen gleichfalls den Vorschriften der Tabelle. Auf blanke Kupferleitungen über 50 qmm sowie auf alle Freileitungen finden die vorstehenden Zahlenbestimmungen keine Anwendung; solche Leitungen sind in jedem Falle so zu bemessen, daß sie durch den stärksten normal vorkommenden Betriebsstrom keine für den Betrieb oder die Umgebung gefährliche Temperatur annehmen können.

Für die Belastung von Kabeln gelten die in den „Normalien für isolierte Leitungen in Starkstromanlagen" auf Kabel bezüglichen Bestimmungen.

2. Bei intermittierendem Betrieb ist für Leitungen mit Querschnitten von 120 qmm und darüber die zeitweilige Erhöhung der Belastung über die Tabellenwerte auch unter Verwendung stärkerer Sicherungen zulässig, wenn keine größere Erwärmung als bei der der Tabelle entsprechenden Dauerbelastung entsteht.

3. Der geringste zulässige Querschnitt für Kupferleitungen beträgt

für Leitungen an und in Beleuchtungskörpern (siehe § 18a)	0,5 qmm
für Pendelschnüre	0,75 „
für isolierte Leitungen bei Verlegung in Rohr oder auf Isolierkörpern, deren Abstand nicht mehr als 1 m beträgt, und für ortsveränderliche Leitungen	1 „
für isolierte Leitungen in Gebäuden und im Freien, bei denen der Abstand der Befestigungspunkte mehr als 1 m beträgt	4 „
für blanke Leitungen in Gebäuden und im Freien	4 „
für Freileitungen	10 „

⚒ | In B. u. T. beträgt der geringst zulässige Querschnitt für Kupferleitungen an und in Beleuchtungskörpern . . . . 1 qmm
Für isolierte Leitungen bei Verlegung auf Isolierkörpern . . . . 2,5 „

4. Bei Verwendung von Leitern aus Kupfer von geringerer Leitfähigkeit oder anderen Metallen, z. B. auch bei Verwendung der Metallhülle von Leitungen als Rückleitung, sollen die Querschnitte so gewählt werden, daß sowohl Festigkeit wie Erwärmung durch den Strom den im vorigen für Leitungskupfer gegebenen Querschnitten entsprechen.

§ 21.

Allgemeines über Leitungsverlegung.

a) Festverlegte Leitungen müssen durch ihre Lage oder durch besondere Verkleidung vor mechanischer Beschädigung geschützt sein; soweit sie unter Spannung gegen Erde stehen, ist im Handbereich stets eine besondere Verkleidung zum Schutz gegen mechanische Beschädigung erforderlich. (Ausnahmen siehe §§ 8 c, 28 g und 30 a).

1. Bei armierten Bleikabeln und metallumhüllten Leitungen gilt die Metallhülle als Schutzverkleidung.

Mechanisch widerstandsfähige Rohre (siehe § 26) gelten als Schutzverkleidung.

Panzerader soll gegen chemische und nach den örtlichen Verhältnissen auch gegen mechanische Angriffe geschützt werden.

⚒ | In B. u. T. sollen metallische Schutzverkleidungen geerdet werden.

b) Bei Hochspannung müssen Schutzverkleidungen aus Metall geerdet, solche aus Isolierstoff müssen feuersicher sein.

6. Bei blanken Hochspannungsleitungen sollen als Abstände der Leitungen gegen andere Leitungen, gegen die Wand, Gebäudeteile und gegen die eigenen Schutzverkleidungen folgende Maße eingehalten werden:

Auszug a. d. Errichtungsverschriften.

Betriebsspannung in V	Mindestabstand in cm
bis 1 500	5,0
„ 3 000	7,5
„ 6 000	10,0
„ 12 000	12,5
„ 24 000	18,0
„ 35 000	24,0

Für die Bemessung der Abstände ist die Spannung maßgebend, die betriebsmäßig zwischen den Leitungen vorhanden ist.

g) Isolierte Leitungen dürfen entweder offen auf geeigneten Isolierkörpern oder in Rohren verlegt werden.

11. Bei Einrichtungen, an denen ein Zusammenlegen von Leitungen in größerer Zahl unvermeidlich ist (z. B. Reguliervorrichtungen, Schaltanlagen), dürfen isolierte Leitungen so verlegt werden, daß sie sich berühren, wenn eine Lagenveränderung ausgeschlossen ist.

13. Die Verbindung der Leitungen mit den Apparaten, Maschinen, Sammelschienen und Stromverbrauchern soll durch Schrauben oder gleichwertige Mittel ausgeführt werden.

Schnüre oder Drahtseile bis zu 6 qmm und Einzeldrähte bis zu 16 qmm Kupferquerschnitt können mit angebogenen Ösen an den Apparaten befestigt werden. Drahtseile über 6 qmm. sowie Drähte über 16 qmm Kupferquerschnitt sollen mit Kabelschuhen oder gleichwertigen Verbindungsmitteln versehen sein. Bei Schnüren und Drahtseilen jeder Art sollen die einzelnen Drähte jedes Leiters, wenn sie nicht Kabelschuhe oder gleichwertige Verbindungsmittel erhalten, an den Enden miteinander verlötet sein.

14. Verbindungen von Schnüren untereinander oder zwischen Schnüren und anderen Leitungen sollen nicht durch Verlötung, sondern durch Verschraubung auf isolierender Unterlage oder durch gleichwertige Vorrichtungen hergestellt sein. An und in Beleuchtungskörpern sind bei Niederspannung auch für Schnüre Lötungen zulässig.

§ 22.
Freileitungen.

g) In die Betätigungsgestänge von Schaltern an Holzmasten sind Isolatoren einzuschalten, wenn eine zuverlässige Erdung des Schalters nicht gewährleistet werden kann. In diesem Falle ist nicht das Gestell selbst, sondern das Betätigungsgestänge unterhalb der Isolatoren zu erden.

Ankerdrähte von Holzmasten sind zu erden oder mit zuverlässigen Abspannisolatoren über Reichhöhe zu versehen.

§ 23.
Installationen im Freien.

5. Apparate sollen tunlichst nicht im Freien untergebracht werden; läßt sich dies nicht vermeiden, so soll für besonders gute Isolierung,

zuverlässigen Schutz gegen Berührung und gegen schädliche Witterungseinflüsse Sorge getragen werden.

§ 26.
Rohre.

a) Rohre und Zubehörteile (Dosen, Muffen, Winkelstücke usw.) aus Papier müssen einen Metallüberzug haben.

1. Dosen sollen entweder feste Stutzen oder hinreichende Wandstärke zur Aufnahme der Rohre haben.
2. Rohrähnliche Winkel-, T-, Kreuzstücke und dergleichen sollen als Teile des Rohrsystems in gleicher Weise ausgekleidet sein wie die Rohre selbst. Scharfe Kanten im Innern sind auf alle Fälle zu vermeiden.

b) Rohre aus Metall oder mit Metallüberzug müssen bei Hochspannung in solcher Stärke verwendet werden, daß sie auch den zu erwartenden mechanischen und chemischen Angriffen widerstehen.

Bei Hochspannung sind die Stoßstellen metallener Rohre metallisch zu verbinden und die Rohre zu erden.

⚒ | In B. u. T. gelten beide Absätze auch für Niederspannung. |

d) Drahtverbindungen und Abzweigungen innerhalb der Rohrsysteme sind nur in Dosen, Abzweigkästen, T- und Kreuzstücken und nur durch Verschraubung auf isolierender Unterlage zulässig.

H. Behandlung verschiedener Räume.

Für die in den §§ 28 bis 36 behandelten Räume treten die allgemeinen Vorschriften insoweit außer Kraft, als die folgenden Sonderbestimmungen Abweichungen enthalten.

§ 28.
Elektrische Betriebsräume.

a) Entgegen § 3a kann in Niederspannungsanlagen von dem Schutz gegen zufällige Berührung blanker, unter Spannung gegen Erde stehender Teile insoweit abgesehen werden, als dieser Schutz nach den örtlichen Verhältnissen entbehrlich oder der Bedienung und Beaufsichtigung hinderlich ist.

b) Entgegen § 3b kann bei Hochspannung die Schutzvorrichtung insoweit auf einen Schutz gegen zufällige Berührung beschränkt werden, als ein erhöhter Schutz nach den örtlichen Verhältnissen entbehrlich oder der Bedienung und Beaufsichtigung hinderlich ist.

d) Schalter mit Ausnahme von Ölschaltern brauchen der Bestimmung in § 11a Absatz 1 nur bei der Stromstärke zu genügen, für deren Unterbrechung sie bestimmt sind. Auf solchen Schaltern ist außer der Betriebsspannung und

Auszug a. d. Errichtungsvorschriften.

Betriebsstromstärke auch die zulässige Ausschaltstromstärke zu vermerken.

f) Entgegen § 12b sind auch bei nicht allpolig abschaltenden Anlassern besondere Ausschalter nicht notwendig.

✗|In B. u. T. fällt diese Erleichterung fort. |

.1. Entgegen § 12¹ sind Schutzverkleidungen für Anlasser und Widerstände nicht unbedingt erforderlich.

h) Aus besonderen Betriebsrücksichten kann entgegen § 14b von der Unverwechselbarkeit der Schmelzeinsätze abgesehen werden.

k) *Entgegen § 18f sind Handlampen bei Gleichstrom bis 1000 V zulässig; ihre Bauart muß der angewendeten Spannung entsprechen.*

✗|*In B. u. T. fällt diese Erleichterung fort.* |

§ 31.
Feuchte, durchtränkte und ähnliche Räume.

3. Motoren und Apparate sollen tunlichst nicht in solchen Räumen untergebracht werden; läßt sich dies nicht vermeiden, so soll für besonders gute Isolierung, guten Schutz gegen Berührung und gegen die obwaltenden schädlichen Einflüsse Sorge getragen werden; die nicht spannungführenden der Berührung zugänglichen Metallteile sollen gut geerdet werden.

f) Für Beleuchtung ist nur Niederspannung zulässig. Fassungen müssen aus Isolierstoff bestehen. Schaltfassungen sind verboten.

4. Für Handlampen empfiehlt sich die Verwendung möglichst niedriger Spannung.

§ 33.
Betriebsstätten und Lagerräume mit ätzenden Dünsten.

b) Fassungen müssen aus Isolierstoff bestehen. Schaltfassungen sind verboten.

Für Handlampen sind nur Leitungen mit besonderer gegen die chemischen Einflüsse schützender Hülle gestattet.

1. Entgegen der Regel § 12¹ ist Holz auch bei Steuerschaltern nicht zulässig.

§ 34.
Feuergefährliche Betriebsstätten und Lagerräume.

b) Sicherungen, Schalter und ähnliche Apparate, in denen betriebsmäßig Stromunterbrechung stattfindet, sind in feuersicher abschließenden Schutzverkleidungen unterzubringen.

§ 35.

Explosionsgefährliche Betriebsstätten und Lagerräume.

a) Elektrische Maschinen, Transformatoren, und Widerstände, desgleichen Ausschalter, Sicherungen, Steckvorrichtungen und ähnliche Apparate, in denen betriebsmäßig Stromunterbrechung stattfindet, dürfen nur insoweit verwendet werden, als für die besonderen Verhältnisse explosionssichere Bauarten bestehen.

§ 36.

Schaufenster, Warenhäuser und ähnliche Räume, wenn darin leicht entzündliche Stoffe aufgestapelt sind.

d) Alle Schalter, Anschlußdosen und Sicherungen müssen mit widerstandsfähigen Schutzkästen umgeben und an Plätzen fest angebracht sein, wo eine Berührung mit leicht entzündlichen Stoffen ausgeschlossen ist.

J. Provisorische Einrichtungen, Prüffelder und Laboratorien.

§ 37.

c) Ständige Prüffelder und Laboratorien sind mit festen Abgrenzungen und entsprechenden Warnungstafeln zu versehen. Fliegende Prüfstände sind durch eine auffallende Absperrung (Schranken, Seile oder dergleichen) kenntlich zu machen. Unbefugten ist das Betreten der Prüffelder und Prüfstände streng zu verbieten.

1. In ständigen Prüffeldern und Laboratorien für Hochspannung über 1000 V sollen die Stände, in denen unter Spannung gearbeitet wird, gegen die Nachbarschaft abgegrenzt werden, wenn dort gleichzeitig Aufstellungs-, Vorbereitungsarbeiten und dergleichen vorgenommen werden.

2. Ständige Prüffelder und Laboratorien für sehr hohe Spannungen sollen in abgeschlossenen Räumen untergebracht werden, deren unbefugtes Betreten durch geeignete Einrichtungen verhindert oder ungefährlich gemacht wird.

3. Wenn in Prüffeldern, Laboratorien und dergleichen an den provisorischen Leitungen, an den Apparaten usw. der Schutz gegen zufällige Berührung Hochspannung führender Teile sich nicht durchführen läßt, sollen die Gänge hinreichend breit und der Bedienungsraum genügend groß sein.

d) Versuchsschaltungen in Prüffeldern und Laboratorien, die während des Gebrauches unter sachkundiger Leitung stehen, unterliegen den allgemeinen Vorschriften nicht.

K. Theater und diesen gleichzustellende Versammlungsräume.

Für diese Räume gelten außer den allgemeinen Vorschriften noch die folgenden Sonderbestimmungen:

Auszug a. d. Errichtungsvorschriften. 157

§ 38.
Allgemeine Bestimmungen.

e) Die Schalter und Sicherungen sind tunlichst gruppenweise zu vereinigen und dürfen dem Publikum nicht zugänglich sein.

§ 39.
Bestimmungen für das Bühnenhaus.

Für Installationen des Bühnenhauses (Bühne, Untermaschinerien, Arbeitsgalerien und Schnürboden, auch Garderoben und andere Nebenräume im Bühnenhause) gelten außer den vorerwähnten allgemeinen noch die folgenden Zusatzbestimmungen:

a) Schalttafeln und Bühnenregulatoren sind so anzuordnen, daß eine unbeabsichtigte Berührung durch Unbefugte ausgeschlossen ist.

Auf die Endausschalter an Bühnenregulatoren findet die Vorschrift § 11e keine Anwendung, wenn die vom Regulator bedienten Stromkreise an zentraler Stelle allpolig ausgeschaltet werden können.

Die Widerstände von Bühnenregulatoren sind bei Dreileiteranlagen in die Außenleiter zu legen.

b) Bei Beleuchtungskörpern mit Farbenwechsel muß der Querschnitt der gemeinschaftlichen Rückleitung unter der Annahme bemessen werden, daß alle Lampen aller Farben mit voller Lichtstärke gleichzeitig brennen.

h) Bei Regulierwiderständen, die an besonderen, nur dem Bedienungspersonal zugänglichen feuersicheren Stellen angebracht sind, ist eine Schutzverkleidung aus feuersicherem Stoff entbehrlich.

4. Die Stufenschalter für den Bühnenregulator sollen unmittelbar bei den Regulierwiderständen selbst angebracht sein, können aber durch Übertragung betätigt werden.

k) Für Bühnenbeleuchtungskörper und deren Anschlüsse (Oberlichter, Kulissen, Rampen, Effekt- und Versatzbeleuchtungen) gelten folgende Bestimmungen:

Die Beleuchtungskörper sind mit einem Schutzgitter für die Glühlampen zu versehen.

Innerhalb der Beleuchtungskörper sind blanke Leiter dann zulässig, wenn sie gegen zufällige Berührung geschützt sind.

Hängende Beleuchtungskörper sind, auch wenn sie geerdet werden, gegen ihre Tragseile zu isolieren.

Bühnenscheinwerfer, Projektionsapparate, Blitzlampen und dergleichen sind mit einer Vorrichtung zu versehen, die das Herausfallen glühender Kohleteilchen oder dergleichen verhindert.

5. Die Spannung zwischen irgend zwei Leitern eines Beleuchtungskörpers soll 250 V nicht überschreiten.

6. Holz soll nur bei vorübergehend gebrauchten Bühnenbeleuchtungskörpern und nur als Baustoff zulässig sein.

L. Weitere Vorschriften für Bergwerke unter Tage.

Außer den in §§ 1, 2, 3, 5, 9, 11, 16, 17, 18, 19, 20, 21, 25, 26, 27, 28, 29, 31 und 34 gegebenen Zusätzen gilt für B. u. T. noch nachfolgendes:

§ 41.
Schlagwettergefährliche Grubenräume.

b) In schlagwettergefährlichen Grubenräumen dürfen nur schlagwettersichere Maschinen, Transformatoren und Apparate verwendet werden. Sie gelten als schlagwettersicher, wenn sie den diesbezüglichen Leitsätzen des V. D. E. entsprechen.[1])

§ 43.
Fahrzeuge elektrischer Grubenbahnen.

a) Bei Fahrschaltern und Stromabnehmern ist Holz als Isolierstoff zulässig.

2. Für Fahrstromleitungen aus Leitungskupfer gilt folgende Tabelle:

Querschnitt in qmm	Nennstromstärke der Sicherung in A
4	25
6	35
10	60
16	80
25	100
35	125
50	160
70	200
95	225
120	260

f) Die Kurbeln der Fahrschalter sind in der Weise abnehmbar anzubringen, daß das Abnehmen nur erfolgen kann, wenn der Fahrstrom ausgeschaltet ist.

5. Erdleitungen und vom Fahrstrom unabhängige Bremsstromleitungen in Fahrzeugen sollen keine Sicherungen enthalten und sollen nur im Fahrschalter abschaltbar sein.

6. Die unter Spannung stehenden Teile von Fassungen, Schaltern, Sicherungen und dergleichen sollen mit einer Schutzverkleidung aus Isolierstoff versehen sein. Pappe gilt nicht als Isolierstoff (siehe § 3).

---

[1]) Siehe im Anhange zu diesem Buche unter Nr. 4.

Auszug a. d. Errichtungsvorschriften.

§ 44.
Abteufbetrieb.

b) Steckvorrichtungen sind nur mit von Hand lösbarer Sperrung zu verwenden.

§ 45.
Schießbetrieb (im Anschluß an Starkstromanlagen).

d) Der Anschluß einer Schießleitung an eine Starkstromleitung darf nur mittels eines allpoligen unter Verschluß befindlichen Schalters erfolgen. Zur Erhöhung der Sicherheit ist stets noch eine zweite ebenfalls unter Verschluß befindliche Unterbrechungsstelle zwischen Schalter und Schießleitung anzuordnen; entweder der Schalter oder die Unterbrechungsstelle müssen so eingerichtet sein, daß ein Verharren im eingeschalteten Zustand ausgeschlossen ist. In der Schießleitung ist eine Vorrichtung anzubringen, die das Vorhandensein von Spannung erkennen läßt. Für die erwähnten Apparate ist die Verwendung von nicht feuchtigkeitssicherem Baustoff, wie Marmor, Schiefer und dergleichen, als Isolierstoff unzulässig.

Anhang.
Schematische Darstellungen.

Grundzeichen.	**Beispiele abgeleiteter Bezeichnungen.**
	Zu § 3.
	Schutz gegen Berührung.
⚡ Blitzpfeil.	
⏚ Erdung.	
(e)	Schutz durch Erdung.
(m)	Schutz durch metallisch leitende Verkleidung.
(i)	Schutz durch isolierende Verkleidung.
	Zu § 4.
	Übertritt von Hochspannung.
↓ ↑	Spannungssicherung jeder Art, auch Blitzschutzvorrichtung.
⌇	Durchschlagssicherung.

Zu § 10.

Apparate, Allgemeines.

— Kondensator.

Drosselspule, Relais, Auslösemagnet.

Zu § 11.

Ausschalter, Umschalter.

Dosenschalter mit Angabe der darauf bezeichneten Stromstärke.

Zweipoliger Dosenausschalter für 6 A.

Einpoliger Dosenumschalter für 10 A.

Hebelausschalter mit Angabe der darauf bezeichneten Stromstärke.

Dreipoliger Hebelschalter mit isolierendem Schutzkasten.

Zweipoliger offener Hebelumschalter mit Unterbrechung.

Zweipoliger Hebelumschalter ohne Unterbrechung.

Grundzeichen für Maximalauslösung.

Einpoliger Maximalschalter.

Grundzeichen für Minimalauslösung.

Zweipoliger Minimalschalter.

Dreipoliger Ölschalter mit zweipoliger Maximalauslösung.

Trennschalter.

Dreipoliger Ölschalter mit zweipoliger Maximalauslösung und mit durch Spannungswandler gespeister Minimal-Auslösespule.

Auszug a. d. Errichtungsvorschriften.

Zu § 12.

Anlasser und Widerstände.

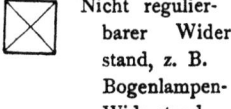 Nicht regulierbarer Widerstand, z. B. Bogenlampen-Widerstand.

 Regulierbarer Widerstand.

 Regulierbarer Widerstand mit Kurzschlußkontakt.

 Sonderbezeichnung f. Flüssigkeitswiderstände.

Zu § 13.

Steckvorrichtungen.

⊰ Steckdose.

Zu § 14.

Schmelzsicherungen und Selbstschalter.

▯ Sicherung.

▦ Dreipolige Sicherung.

Zu § 15.

Andere Apparate.

○ Meßinstrument.

Ⓐ Strommesser.

Ⓥ Spannungsmesser.

Ⓦ Leistungsmesser.

Ⓩ Zähler.

Ⓟ Phasenmesser.

Ⓙ Isolationsprüfer.

φ Stromrichtungsanzeiger.

2. Auszug aus den Sicherheitsvorschriften für elektrische Straßenbahnen uud straßenbahnähnliche Kleinbahnen[1]).

(Bahnvorschriften.)

Gültig ab 1. Oktober 1906.

Die nachstehenden Vorschriften gelten für die Kraftwerke, Hilfswerke, Leitungsanlagen, Fahrzeuge und sonstigen Betriebsmittel von Straßenbahnen in Ortschaften und von straßenbahnähnlichen Kleinbahnen, deren Spannung 1000 Volt gegen Erde nicht übersteigt.

§ 2.
Erklärungen.

a) **Erdung.** Einen Gegenstand erden, heißt, ihn mit der Erde derart leitend verbinden, daß er für unisoliert stehende Personen eine gefährliche Spannung nicht annehmen kann. (Erdung von Fahrzeugen siehe § 33.)

b) **Feuersichere Gegenstände.** Als feuersicher gilt ein Gegenstand, der nicht entzündet werden kann, oder der nach Entzündung nicht von selbst weiterbrennt.

c) **Freileitungen.** Als Freileitungen gelten alle oberirdischen Drahtleitungen außerhalb von Gebäuden, die weder metallische Umhüllung, noch Schutzverkleidung haben. Schutznete, Schutzleisten und Schutzdrähte gelten nicht als Verkleidung.

d) **Elektrische Betriebsräume.** Als solche gelten außer den Kraft- und Hilfswerken auch abgeschlossene Betriebsstände in Fahrzeugen, die Prüffelder, sowie die Räume, in denen Fahrzeuge oder Apparate mit der Betriebsspannung untersucht werden, soweit diese Räume im regelmäßigen Betriebe nur unterwiesenem Personal zugänglich sind.

§ 4.
Übertritt von höherer Spannung.

Um den Übertritt von höherer Spannung in Stromkreise für niedrigere Spannung, sowie das Entstehen von höherer Spannung in letzteren zu verhindern bzw. ungefährlich zu machen, sind geeignete Vorrichtungen, z. B. erdende oder kurzschließende oder abtrennende Sicherungen vorzusehen, oder es sind geeignete Punkte zu erden.

§ 5.
Isolierstoffe.

a) Die Isolierstoffe sollen in solcher Stärke verwendet werden, daß sie bei der im Betrieb vorkommenden Erwärmung von einer Spannung, welche die Betriebsspannung um 1000 Volt überschreitet, nicht durchschlagen werden.

---

[1]) Sonderabdrucke können von der Verlagsbuchhandlung Julius Springer, Berlin, bezogen werden.

Außerdem müssen die Isoliermittel derartig gestaltet und bemessen sein, daß ein merklicher Stromübergang über die Oberfläche (Oberflächenleitung) unter gewöhnlichen Betriebsverhältnissen nicht eintreten kann.

b) Wo Holz als Isolierstoff zulässig ist, muß es isolierend getränkt sein.

§ 10.
Rohre.

a) Bei Metall- und Isolierrohren, in denen Leitungen verlegt werden sollen, muß die lichte Weite, sowie die Anzahl und der Halbmesser der Krümmungen so gewählt sein, daß man die Drähte leicht einziehen kann.

b) Rohre, die für mehr als einen Draht bestimmt sind, müssen mindestens 11 mm lichte Weite haben.

c) Verbindungsdosen müssen genügend weit und so eingerichtet sein, daß jeder unzulässige Spannungs- oder Stromübergang ausgeschlossen ist.

d) Rohre dienen wesentlich als mechanischer Schutz; sie müssen dementsprechend aus widerstandsfähigem Stoffe von genügender Stärke bestehen. (Vergl. § 24 h.)

§ 13.
Leitungen im allgemeinen.

1. Die Verbindung der Leitungen mit Apparaten ist durch Schrauben oder gleichwertige Mittel auszuführen.

Schnüre oder Drahtseile bis zu 6 qmm und Einzeldrähte bis zu 25 qmm Kupferquerschnitt können mit angebogenen Ösen an die Apparate befestigt werden.

Drahtseile über 6 qmm, sowie Drähte über 25 qmm Kupferquerschnitt müssen mit Kabelschuhen oder gleichwertigen Verbindungsmitteln versehen sein.

Schnüre und Drathseile von weniger als 6 qmm Querschnitt müssen, wenn sie nicht gleichfalls Kabelschuhe oder gleichwertige Verbindungsmittel erhalten, an den Enden verlötet sein.

§ 15.
Vorschriften für alle Apparate.

a) Die stromführenden Teile sämtlicher Apparate müssen auf feuersicheren, und soweit sie nicht betriebsmäßig geerdet sind, auf Unterlagen befestigt sein, die in dem Verwendungsraum zu isolieren.

Wo dies aus technischen Gründen nicht möglich ist (z. B. bei Meßinstrumenten usw.), bezieht sich diese Vorschrift nur auf die äußeren stromführenden Teile.

Bei Fahrschaltern, bei Bürstenjochen für Motoren und bei Stromabnehmern ist Holz als Isolierstoff zulässig.

Isolierstoffe, welche in der Wärme eine erhebliche Formveränderung erleiden können, dürfen für wärmeentwickelnde oder höheren Temperaturen ausgesetzte Apparate als Träger stromführender Teile nicht verwendet werden.

b) Die spannungführenden Teile aller Apparate, die nicht in elektrischen Betriebsräumen, unter Verschluß oder unzugänglich für nicht unterwiesene Personen angebracht sind, sowie alle Teile im Handbereich, die Spannung annehmen können, müssen durch Gehäuse der zufälligen Berührung entzogen sein.

Nicht geerdete Gehäuse, soweit sie der Berührung zugänglich sind, sowie ungeerdete Griffe müssen aus nichtleitenden Stoffen bestehen oder mit einer haltbaren Isolierschicht ausgekleidet oder überzogen sein.

Zugängliche Metallgehäuse müssen geerdet sein.

Aus- und Umschalter, Anlasser und dergl., die für elektrische Betriebsräume bestimmt sind, bedürfen keiner Gehäuse, müssen aber so gebaut bzw. angebracht sein, daß bei der Bedienung mittels der Handgriffe eine zufällige Berührung spannungführender Teile ausgeschlossen ist.

Für Griffe und Kuppelstangen ist Holz zulässig, wenn es mit Isoliermasse getränkt ist.

c) Die Einführungsstellen für Leitungen sind so einzurichten, daß sie die Leitungen gegen leitende Gehäuse oder Unterlagen isolieren und daß die Isolierhüllen der Leitungen nicht verletzt werden.

Bei Apparaten im Freien, in welche kein Wasser eindringen darf, müssen die Einführungsstellen entsprechend geschützt sein.

Die Einführungsstellen müssen einer Prüfung nach § 5 genügen.

d) Die stromführenden Teile sämtlicher Apparate sind derart zu bemessen, daß sie durch den stärksten regelrecht vorkommenden Betriebsstrom keine für den Betrieb oder die Umgebung bedenkliche Erwärmung annehmen können.

e) Alle Apparate müssen derart gebaut und angebracht sein, daß eine Verletzung von Personen durch Splitter, Funken und geschmolzenes Material ausgeschlossen ist.

Diejenigen Apparate, die zur Stromunterbrechung dienen, sind derart anzuordnen oder einzubauen, daß die bei ihrer regelrechten Wirkung etwa auftretenden Feuererscheinungen weder Personen gefährden noch zündend auf die Nachbarschaft wirken oder unbeabsichtigte Kurz- oder Erdschlüsse herbeiführen können.

f) Alle Apparate, die zur Stromunterbrechung dienen, müssen derart gebaut sein, daß beim vollen Öffnen unter der auf dem Apparat vermerkten Spannung und Höchststromstärke kein dauernder Lichtbogen bestehen bleibt.

§ 16.
Sicherungen.

a) Die Abschmelzstromstärke eines Sicherungseinsatzes soll das Doppelte der auf ihr verzeichneten Stromstärke (Normalstromstärke) sein. Sicherungen bis einschließlich 50 A Normalstärke müssen den $1\frac{1}{4}$ - fachen Normalstrom dauernd tragen können. Vom kalten Zustande aus plötzlich mit der doppelten Normalstromstärke belastet, müssen sie in längstens 2 Minuten abschmelzen.

b) Die Sicherungen müssen einzeln, auch bei der um 10% erhöhten Betriebsspannung, sicher wirken.

Zur Sicherheit der Wirkung gehört, daß sie abschmelzen, ohne einen dauernden Lichtbogen zu erzeugen, und daß die etwaigen Explosionserscheinungen ungefährlich verlaufen.

c) Bei Sicherungen dürfen weiche Metalle und Legierungen nicht unmittelbar die Berührung vermitteln, sondern die Schmelzdrähte oder Schmelzstreifen müssen in Anschlußstücke aus Kupfer oder gleichgeeignetem Metall fest eingefügt sein.

d) Nichtausschaltbare Sicherungen müssen derart gebaut oder angeordnet sein, daß ihre Einsätze auch unter Spannung mittels geeigneter Werkzeuge gefahrlos ausgewechselt werden können.

e) Die Normalstromstärke und die Höchstspannung sind auf dem Einsatz der Sicherung zu verzeichnen.

§ 17.
Ausschalter, Umschalter, Anlasser und dergl.

a) Die Betriebsstromstärke und -Spannung, für die ein Schalter gebaut ist, sowie die Höchststromstärke, bei der er unter der Betriebsspannung ausgeschaltet werden darf, sind auf dem festen Teil zu vermerken.

§ 18.
Steckvorrichtungen und dergl.

a) Stecker und verwandte Vorrichtungen zum Anschluß abnehmbarer Leitungen müssen so gebaut sein, daß sie nicht in Anschlußstücke für höhere Stromstärken passen.

b) Die Betriebsstromstärke und Spannung, für welche der Apparat gebaut ist, sind auf dem festen Teil und auf dem Stecker sichtbar zu vermerken.

c) Steckvorrichtungen zum Anschluß transportabler Leitungen von mehr als 250 V müssen mittels besonderer Ausschalter abschaltbar sein. Ausgenommen hiervon sind Glühlampen, die zwischen zwei Punkte eines Serienkreises eingeschaltet werden.

§ 19.

Schalt- und Verteilungstafeln.

a) Schalt- und Verteilungstafeln müssen im allgemeinen aus feuersicherem Stoff bestehen. Holz ist außerhalb von Fahrzeugen nur als Umrahmung zulässig.

b) Die Kreuzung stromführender Teile an Schalt- und Verteilungstafeln ist möglichst zu vermeiden.

Ist dies nicht erreichbar, so sind die stromführenden Teile durch Isolierkörper voneinander zu trennen oder derart in genügendem Abstande voneinander zu befestigen, daß gegenseitige Berührung ausgeschlossen ist.

c) Verteilungstafeln, die nicht von der Rückseite zugänglich sind, müssen so gebaut werden, daß die Leitungen nach Befestigung der Tafel angeschlossen und die Anschlüsse jederzeit von vorn untersucht und gelöst werden können.

d) Die Sicherungen und Ausschalter auf den Verteilungstafeln sind mit Bezeichnungen zu versehen, aus denen hervorgeht, zu welchen Räumen bzw. Gruppen von Stromverbrauchern sie gehören.

e) Leitungsschienen von verschiedener Polarität oder Phase, die hinter der Schalttafel liegen, müssen durch verschiedenfarbigen Anstrich kenntlich gemacht werden.

§ 21.

Beleuchtungskörper.

a) Fassungen für Spannungen über 250 Volt dürfen keine Ausschalter enthalten.

b) Bei Handlampen, die außerhalb von Fahrzeugen und Betriebsräumen nur bis 250 Volt zulässig sind, müssen die Griffe, sofern sie nicht zuverlässig geerdet sind, aus Isolierstoff bestehen. Der Schutzkorb muß unmittelbar auf dem isolierenden bzw. zuverlässig geerdeten Griffe sitzen und die Leitungseinführung mit Isoliermitteln ausgekleidet sein. Hahnfassungen an Handlampen sind unzulässig.

c) Die zur Aufnahme von Drähten bestimmten Hohlräume von Beleuchtungskörpern müssen im Lichten so weit bemessen und von Grat frei sein, daß die einzuführenden Drähte sicher ohne Verletzung der Isolierung durchgezogen werden können.

d) In und an Beleuchtungskörpern muß mindestens Gummiaderleitung verwendet werden.

e) Bei zugänglichen Beleuchtungskörpern über 250 V dürfen die Leitungen nur innen geführt werden.

f) Beleuchtungskörper müssen so angebracht werden, daß die Zuführungsdrähte nicht durch Drehen des Körpers verletzt werden.

§ 24.
Leitungen in Gebäuden.

g) Papierrohre dürfen nur für Spannungen bis 250 V gegen Erde unter Putz verlegt werden. Sie sollen einen metallenen Körper oder Überzug haben, der so stark ist, daß er den nach Ortsverhältnissen zu erwartenden mechanischen Angriffen sicher widersteht.

§ 36.
Leitungen.

a) Der Querschnitt aller Fahrstromleitungen ist nach der Normalstromstärke der vorgeschalteten Sicherung laut folgender Tabelle oder stärker zu bemessen.

Querschnitt in qmm	Normalstromstärke der Sicherung
4	30 A
6	40 „
10	60 „
16	80 „
25	100 „
35	130 „
50	165 „
70	200 „
95	235 „
120	275 „

e) Die Verbindung der Fahr- und Bremsstromleitungen mit den Apparaten ist mittels gesicherter Schrauben oder durch Lötung auszuführen.

h) Verbindungsleitungen zwischen Motorwagen und Anhängewagen sollen so ausgerüstet sein, daß Personen auch bei zufälliger Berührung keine Beschädigung erleiden können.

Bewegliche Kupplungsstücke sind so anzuordnen, daß sie beim Herausfallen stromlos werden, oder sie müssen so mit Isoliermaterial bekleidet sein, daß auch die ausgelösten Stecker beim etwaigen Niederfallen keine Beschädigung von Personen herbeiführen können.

m) Rohre können zur Verlegung isolierter Leitungen in und auf Wänden, Decken und Fußböden verwendet werden, sofern sie die Leitungen gegen die Wirkungen von Feuchtigkeit und vor mechanischer Beschädigung schützen.

Sie können aus Metall oder feuchtigkeitsbeständigem Isolierstoff oder aus Metall mit isolierender Auskleidung bestehen.

n) Die Vorschriften in § 10 b—d sowie § 24 i—o gelten auch hier.

§ 37.
Schalttafeln.

Schalttafeln in oder an Fahrzeugen dürfen Holz nur als Konstruktionsmaterial enthalten.

§ 38.
Fahrschalter.

a) Auf jedem Führerstand ist ein Fahrschalter oder eine Einrichtung anzubringen, womit der Strom ein- und ausgeschaltet und die Geschwindigkeit geregelt werden kann.

b) Die Achsen und die metallischen Gehäuse, sowie die der Berührung ausgesetzten Teile der Fahrschalter müssen geerdet sein, sofern nicht die Plattformen vom Untergestell isoliert sind.

c) Die Kurbeln der Fahrschalter sind in der Weise abnehmbar anzubringen, daß das Abnehmen derselben nur in der Haltstellung erfolgen kann, also nur, wenn der Fahrstrom ausgeschaltet ist. Bei Fahrschaltern mit Kurzschlußbremse darf die Fahrschaltkurbel, wenn sie nicht gleichzeitig Umschaltkurbel ist, auch in der letzten Kurzschlußbremsstellung abnehmbar sein. In diesem Falle muß jedoch die Umschaltkurbel so eingeschaltet bleiben, daß die Kurzschlußbremse bei der möglichen Bewegung des Fahrzeuges wirksam wird.

§ 40.
Ausschalter.

a) Es muß ein von jeder Plattform aus bedienbarer Haupt-(Not-)Ausschalter vorhanden sein, der das Ausschalten des Fahrstromkreises unabhängig vom Fahrschalter gestattet. Der Notausschalter kann mit dem Höchststromausschalter verbunden sein.

b) Erdleitungen sowie vom Fahrstrom unabhängige Bremsstromkreise dürfen nur im Fahrschalter abschaltbar sein.

§ 42.
Lampen.

Die unter Spannung stehenden Teile von Lampen nebst Zubehör müssen, soweit sie ohne besondere Hilfsmittel erreichbar sind, mit einer Schutzhülle aus Isoliermaterial versehen sein.

3. Leitsätze für Schutzerdungen*).
Gültig ab 1. Juli 1914.
I. Allgemeines.
A. Zweck der Erdung.

Die Leitsätze für Schutzerdungen bezwekken die in §§ 3 und 4 der Errichtungsvorschriften enthaltenen allgemeinen Vorschriften über die Schutzerdung (im Gegensatz zu Betriebserdungen) in Anlagen **mit mehr als 250 V Spannung** gegen Erde für alle gewöhnlich vorkommenden Fälle zu ergänzen und Normen für die Ausführung zu schaffen **).

---

*) Sonderabdrücke können von der Verlagsbuchhandlung Julius Springer, Berlin, bezogen werden.

**) Auch in solchen Niederspannungsräumen, in denen besondere Gefahr besteht, wird empfohlen, nach gleichen Grundsätzen zu verfahren. Derartige Gefahren bestehen in feuchten und durchtränkten Räumen sowie in solchen

Zweck der Schutzerdung ist, zu verhindern, daß Teile einer elektrischen Starkstromanlage, welche in normalem Zustande spannungslos sind oder Niederspannung führen, durch Zufall gefährliche Spannungen annehmen.

Falls nicht besonders ungünstige Umstände vorliegen, wird im allgemeinen eine Spannung als ungefährlich angesehen, welche an einem Widerstand von 1000 Ohm 125 V nicht überschreitet [1]).

B. Begriffserklärung:

Als Erdung im Sinne dieser Vorschriften ist anzusehen:

1. Der Anschluß an sogenannte natürliche Erden, wie ausgedehnte Eisenkonstruktionsteile, Rohrleitungen oder ähnliche Metallmassen, soweit sie mit dem Erdreich in dauernder guter [2]) Verbindung stehen und genügenden Querschnitt aufweisen;
2. der Anschluß an künstliche Erden, wie in das Erdreich verlegte Leiter [3]) in Form von Platten genügender Größe oder Leitungen genügender Länge oder in das Erdreich eingetriebene Eisenrohre.

II. Anwendung der Erdung.

Die Schutzerdung kommt in Betracht für:

1. Elektrische Betriebsräume, Betriebsstätten und dergleichen Verbrauchsanlagen.
2. Leitungen im Freien.

1. **Schutzerdung in elektrischen Betriebsräumen, Betriebsstätten und dergleichen Verbrauchsanlagen** [4]).

Zu erden sind alle Metallteile, die den betriebsmäßig spannungführenden Teilen am nächsten liegen oder mit ihnen in Berührung kommen können; also die nicht stromführenden Metallteile von Maschinen, Transformatoren, Apparaten und die Gehäuse von Meßgeräten, sofern sie nicht isoliert montiert und durch besondere Maßregeln gegen zufällige Berührung geschützt sind; ferner die Niederspannungswicklungen[5]) aller Strom- und Spannungswandler [6]), weiter die Gerüste von Schaltanlagen [7]) sowie zugängliche Kabelarmaturteile, Flanschen von Durchführungen, Isolatorenträger usw., alle

---

Räumen, in denen die an und für sich mit Erde in leitender Verbindung stehenden Metallteile, z. B. eiserne Konstruktionsteile der Gebäude, Maschinen und Geräte aus Metall, Rohrleitungen für Wasser, Gas usw., eiserne Beläge der Fußböden und dergleichen mehr, in der Nähe der elektrischen Einrichtungen erreichbar sind. Beim gleichzeitigen Berühren der fehlerhaften nicht geerdeten elektrischen Apparate und der vorgenannten geerdeten Metallteile sind unter Umständen, namentlich bei Vorhandensein von Feuchtigkeit an Kleidung, Händen und Füßen, die Bedingungen für einen gefahrbringenden Stromübertritt gegeben.

[1]) Die Zahlen beziehen sich auf die Erläuterungen.

Betätigungsteile, Handräder, Hebel, Kurbeln von Schaltern [8]), Anlassern, Regulatoren [9]) usw.

Durchführungen ohne geerdete Metallflanschen und Einführungsfenster, ebenso Isolatoren ohne Metallstützen sollen von einem geerdeten Rahmen umgeben sein. Es genügt jedoch, wenn für mehrere zusammenliegende Durchführungsisolatoren ein gemeinsamer geerdeter Metallrahmen ausgeführt wird.

Rohrleitungen und Transportgleise innerhalb des Werkes sind nach Möglichkeit an die Erdung anzuschließen (siehe auch III., Absatz 5).

Die Wagen ausfahrbarer Schaltanlagen sind mit besonderen Erdkontakten zu versehen, welche die Wagen bereits sicher erden, bevor sich die spannungführenden Kontakte berühren.

2. Schutzerdung für Leitungen im Freien.

Zu erden sind alle Eisenmaste, Eisenbetonmaste oder ihre Isolatorenträger und die Ankerdrähte. Ferner müssen bei der Führung von Leitungen an Wänden und solchen Holzmasten, welche sich an verkehrsreichen [10]) Stellen befinden, Isolatorenstützen und Tragteile von Streckenschaltern, Kurzschließern usw. an die Erdleitung angeschlossen werden. Bei Holzmasten genügt in diesem Falle ein geerdeter Schutzring am Mast unterhalb der Leitungen.

In die Betätigungsgestänge von Schaltern an Holzmasten sind Isolatoren einzuschalten, wenn eine zuverlässige Erdung des Schalters nicht gewährleistet werden kann. In diesem Falle ist nicht das Gestell selbst, sondern das Betätigungsgestänge unterhalb der Isolatoren zu erden [11]).

Ankerdrähte von Holzmasten sind zu erden oder mit zuverlässigen Abspannisolatoren über Reichhöhe zu versehen.

III. Ausführung der Erdung.

Erdleitungen sind für die zu erwartende Erdschlußstromstärke zu bemessen, mit der Maßgabe, daß Querschnitte über 50 qmm für Kupfer, über 100 qmm für verzinktes oder verbleites Eisen nicht verwendet zu werden brauchen, und mit der Maßgabe, daß in elektrischen Betriebsräumen Kupferquerschnitte unter 16 qmm nicht verwendet werden dürfen. Für Anschlußleitungen an die Haupterdungsleitung von weniger als 5 m Länge genügt in jedem Falle ein Kupferquerschnitt von 16 qmm. In anderen Räumen darf der Kupferquerschnitt 4 qmm nicht unterschreiten [12]).

Hintereinanderschaltung der zu erdenden Teile ist unzulässig; die Einzelerdleitungen sind parallel an eine oder mehrere parallel geschaltete Haupterdleitungen anzuschließen[13]). Der gute Kontakt der Erdleitungsanschlüsse soll dauernd gewährleistet sein [14]). Unterbrechungsstellen in Erdleitungen (z. B. Schalter, Sicherungen usw.) sind unzulässig. Die Erdleitungen sind möglichst sichtbar und geschützt gegen mechanische und chemische Zerstörungen zu verlegen. Ihre Anschlußstellen sollen der Kontrolle zugänglich sein.

Grundsätzlich sollen die Schutzerdungen so angelegt sein, daß durch Berührung des zu erdenden Teiles oder seiner Erdleitungen ein gefährliches Spannungsgefälle zwischen diesem Teil und einer noch besseren Erdung nicht überbrückt werden kann.

Befindet sich in erreichbarer Nähe der zu erdenden Teile eine gute natürliche Erdung, so soll die Erdleitung möglichst an diese angeschlossen werden.

Eisenkonstruktionsteile, Rohrleitungen [15]) und ähnliches dürfen zur Erdung nur dann allein verwendet werden, wenn sie eine zuverlässige Erdung dauernd gewährleisten; andernfalls sind noch besondere Erdelektroden zu verwenden, deren Zahl und Beschaffenheit sich nach den örtlichen Verhältnissen richten muß, und die mit den übrigen Erdungen zu verbinden sind [3]).

Erdelektroden und deren Zuleitungen dürfen für Hoch- und Niederspannung nur dann unmittelbar miteinander vereinigt werden, wenn die Erde durchaus zuverlässig ist.

Der Zustand der Erdungsanlage ist zeitweilig zu kontrollieren.

Erläuterungen zu den „Leitsätzen für Schutzerdungen".

1) Weber führt hierüber in den Erläuterungen zum § 3 der Errichtungsvorschriften folgendes an:

Es ist danach zu streben, daß die Spannung zwischen den Punkten, zwischen welche eine Person eingeschaltet sein kann, also z. B. zwischen dem mit der Hand berührten und dem vom Fuß betretenen Punkt, tunlichst herabgemindert wird. Daher werden alle zu erdenden Teile unter sich gut leitend verbunden und es wird auch der Fußboden, soweit er vollständig oder unvollständig leitend ist, mit dieser Erdleitung in leitende Verbindung gebracht. So können ausgedehnte Maschinenfundamente oder Maschinengehäuse, Eisengalerien, Eisentreppen und ähnliche Standorte durch Verbindung mit den der Berührung mit der Hand ausgesetzten Teilen als Erde wirksam gemacht werden. Es kommt dann weniger darauf an, daß diese Teile selbst durch sehr geringe Widerstände mit der Erde in Verbindung stehen, sofern nur die in Betracht kommenden Personen niemals zwischen die gut und die schlecht geerdeten Oberflächen eingeschaltet sein können. „ETZ" 1910, S. 196, Nr. 221. Vgl. § 6 b) unter 4).

Ist die in Wirkung tretende Spannung sehr hoch und ein kurzer Stromweg großen Querschnitts nach der

Erde nicht erreichbar, wenn sich z. B. der dem Stromübergang ausgesetzte Konstruktionsteil, etwa als Kabelarmatur, im oberen Geschoß eines Gebäudes oder wenn er sich, etwa als Mast, in schlecht leitendem Erdreich befindet, so können in dem ihn umgebenden Fußboden beim Stromübergang erhebliche Potentialgefälle auftreten, die selbst dem, der den Konstruktionsteil nicht unmittelbar berührt, gefährlich werden. Es muß dann für eine so große Ausbreitung der Stromflächen gesorgt werden, daß das Potentialgefälle in der Richtung von dem fraglichen Teil nach außen hin durch Verminderung der Stromdichte herabgedrückt wird. Um einen Mast wird man z. B. ein konzentrisches System von metallischen, durch Radien verbundenen Leitern (Metallscheiben, Drahtseilen) in den Fußboden oder das Erdreich einlegen und kann so die Gefahr beseitigen. Vgl. Uppenborn, „ETZ" 1901, S. 380, Wilkens, „ETZ" 1902, S. 1129, W. Vogel, El. Kraftbetr. u. Bahnen 1913, S. 7.

2) Gute Verbindung mit dem Erdreich gewährleisten z. B. Hauptrohre der Wasserleitung, auch Eisenkonstruktionen, deren Verbindung mit Erde mindestens den unter 3) angeführten künstlichen Erdungen gleichwertig ist.

3) Für künstliche Erdungen empfehlen sich die folgenden Ausführungen oder ähnliche Anordnungen, die mindestens gleiche Berührungsflächen mit gut leitenden Erdschichten aufweisen:

A) Erdplatten empfehlen sich dort, wo der Grundwasserstand nicht zu tief ist (nicht tiefer als 2 bis 3 m) und keine zu großen Schwankungen aufweist. Die mindestens ½ qm großen Platten sollen 1 m unter Grundwasserspiegel liegen und mit Rücksicht auf die Zerstörungen zwei mindestens 50 qmm starke Zuleitungen erhalten. Als Erdplatten kann man auch Altmaterial mit starkem Querschnitt und genügender Oberfläche, z. B. alte Kesselbleche, Eisenbahnschienen oder dergl. mehr verwenden, welches infolge der Stärke des Materials nicht so leicht durchrostet und auch ohne Kontrolle die Gewähr für einen lange dauernden guten Zustand bietet.

Bei Verwendung von Platten wird sich unter normalen Verhältnissen (Ackerboden) ein Widerstand von ungefähr 10 bis 30 Ohm pro Platte erzielen lassen.

B) Bänder und Drähte von mindestens 50 qmm Querschnitt und mit einer Mindestdicke von 3 mm sind etwa 30 cm in die Erdoberfläche zu verlegen. Eisen ist gut feuerverzinkt zu verwenden. Die Länge, die mindestens 10 bis 20 m betragen sollte, richtet sich nach der Bodenart, Bodenfeuchtigkeit und Zahl der Erdungen.

Als Anhaltspunkt für den Widerstand derartiger Oberflächenleitungen können die folgenden Werte bei Lehmboden (Ackerboden) dienen. Für Sandboden ist mit Werten zu rechnen, die mindestens doppelt so hoch sind.

Länge in m	10	20	30	50	100
Widerstand in Ohm	25	10	7	5	3

Sollen bei ungünstigen Platzverhältnissen die Leitungen im Zickzack verlegt werden, so ist bei Mindestabstand der Windungen von ungefähr 0,5 m der Widerstand dem der ausgestreckten Leitungen ziemlich gleich.

C) Zu Rohrerden werden zweckmäßig ein bis zweizöllige galvanisierte Rohrstücke von 2 bis 3 m Länge verwendet. Ihr Widerstand beträgt bei Lehmboden (Ackerboden) etwa 20 bis 50 Ohm. Bei schlechtem Boden (Sand und Kies) kann der Widerstand auf 200 Ohm steigen.

Es empfiehlt sich mindestens 2 bis 3 Rohre zu verwenden in mindestens $1\frac{1}{2}$ bis 3 m Abstand voneinander. Können die Rohre bis zum Grundwasser eingetrieben werden, so sind weitere Maßnahmen nicht nötig. Andernfalls empfiehlt es sich, das die Rohre umliegende Erdreich dadurch leitend zu machen, daß man um die Rohre direkt unter der Erdoberfläche Salz einbettet. Hierdurch wird allerdings der Widerstand nur wenig verringert, aber die Spannungsverteilung und die Belastungsfähigkeit wesentlich verbessert.

D) Bei ungünstigen Bodenverhältnissen empfiehlt sich die Kombination mehrerer Erden, z. B. Ringleitungen um den zu schützenden Raum mit Ausläufern nach feuchten Stellen und dort angebrachten Rohrerdungen. Bei Wasserläufen ist die Verlegung langgestreckter Leitungen im feuchten Ufer der Verwendung von Erdungskörpern im Wasser vorzuziehen.

4) Die Erdung von Apparaten in Verbrauchsanlagen bietet oft Schwierigkeiten, insbesondere, wenn es sich um ortsveränderliche Apparate handelt. Es scheint deshalb untunlich, für solche Fälle besondere Vorschriften zu geben, weil die anzustrebende Sicherheit durch andere Mittel (Isolierung, isolierende Schutzabdeckungen, Absperrung und dergleichen) manchmal einfacher und zuverlässiger erreichbar ist.

5) Von der grundsätzlichen Forderung der Erdung der Niederspannungswicklungen von Starkstromtransformatoren mußte vor der Hand abgesehen werden wegen der noch schwebenden Arbeiten der Reichspost und des Verbandes Deutscher Elektrotechniker.

6) Die Erdung der sekundären Wicklung von Strom- und Spannungswandlern wird gefordert, weil beim Durchschlagen der Isolation zwischen Hoch- und Niederspannungswicklung Hochspannung in die Meßstromkreise übertreten kann. Die an Meßwandlern mit geerdeter Niederspannungswicklung angeschlossenen Apparate brauchen nicht besonders geerdet zu werden.

7) Bei der Auswahl der Konstruktionsteile einer Schaltanlage, die durch unmittelbaren Anschluß an die Erdleitung zu erden sind, soll als Regel dienen: Alle die in der nächsten Nähe einer Hochspannung führenden Maschine, Apparat usw. montierten Teile sind direkt zu erden. Also zunächst die Isolatorenträger, ferner die Träger für die Befestigung der Ölschalter, der Strom- und Spannungswandler, wenn diese nicht schon geerdet sind. Sind mehrere Isolatorenträger an eine gemeinsame Eisenschiene angeschlossen, so ist

diese Schiene zu erden, denn erst über diese Schiene kann der Erdstrom auf das Mauerwerk, in dem die Eisen montiert sind, übertreten (vergl. auch 13 der Erläut.).

Wenn die eisernen Gestelle, auf denen Ölschalter und andere Apparate befestigt sind, an und für sich zuverlässig geerdet sind oder geerdet werden können, so sind in erster Linie diese zu erden. Sind mit ihnen dann die Gehäuse der Schalter und sonstigen Apparate gut leitend verbunden, so sind sie ohne weiteres mitgeerdet. Eine besondere Erdung der Apparate selbst wird nur notwendig, sofern die Erdung der Gestelle nicht zuverlässig ist. Der Vorzug der Erdung der Gestelle liegt darin, daß bei etwaigem Fortnehmen und Wiederaufsetzen oder Umsetzen oder Hinzufügen von Apparaten die Erdung dann durch das Aufsetzen schon von selbst mit erledigt ist.

8) Metallische Handgriffe brauchen nicht besonders geerdet zu werden, wenn sich zwischen Hochspannung und Handgriff bereits eine gute Erde befindet.

9) Die zufälliger Berührung zugänglichen Teile der Magnetregulatoren und Anlasser, die normal Niederspannung führen, aber durch Induktion oder Überschlag Hochspannung erhalten können, sollen geerdet werden.

10) Unter verkehrsreichen Stellen sind nicht solche Stellen zu verstehen, die zufällig, z. B. durch Feuersbrunst, bei Jahrmärkten usw. verkehrsreich werden, sondern solche, wo regelmäßig ein stärkerer Verkehr stattfindet.

11) Kann eine dauernd gute Erdung bei Mastschaltern und Kurzschließern an Holzmasten nicht gewährleistet werden, so sind in die Betätigungsorgane (Gestänge, Seile) Isolatoren für die Betriebsspannung einzubauen. Die Schalter sowie die Betätigungsorgane bis zu den Isolatoren sind dann nicht zu erden, dagegen sollen die Betätigungsteile unterhalb der Isolatoren eine Erdverbindung erhalten, damit etwaige Kriechströme über den Isolator abgeleitet werden.

12) Mit welcher Sicherheit dabei gerechnet ist, zeigen folgende Zahlen für horizontal freigespannte Leitungen:

Querschnitt für Kupfer:	Schmelzstrom nach 15 Min:
Draht: 4 qmm	220 Amp
6 „	300 „
10 „	430 „
16 „	610 „
Seil: 25 „	890 „
35 „	1075 „
50 „	1330 „

13) In größeren Anlagen sind mehrere parallel geschaltete Haupterdleitungen, welche an mehreren Elektrodengruppen anzuschließen sind, zweckmäßig, um bequem alle Einzelerdleitungen anschließen und den Widerstand möglichst niedrig halten zu können. (Vergl. jedoch auch Text II, 1, zweiter Absatz.)

Hintereinander geschaltete Konstruktionsteile dürfen nicht Teile der Erdleitungen bilden, denn eine solche Erdleitung hätte durch die vielen Verbindungsstellen zu großen Widerstand und wäre ferner nicht betriebssicher, weil die dahinter liegenden Teile durch Demontage eines Teiles nicht mehr geerdet sein würden.

14) Die Verbindung der einzelnen Erdleitungen mit der Haupterdungsleitung erfolgt am sichersten durch Verlötung, Verschweißung oder Vernietung. Auch Verschraubungen sind zulässig, wenn sie gegen Lösen durch Erschütterungen gesichert sind.

15) Gasleitungen können wegen ihrer im allgemeinen schlecht leitenden Rohrverbindungen keineswegs als schutzbietende Erdleitung angesehen werden.

4. Leitsätze für die Ausführung von Schlagwetter-Schutzvorrichtungen an elektrischen Maschinen, Transformatoren und Apparaten.[1])

Gültig ab 1. Juli 1912.

Grundlegend für die Beurteilung der Schlagwettersicherheit von elektrischen Maschinen, Transformatoren und Apparaten sowie besonderer Schutzvorrichtungen für dieselben sind die Ergebnisse von Versuchen, welche s. Zt. auf der berggewerkschaftlichen Versuchsstrecke in Gelsenkirchen-Bismarck ausgeführt worden sind.

Die Ergebnisse sind niedergelegt in den Veröffentlichungen:

„Versuche zwecks Erprobung von Schlagwettersicherheit besonders geschützter elektrischer Motoren und Apparate" von Bergassessor Beyling im „Glückauf" 1906, Nr. 1 bis 13, sowie „Die Erprobung und Ermittlung von Schutzvorrichtungen an elektrischen Maschinen und Apparaten gegen die Zündung von Schlagwettern" von Dipl.-Ing. Götze in der „ETZ" 1906, S. 4 ff., und „Versuche mit Schlagwetter und dem Schlagwetterschutz elektrischer Antriebe" von Hofmann in der „Zeitschrift des Vereins Deutscher Ingenieure" vom 24. III. 1906 (Nr. 12, S. 433).

Hiernach haben sich für die Konstruktion schlagwettersicherer Maschinen, Transformatoren und Apparate die nachfolgend genannten Schutzvorrichtungen am meisten bewährt und sind bei ihrer Anwendung die weiterhin erörterten Gesichtspunkte zur Berücksichtigung zu empfehlen. Wegen der weiteren Einzelheiten der Bauarten und ihrer Anwendung muß auf obige Veröffentlichungen verwiesen werden.

A. Die verschiedenen Arten der Schutzvorrichtungen.

I. Geschlossene Kapselung. Sie besteht in einem allseitig geschlossenen Hohlkörper zur Aufnahme der Maschinen, Transformatoren oder Apparate. Bei der geschlossenen

---

[1]) Sonderabdrucke können von der Verlagsbuchhandlung Julius Springer, Berlin, bezogen werden.

Kapselung sind folgende Bedingungen zu erfüllen:

a) Alle Teile der Kapselung sind so herzustellen, daß sie einem inneren Überdruck von 8 at sicher widerstehen können. Unterteilungen des gekapselten Raumes, die durch enge Öffnungen verbunden sind, daher zu höherem Überdruck Anlaß geben könnten, sind zu vermeiden.

b) Die Stoßstellen zusammengepaßter Kapsel- und Gehäuseteile sowie die Auflageflächen von Deckeln, Türen und Klappen sind als breite, glattbearbeitete Flanschen auszubilden. Dichtungen sind an solchen Stellen tunlichst zu vermeiden. Falls Dichtungen angewendet werden, muß dafür gesorgt werden, daß sie durch den Explosionsdruck nicht herausgedrückt werden können. Dichtungen aus wenig haltbarem Stoff, wie Gummi, Asbest oder ähnlichem sind unzulässig.

c) Die Schutzmaßnahmen sind auf alle Wege zu erstrecken, welche die Gase bei einer Explosion vom Innern der Kapselung nach außen nehmen können. Wellen und Betätigungsachsen sind an den Durchführungen durch die Kapselung in entsprechend lange Metallbüchsen zu verlegen, die ihrerseits mit dem Schutzgehäuse fest verbunden sind. Die Leitungseinführungen sind so abzudichten, daß sie dem Explosionsdruck standhalten.

II. Plattenschutzkapselung. Bei dieser Kapselung werden an den Gehäuseöffnungen von Maschinen, Transformatoren und Apparaten Pakete von Metallplatten angebracht, welche durch Zwischenlagen in bestimmtem Abstand gehalten werden.

Für die Ausführung ist folgendes zu berücksichtigen:

a) Man verwende Metallplatten, die eine Flanschenbreite von mindestens 50 mm und eine Stärke von mindestens 0,5 mm haben und ordne sie durch Einlegen geeigneter Zwischenstücke so an, daß ihr Abstand (Schlitzweite) höchstens 0,5 mm beträgt und auch nicht infolge Durchbiegung der Platten überschritten werden kann. Als Material verwende man Bronze, Messing, verzinntes oder verzinktes Eisen.

b) Die Plattenpackungen sind gegen äußere Beschädigung zu schützen. Es wird empfohlen, sie abnehmbar anzubringen, so daß eine bequeme Überwachung und ein leichtes Auswechseln der Platten möglich wird.

c) Die Bedingungen unter I b) und c) sind zu erfüllen. Falls nicht eine genügend große Anzahl von Schlitzen vorhanden ist, die das Entstehen eines größeren Überdruckes sicher verhindern, sind auch die Bedingungen unter I a) zu beachten. Alle Undichtigkeiten sind zu vermeiden.

III. **Drahtgewebekapselung.** Die Drahtgewebekapselung besteht darin, daß alle Gehäuseöffnungen der damit auszurüstenden Maschinen, Transformatoren und Apparate durch Drahtgewebe geschlossen werden, oder daß für die Maschinen, Transformatoren und Apparate Gehäuse hergestellt werden, welche mit derartigen durch Drahtgewebe geschlossenen Öffnungen versehen sind.

Die Bedingungen, welchen diese Kapselung entsprechen muß, sind folgende:

a) Als Gewebe ist Sicherheitslampen-Drahtgewebe von 144 Maschen auf 1 qcm und 0,35 mm Drahtstärke zu verwenden. Das Drahtgewebe soll aus Bronze oder verzinktem Eisen bestehen, gleichmäßig gearbeitet und frei von Fehlern sein.

b) An jeder Öffnung ist das Drahtgewebe in mindestens zwei Lagen hintereinander in einem gegenseitigen Abstand von 5 bis 20 mm anzuordnen. Die gesamte schützende Gewebefläche soll mindestens 150 qcm für das Liter Wetterinhalt des gekapselten Raumes betragen.

c) Größere Netzflächen sind zur Wahrung des Abstandes mit Verstärkungsrippen zu versehen. Die Befestigung der Gewebe darf nicht durch Lötung erfolgen, die Gewebe sind vielmehr durch Verschraubung in Rahmen einzuklemmen, wobei streng darauf zu achten ist, daß an den Befestigungsstellen keine Undichtigkeiten entstehen. Gegen äußere Beschädigung ist das Drahtgewebe durch gelochtes Blech oder ähnliche Hilfsmittel zu schützen. Es wird empfohlen, die Drahtgewebe als abnehmbare Deckel anzuordnen, die eine leichte Überwachung und ein bequemes Auswechseln des Gewebes gestatten.

d) Die Bedingungen unter I b) und c) sind zu erfüllen. Alle Undichtigkeiten sind zu vermeiden.

e) Die Netzflächen sind so an der Kapselung anzuordnen, daß etwaige Nachbrennflammen nicht an dem Gewebe entlang streichen und daß brennbare Körper nicht darauf fallen können. Um das Nachbrennen abzuschwächen, sind mehrere kleine Netzflächen (nicht wenige große) zu verwenden.

IV. **Ölkapselung.** Diese Kapselung besteht darin, daß der ganze Apparat, soweit an ihm Funkenbildung oder gefährliche Erhitzung durch elektrischen Strom möglich ist, in einen Behälter eingebaut wird, welcher mit harz- und säurefreiem Mineralöl gefüllt wird.

Der Ölstand ist so reichlich zu bemessen, daß das Auftreten von Funken über den Ölspiegel hinaus ausgeschlossen ist. Die hierfür erforderliche Höhe des Ölstandes ist durch eine Marke festzulegen. Die Ölstandshöhe muß erkennbar sein, ohne daß die Kapselung geöffnet zu werden braucht.

B. Anwendung der einzelnen Schutzvorrichtungen.

I. Bei Maschinen, Transformatoren und Apparaten können zwei Bauarten angewendet werden:

a) Die ganze Maschine, der ganze Transformator oder der ganze Apparat ist schlagwettersicher gemäß Abschnitt A zu schützen.

b) Nur diejenigen Teile von Maschinen, Transformatoren und Apparaten, an welchen betriebsmäßig Funken auftreten, sind schlagwettersicher gemäß Abschnitt A zu schützen. Die Teile dagegen, an denen nur in außergewöhnlichen Fällen Funken auftreten können, erhalten eine erhöhte Sicherheit gegenüber normaler Ausführung, und zwar:

1. durch einen besonderen mechanischen Schutz,
2. durch eine Erhöhung der für die Prüfung vorgeschriebenen Isolierfestigkeit um 50%,
3. durch die Herabsetzung der zulässigen Erwärmung um 25%.

II. Für Apparate gilt noch folgendes:

Flüssigkeitsanlasser ohne besondere Schutzvorkehrungen sind unzulässig.

Bei Widerständen kann von allen Schutzvorrichtungen abgesehen werden, wenn gleichzeitig:

a) die elektrische Beanspruchung des Materials so gering ist, daß eine gefährliche Erwärmung ausgeschlossen ist;
b) das Widerstandsmaterial so fest ist, daß im gewöhnlichen Betriebe ein Bruch nicht eintreten kann und es so sicher befestigt ist, daß gegenseitiges Berühren ausgeschlossen ist;
c) durch geeignete Abdeckung das Hineinfallen von Fremdkörpern und Eindringen von Tropfwasser verhindert wird;
d) alle Drahtverbindungen verlötet oder gesichert verschraubt sind.

Alle Schraubkontakte, welche nicht durch Kapselungen geschützt werden können, sind so zu sichern, daß eine Lockerung der Verschraubung und damit ein schlechter Kontakt nicht eintreten kann (z. B. Anschlußklemmen von Motoren, Widerständen u. a.).

Steckkontakte müssen so gebaut sein, daß die Stecker fest in den Dosen sitzen, daß also im Ruhezustand keine Funken auftreten; sie müssen ferner mit schlagwettersicheren Schaltern derart verriegelt sein, daß das Einsetzen und Herausnehmen des Steckers nur in spannungslosem Zustande erfolgen kann.

C. Andere Bauarten.

Andere als die unter A und B genannten Bauarten von Maschinen, Transformatoren und Apparaten sind zulässig, sofern sie sich bei einer besonderen Prüfung durch eine anerkannte Schlagwetter-Versuchsstelle als schlagwettersicher erwiesen haben.

5. Auszug aus den Normalien für die Bezeichnung von Klemmen bei Maschinen, Anlassern, Regulatoren und Transformatoren[1]).

Gültig ab 1. Juli 1909.

Angenommen auf den Jahresversammlungen 1908 und 1909.

A. Allgemeines.

Es wird empfohlen, auf den Maschinen, den dazu gehörigen Apparaten und Transformatoren der im allgemeinen üblichen Bau- (Gleichstrommaschinen mit Nebenschluß-, Hauptstrom- und Compoundwicklung mit oder ohne Wendepole bzw. Kompensationswicklung, Ein- und Mehrphasen-Maschinen, Umformer, Doppelgeneratoren, Transformatoren, Anlasser, Regulatoren usw.) einheitliche Bezeichnungen an den Klemmen anzubringen. Bei Spezialausführungen (z. B. Zweikollektormaschinen, Kommutatormaschinen für Wechselstrom, Spezialanlasser usw.) werden für die notwendigen Ergänzungen vorläufig keine einheitlichen Bezeichnungen festgelegt.

Die normale Klemmenbezeichnung soll das Schaltungsschema nicht ersetzen.

Eine Klemme kann bzw. muß unter Umständen mehrere Buchstaben erhalten.

B. Maschinen und dazu gehörige Apparate.

Der Drehsinn (Rechtslauf: im Uhrzeigersinn, Linkslauf: entgegen dem Uhrzeigersinn) ist bei Maschinen stets von der Riemenscheiben- bzw. Kupplungsseite aus gesehen zu verstehen.

I. Gleichstrom.

Die einheitliche Bezeichnung der Klemmen von Gleichstrommaschinen, Anlassern und Regulatoren soll sein:

Anker	mit $A-B$
Nebenschlußwicklung	„ $C-D$
Hauptstromwicklung	„ $E-F$
Wendepolwicklung bzw. Kompensationswicklung	„ $G-H$
Fremderregte Magnetwicklung	„ $J-K$
Leitung, unabhängig von Polarität	„ L
Netz, Zweileiter	„ $N-P$
„ Dreileiter	„ $N-O-P$
„ Nulleiter	„ O
Anlasser	„ $L, M, R,$

---

[1]) Die „Normalien für die Bezeichnung von Klemmen bei Maschinen, Anlassern, Regulatoren und Transformatoren" sind zusammen mit den „Normalien für Bewertung und Prüfung von elektrischen Maschinen und Transformatoren", den „Normalen Bedingungen für den Anschluß von Motoren an öffentliche Elektrizitätswerke" und den „Normalien für die Verwendung von Elektrizität auf Schiffen" in einem Bande (Taschenformat) erschienen und können von der Verlagsbuchhandlung Julius Springer, Berlin, bezogen werden.

wobei

L mit N oder P verbunden werden kann,
M „ C „ D (ev. über einen Regulator),
R „ A „ B, E, F, G, H je nach Schaltung.

Bei Umkehranlassern sind diejenigen Klemmen, deren Vertauschung zur Änderung des Motordrehsinnes erwünscht ist, doppelt zu bezeichnen, wobei die für einen der beiden Drehsinne gültige Gruppe in Klammern zu setzen ist, z. B. bei Stromumkehrung im Anker A (B) und B (A).

Es empfiehlt sich, nach Montage die nicht benutzten Bezeichnungen ungültig zu machen.

Bei Magnet-Regulatoren sind die Klemmen, welche mit dem Widerstand verbunden sind . . mit $s-t$ zu bezeichnen, wobei s mit dem Schleifkontakt unmittelbar in Verbindung steht und mit

C oder D bei Selbsterregung,
J „ K „ Fremderregung
zu verbinden ist.

Wenn eine mit dem Ausschaltkontakt verbundene Klemme vorhanden ist, wird sie . mit q bezeichnet.

Wiederholen sich Bezeichnungen an der gleichen Maschine, so sind dieselben durch Indizes zu unterscheiden, z. B. bei Doppelkommutatormaschinen mit A_1-B_1, A_2-B_2
bei Maschinen mit Wendepol- und Kompensationswicklung

für erstere . . . . mit G_1-H_1
„ letztere . . . . „ G_2-H_2

II. Wechselstrom (ausschl. Kommutatormaschinen). (Einphasen- und Mehrphasenstrom.)

Die einheitliche Bezeichnung von Wechselstrommaschinen, Anlassern und Regulatoren soll sein:
Anker bzw. Primäranker . . mit U, V, W
bei verketteter Schaltung.
(bei Einphasenstrom $U-V$)
Anker bzw. Primäranker . . „ U, V, W, X, Y, Z
bei offener Schaltung, wobei $U-X, V-Y, W-Z$ je zu einer Phase gehören.
Bei Zweiphasenstrom ist die
Bezeichnung . . . . . $U-X, Y-V$
(bei Verkettung erhält der Verkettungspunkt die Bezeichnung X, Y.)

Bei **Einphasenmotoren** mit
Hilfsphase wird die Hauptwicklung . . . . mit $U-V$
die Hilfswicklung . . . ,, $W-Z$
bezeichnet.

Nullpunkt und bei Einphasenstrom der Mittelleiter . . . . ,, O

Sekundäranker (dreiphasig) . ,, u, v, w

Sekundäranker (zweiphasig) ,, $u-x, y-v$

Magnetwicklung (Gleichstrom) ,, $J-K$

Leitung, unabhängig von Polarität bzw. Phase . . . . ,, L

Netz, Drehstrom mit drei Leitungen . . . . ,, R, S, T

Netz, Drehstrom mit vier Leitungen (Nulleitung) . . . . ,, O, R, S, T

Netz, Einphasenstrom, Zweileiter . . . . ,, $R-T$

Netz, Einphasenstrom, Dreileiter . . . . ,, $R-O-T$

Netz, Zweiphasenstrom . . ,, $Q-S, R-T$

Bei Regulatoren für Generatoren sind die Klemmen, welche mit dem Widerstand verbunden sind . . . . ,, $s-t$
zu bezeichnen, wobei s mit dem Schleifkontakt in unmittelbarer Verbindung steht und mit J oder K zu verbinden ist. Wenn eine mit dem Ausschaltkontakt verbundene Klemme vorhanden ist, wird sie . . . . ,, q
bezeichnet.

Bei Anlassern werden die Klemmen bezeichnet:

am Sekundäranlasser
bei dreiphasiger Ausführung . ,, u, v, w
,, zweiphasiger ,, ,, $u-x, y-v$

an Primäranlassern für Drehstrom . . . . ,, X, Y, Z
wenn sie im Nullpunkt angeschlossen werden.

,, Primäranlassern . . . . . ,, U_1-U_2, V_1-V_2
$W_1-W_2.$
wenn sie zwischen Netz und Motor angeschlossen werden.

Bei Umkehranlassern werden die Netzanschlüsse mit R, S, T, die Anschlüsse an den Primärankern mit U (W), V, W (U) bezeichnet.

Es empfiehlt sich, nach Montage die nicht benutzten Bezeichnungen ungültig zu machen.

Es wird empfohlen, daß bei Drehstromgeneratoren die Reihenfolge der Buchstaben U, V, W bei Rechtslauf und beim Netz die Buchstaben R, S, T die zeitliche Reihenfolge der Phasen angibt.

Beispiel für die Bezeichnung der Klemmen nach vorstehenden Normalien bei einem

Gleichstrom-Generator und -Motor.

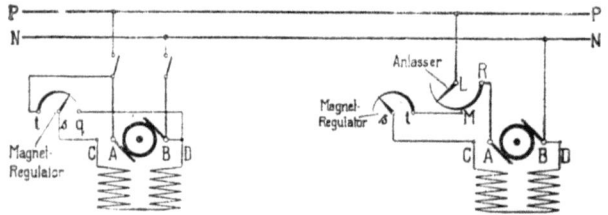

Gleichstrom-Dynamo mit Magnetregulator

Gleichstrom-Motor mit Anlasser und Magnetregulator

Abb. 39 u. 40.

6. Prüfvorschriften für die gekürzte Untersuchung elektrischer Isolierstoffe[1]).

Gültig ab 1. Juli 1914.

I. Allgemeines.

Die abgekürzte Untersuchung elektrischer Isolierstoffe beschränkt sich auf folgende Ermittlungen:

A. Mechanische und Wärmeprüfung.

1. Biegefestigkeit.
2. Schlagbiegefestigkeit.
3. Kugeldruckhärte.
4. Wärmebeständigkeit.
5. Frostbeständigkeit[2]).
6. Verhalten in der Flamme.

B. Elektrische Prüfung.

1. Oberflächenwiderstand.
2. Lichtbogensicherheit.

Probenform.

Als Normalformen für die Versuche sind Platten und Flachstäbe anzuwenden, deren Abmessungen folgende sind:

Stäbe
- Dicke . . . . . . $a = 1{,}0$ cm,
- Breite . . . . . . $b = 1{,}5$,,
- ganze Länge . . . $L = 12{,}0$,,

Platten
- Dicke . . . . . . $1{,}0$ cm,
- Fläche . . . . . . 12×15 cm.

Für die Untersuchung eines Isolierstoffes sind insgesamt 40 Normalflachstäbe und 20 Platten erforderlich.

Die elektrische Prüfung kann an Material, das sich in der Plattengröße nicht herstellen läßt, auch ausgeführt werden, wenn sich auf den Stücken ebene Flächen von 10×2 cm befinden.

---

[1]) Vgl. den Aufsatz von Passavant ETZ 1912 S. 450.
[2]) Kommt nur in Betracht für Materialien, die im Freien Verwendung finden.

II. Versuchsausführung.

A. Mechanische und Wärmeprüfung.

1. Biegefestigkeit.

α) 3 Versuche mit dem Material im Anlieferungszustand;
β) 3 Versuche nach 30tägiger Lagerung in Petroleum bei Zimmertemperatur.

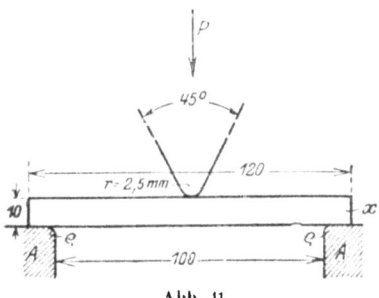

Abb. 41.

Versuchsausführung nach Abb. 41. Die Kraft P greift in der Mitte zwischen den beiden Auflagern AA mit einer Druckfinne an, deren Schneidenwinkel 45°, deren Abrundung $r = 2{,}5$ mm beträgt. Die Kanten der Auflager AA sind bei ϱ nach $r = 1$ mm zu brechen. Stützweite gleich 100 mm.

Für stoßfreie Belastung und einwandfreie Kraftmessung ist Sorge zu tragen. Ferner ist darauf zu achten, daß die Probe auf den Widerlagern AA satt aufliegt.

Die Probe ist folgenden Laststufen je 2 Minuten lang zu beanspruchen:

$\quad\quad\quad\quad\quad\quad\quad\quad\quad\quad$ Vergleichszahl
$P = 15{,}8$ kg, d. s. $\varrho B = 158$ kg/qcm $\quad G = 1$
$P = 31{,}6$,, ,, ,, $\varrho B = 316$,, $\quad G = 2$
$P = 47{,}4$,, ,, ,, $\varrho B = 474$,, $\quad G = 3$
$P = 63{,}2$,, ,, ,, $\varrho B = 632$,, $\quad G = 4$
$P = 79{,}0$,, ,, ,, $\varrho B = 790$,, $\quad G = 5$

Die Vergleichszahlen G gelten als erreicht, wenn der Stab die Belastung P 2 Minuten getragen hat, ohne zu Bruch zu gehen oder wenn bei stark biegsamen Stoffen die Gesamtdurchbiegung in der Mitte kleiner als 5 mm bleibt.

Für die Feststellung der Gesamtdurchbiegung ist Ablesung am Millimetermaßstab hinreichend.

2. Schlagbiegefestigkeit.

α) 3 Versuche bei Zimmerwärme,
β) 3 Versuche in Kälte bei etwa -23° C;
(Dieser Versuch nur bei Materialien, die im Freien verwendet werden.)

Die Schlagbiegeversuche sind mit einem Normalpendelschlagwerk für 150 cm/kg auszuführen.

Die Schlagfinne soll einen Schneidenwinkel von 45° besitzen und ist nach $r = 3$ mm abzurunden.

Die Stützweite beträgt 70 mm.

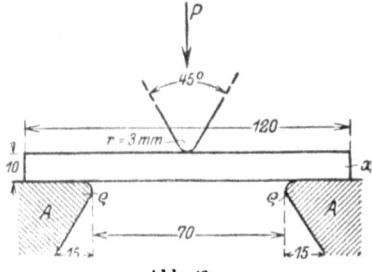

Abb. 42.

Die Auflager AA müssen gemäß Abb. 42 nach einem Winkel von 15° hinterschnitten, die Auflagerkanten ϱ nach $r = 3$ mm abgerundet werden, damit die Proben unbehindert durch die Auflager gehen können.

Die Schlagversuche werden ausgeführt:
α) bei Zimmerwärme,
β) an Proben, die unmittelbar vor dem Einbringen in das Schlagwerk auf etwa −23° C abgekühlt worden sind.

Vergleichszahlen werden zweckmäßigerweise später aufgestellt unter Zugrundelegung der mit dem Normalschlagwerk erhaltenen Versuchswerte.

3. Kugeldruckhärte.

3 Versuche.

Als Normalapparat ist der Martens-Heynsche Härteprüfer zu verwenden.

Angewendet wird eine Stahlkugel von 5 mm Durchmesser, die insgesamt 0,1 mm tief in die Probe eingedrückt wird. Die Belastungsgeschwindigkeit bis zur Erreichung der Eindrucktiefe von 0,1 mm hat 2,5 Minuten zu betragen. Sodann wird am Manometer die Kraft P in kg abgelesen und gilt als Härtemaß P_{01}.

Die Eindrücke sollen in der Mitte der 15 mm breiten Proben liegen.

Die Versuche sind bei 18 bis 20° C auszuführen.

Die Vergleichszahlen G bestimmen sich wie folgt:

$P_{01} = 73,1$ kg $\quad G = 5$
$P_{01} = 65,0$,, $\quad G = 4$
$P_{01} = 48,7$,, $\quad G = 3$
$P_{01} = 32,4$,, $\quad G = 2$
$P_{01} = 16,2$,, $\quad G = 1$

4. Wärmebeständigkeit.

3 Versuche.

Die Wärmebeständigkeit ist durch die Martensprobe mit einem Normalapparat festzustellen.

Die in senkrechter Lage von der Grundplatte g (siehe Abb. 43) festgehaltenen Proben p werden durch angehängte Gewichtshebel h mit der konstanten Biegespannung $d = 50$ kg pro qcm belastet und langsam erwärmt. Die Geschwindigkeit der Temperatursteigung soll 125 bis 150° C in der Stunde betragen. Die genaue Zahl wird nach Durchprüfung des Normalapparates angegeben und diesem angepaßt.

Ermittelt wird der Wärmegrad Ag, bei dem die Probe eine noch festzusetzende Durchbiegung (Absinken des Hebels) erfährt, und eventuell der Wärmegrad Ag, bei dem der Bruch der Probe eintritt.

5. Frostbeständigkeit.

(Nur bei Materialien, die im Freien Verwendung finden.)

Die Proben werden wassergetränkt nach vierwöchiger Lagerung unter Wasser abwechselnd 25mal je etwa 20 Stunden dem Frost bei etwa $-15°$ C ausgesetzt, und je 4 Stunden in Wasser von Zimmerwärme wieder aufgetaut. Die äußerlichen Veränderungen der Proben

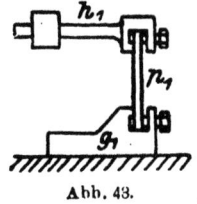

Abb. 43.

nach dieser Behandlung werden festgestellt. Vergleichsziffern werden mangels zahlenmäßiger Versuchsergebnisse nicht angegeben.

6. Verhalten in der Flamme.

3 Versuche.

a) **Brandsicherheit.** Es wird ein Normalstab zwei Minuten lang an der Flamme geheizt; danach wird untersucht:
1. ob der Stab nach Entfernen der Flamme weiter brennt oder erlischt;
2. der Zustand nach dem Brande.

b) **Feuersicherheit.** Es wird untersucht:
1. die Zündungsdauer (an einer Normalplatte), wobei die Mitte der Platte durch eine Bunsenflamme von unten erhitzt wird;
2. die Eigenbrenndauer, d. h. die Zeit, während welcher ein Normalstab des Versuchsmaterials einen Beitrag zu der Flamme des Bunsenbrenners liefert;
3. der Zustand dieses Stabes nach dem Brande (Kompaktheit usw.).

B. Elektrische Prüfung.

1. Oberflächenwiderstand.

Der Oberflächenwiderstand wird gemessen auf einer Fläche von 10×1 cm bei 1000 Volt Gleichspannung:

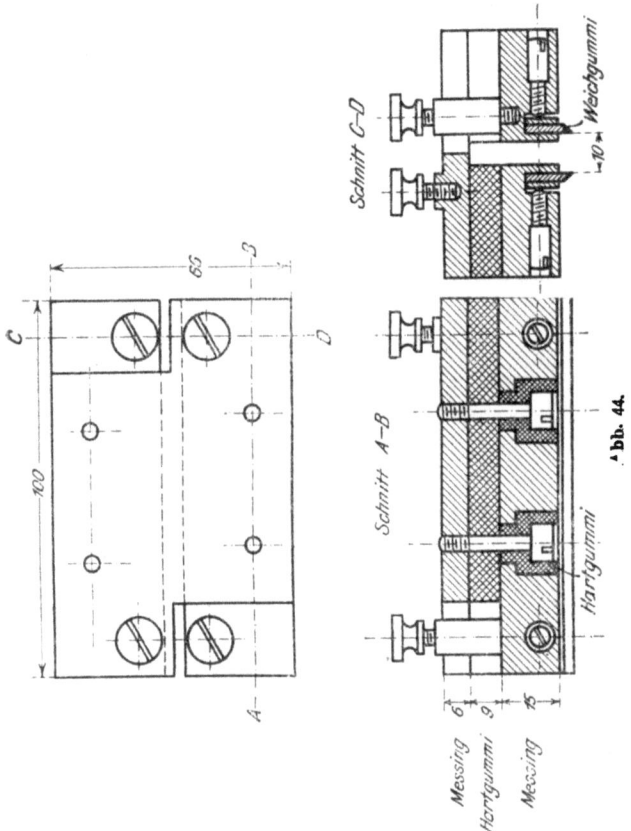

Abb. 44.

α) im Zustand der Einsendung, jedoch nach Abschleifen der Oberfläche;
β) nach 24 stündiger Einwirkung von Wasser;
γ) nach 3-wöchentlicher Einwirkung von 25-prozentiger Schwefelsäure;
δ) nach 3-wöchentlicher Einwirkung von Ammoniakdampf.

Zur Messung des Oberflächenwiderstandes werden zwei gerade 10 cm lange mit Gummi und Stanniol gepolsterte Elektroden einander parallel in 1 cm Abstand auf die Platte gesetzt. Siehe den Normalapparat Abb. 44. Das Schaltschema zeigt Abb. 45. Die eine Elektrode wird über einen Schutzwiderstand von 10 000 Ohm mit dem negativen Pol der Gleichspannung von 1000 V verbunden, deren positiver Pol geerdet ist; die andere Elektrode wird mit einer Klemme des Galvanometernebenschlusses verbunden, die andere Klemme liegt an der Erde. Um Kriechströme von der Messung auszuschließen, ist die Zuleitung zum Nebenschluß und von da zum Galvanometer mit einer geerdeten Umhüllung zu versehen, z. B. als Panzerader auszuführen. Die Halteplatte der Elektroden ist zu erden, das Galvanometer und sein Nebenschluß sind auf geerdete Unterlagen zu stellen; die Empfindlichkeit des Galvanometers soll mindestens 1×10^{-9} A für 1 mm Ausschlag bei 1 m Skalenabstand betragen, durch den Nebenschluß ist die Empfindlichkeit stufenweise auf $1/10$, $1/100$, $1/1000$, $1/10000$ und $1/100000$ herabzusetzen. Ein Kontakt des Nebenschlusses dient ferner zum Kurzschließen des

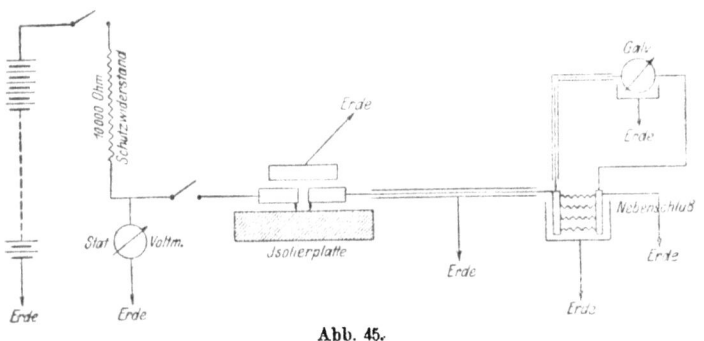

Abb. 45.

Galvanometers; zur Eichung des Galvanometerausschlages wird beim Nebenschluß $1/10000$ statt des Oberflächenapparates ein Drahtwiderstand von 1 Megohm eingeschaltet.) Dieser wird aus 0,05 mm starkem Manganindraht unifilar aufgewickelt und braucht nur auf 3% abgeglichen sein.) Der Schutzwiderstand besteht aus 0,1 mm starkem Manganindraht, der unifilar auf ein Porzellan- oder Glasrohr von etwa 6 cm Durchmesser und 50 cm Länge aufgewickelt ist, der Schutzwiderstand ist ebenfalls auf 3% genau abzugleichen. Ein statisches Voltmeter mißt die Spannung hinter dem Schutzwiderstand.

Gang der Messung.

Bei geöffnetem Schalter zwischen Schutzwiderstand und Oberflächenapparat wird mit Hilfe des statischen Voltmeters die Gleichspannung auf 1000 Volt eingestellt. Bei kurzgeschlossenem Galvanometer wird dann der Schalter zu dem Oberflächenapparat geschlossen; sinkt dabei die Spannung des Voltmeters unter 500 Volt, so beträgt der Oberflächenwiderstand des Materials weniger als 10 000 Ohm; bleibt die Spannung über 800 V, so kann mit dem Galvanometer gemessen werden.

Die Ablesung des Galvanometerausschlages erfolgt 1 Minute nach dem Anlegen der Spannung.

Die Vergleichszahlen stufen sich folgendermaßen ab:

Oberflächenwiderstand	Vergleichszahlen
über 1 Mill. Megohm	5
1 Mill. bis 10 000 Megohm	4
10 000 bis 100 Megohm	3
100 bis 1 Megohm	2
1 bis $^1/_{100}$ Megohm	1
unter $^1/_{100}$ Megohm	0

Zu jeder Versuchsreihe sind drei Platten zu verwenden, an jeder Platte sind mindestens zwei Messungen vorzunehmen.

Zu β. Nach dem Herausnehmen aus dem Wasser werden die Platten mit einem Tuch abgerieben und vertikal bei Zimmertemperatur in nicht bewegter Luft zwei Stunden stehen gelassen, um die äußerlich anhaftende Feuchtigkeit zu entfernen. Danach wird die Messung vorgenommen.

Zu γ. Nach dem Herausnehmen aus der Schwefelsäure werden die Platten etwa 1 Minute in fließendem Wasser abgespült, danach wie unter β behandelt.

Zu δ. Die Platten werden in großen Glasgefäßen aufgehängt, auf deren Boden eine gesättigte wässerige Ammoniaklösung sich befindet, die Gefäße werden mit Glasplatten abgedeckt. Von drei zu drei Tagen wird etwas Ammoniak zugefüllt, um die Verluste an Ammoniakdampf zu decken. Nach dem Herausnehmen aus den Gefäßen werden die Platten nach Feststellung des Aussehens mit einem trockenen Tuch abgerieben und gemessen.

2. Lichtbogensicherheit.

Die Platte wird horizontal gelegt und zwei angespitzte Reinkohlen von 8 mm Durchmesser in einen Winkel von etwas mehr als einem Rechten gegeneinander auf die Platte gesetzt, etwa um 60° gegen die Horizontale geneigt. An die Kohlen wird eine Spannung von etwa 220 Volt gelegt unter Vorschalten eines Widerstandes von 20 Ohm. Nach Bildung des Lichtbogens zwischen den Kohlen werden diese mit einer Geschwindigkeit, die 1 mm in der Sekunde nicht überschreiten soll, auseinander gezogen. Es werden dann folgende vier Stufen der Sicherheit gegenüber dem Lichtbogen unterschieden:

a) Der Lichtbogen läßt sich nicht über seine normale Länge von etwa 20 mm ausziehen.

b) Der Lichtbogen läßt sich weiter als etwa 20 mm ausziehen, es bildet sich aber keine zusammenhängende leitende Brücke im Material.

c) Unter dem Lichtbogen bildet sich eine leitende Brücke im Material, welche aber nach dem Erkalten ihre Leitfähigkeit verliert.

d) Unter dem Lichtbogen bildet sich eine leitende Brücke, welche auch nach dem Erkalten leitend bleibt.

Anhang: Auf Grund von Vereinbarungen mit dem Kgl. Materialprüfungsamt und der Physikalisch-Technischen Reichsanstalt wird die abgekürzte Prüfung von Isolierstoffen bei diesen beiden Ämtern nach den vorstehenden Vorschriften ausgeführt. Die sämtlichen notwendigen Proben sind an das Kgl. Materialprüfungsamt einzusenden, von dem aus die Verteilung des Materials vorgenommen wird. Die Kosten der Untersuchung sind in der nachstehenden Aufstellung angegeben.

Kosten

für die gekürzte Untersuchung eines Isolierstoffes im Kgl. Material-Prüfungsamt und der Physikalisch-Technischen Reichsanstalt.

Bezeichnung des Versuchs	Versuchsart	Prüfungsgebühr für eine Materialsorte ℳ	Bemerkungen
A_{01}	Biegefestigkeit. α) 3 Versuche im Anlieferungszustand, β) 3 Versuche nach 30 tägiger Lagerung in Petroleum.	51 (42)[1]	Erforderlich sind 40 Normalflachstäbe und 20 Normalplatten
A_{04}	Schlagbiegefestigkeit. α) 3 Versuche bei Zimmerwärme, β) 3 Versuche in der Kälte.		
A_{05}	Härte. 3 Versuche.		
B_{02}	Wärmebeständigkeit. 3 Versuche.	57 (39)[1]	
B_{05}	Frostbeständigkeit.		
B_{06}	Verhalten in der Flamme.		
	Oberflächenwiderstand. Lichtbogensicherheit.	50	

[1]) Die eingeklammerten Beträge gelten, wenn die Versuche unter $A_{04}β$ und B_{05} fortfallen.

7. Angaben über die früher normalisierten Glühlampenfüße und Fassungen mit Bajonettkontakt.

1. a_1, der Drehwinkel zwischen den Bajonettstiften und den Kontaktplättchen des Lampenfußes, sei ein Rechter. (Eine Genauigkeitsgrenze wurde hierbei nicht festgesetzt.)

2. A, der Abstand zwischen den äußersten Teilen der Kontaktplättchen in der durch 1 bestimmten Richtung, soll wenigstens 14 mm betragen.

3. a, der Abstand der Kontaktplättchen voneinander und ihr Abstand vom Metallring oder, falls ein solcher nicht vorhanden, von der zylindrischen Begrenzung des Lampenfußes soll wenigstens 3 mm betragen. (Eine bestimmte Form der Kontaktplättchen soll im übrigen nicht vorgeschrieben werden — vgl. Fig. 46, oben.)

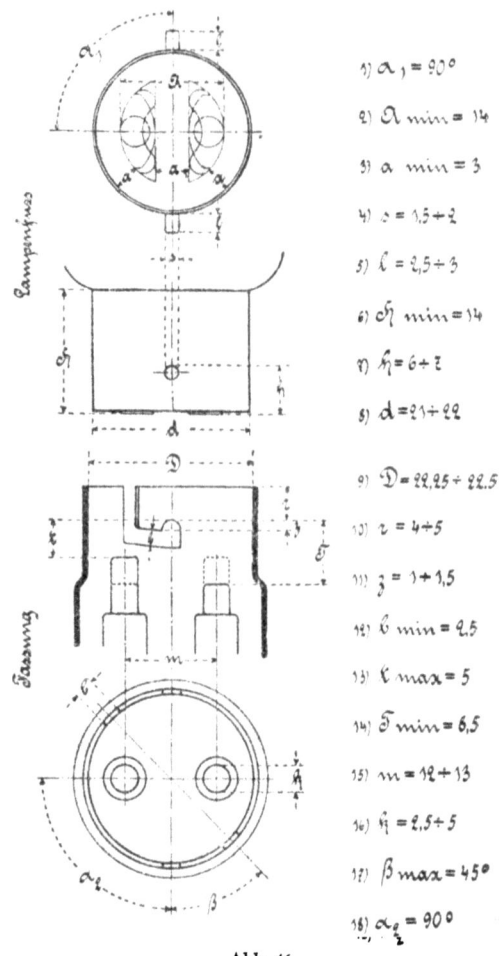

1) $a_1 = 90°$
2) $A\ min = 14$
3) $a\ min = 3$
4) $s = 1,5 \div 2$
5) $l = 2,5 \div 3$
6) $\delta\eta\ min = 14$
7) $h = 6 \div 7$
8) $d = 21 \div 22$
9) $D = 22,25 \div 22,5$
10) $v = 4 \div 5$
11) $\gamma = 1 \div 1,5$
12) $b\ min = 2,5$
13) $l\ max = 5$
14) $\delta\ min = 6,5$
15) $m = 12 \div 13$
16) $\eta = 2,5 \div 5$
17) $\beta\ max = 45°$
18) $a_2 = 90°$

Abb. 46.

4. s, die Stärke der Bajonettstifte, soll 1,5 bis 2 mm,

5. l, ihre Länge, 2,5 bis 3 mm betragen.

6. H, der Hals des Lampenfußes, soll von der Kontaktfläche an wenigstens 14 mm lang zylindrisch verlaufen.

7. h, die Höhe der Anschlagkante der Bajonettstifte von der Kontaktfläche ab gemessen, soll 6 bis 7 mm ausmachen.

8. d, der Außendurchmesser des Lampenfußes, soll 21 bis 22 mm betragen. (Dieser weite Spielraum wurde namentlich mit Rücksicht auf die Herstellung der Lampensockel aus Porzellan — ohne Messingring — angenommen.)

9. D, der Innendurchmesser der Fassung, soll 22,25 bis 22,5 mm betragen.

10. r, die Randbreite des Fassungsmantels von der Anschlagkante des Bajonetts ab, soll 4 bis 5 mm hoch sein.

11. z, die Zahnhöhe des Bajonetts, sei 1 bis 1,5 mm.

12. b, die Breite des Bajonettschlitzes, soll wenigstens 2,5 mm betragen.

13. t, die Tiefe der frei gelassenen Kontaktstifte (Pistons"), von deren Ende bis zur Anschlagkante des Bajonetts, soll höchstens 5 mm betragen.

14. T, die Tiefe der zurückgedrückten Kontaktstifte, ebenso gemessen, soll wenigstens 8,5 mm betragen.

15. m, der Mittenabstand der Kontaktstifte, betrage 12 bis 13 mm.

16. k, der Durchmesser der Kontaktstifte, sei 2,5 bis 5 mm.

17. β, der Drehwinkel von der Richtung der Bajonettstifte — bei eingesetzter Glühlampe — bis zu den Einführungsschlitzen am Rande des Fassungsmantels, soll höchstens 45° betragen.

18. a_2, der Drehwinkel zwischen derselben Richtung und der Verbindungslinie der Kontaktstifte, soll einen Rechten ausmachen. (Eine Genauigkeitsgrenze wurde auch hier nicht festgesetzt.)

8. Prüfungsbestimmungen der Physikalisch-Technischen Reichsanstalt.

Zentralblatt für das Deutsche Reich Nr. 15 vom 8. April 1910.

Allgemeine Bestimmungen.

Arbeitsgebiete.

§ 1. Die Physikalisch-Technische Reichsanstalt übernimmt die Ausführung von Prüfungen und Beglaubigungen nach den folgenden allgemeinen und den für die einzelnen Arbeitsgebiete erlassenen besonderen Bestimmungen. Die Arbeitsgebiete umfassen:

Präzisionsmechanik (Längenmaße, soweit sie nicht zur Maß- und Gewichtsordnung gehören, Lehren, Kreisteilungen, Schrauben,

Libellen, Tachometer, Arbeitszähler, Ausdehnungs- und Dichtebestimmungen u. a.);

Druck (Barometer, Manometer für hohe und niedrige Drucke, Luftpumpen, Indikatoren u. a.);

Akustik (Stimmgabeln, Resonatoren u. a.);

Wärme (Flüssigkeitsthermometer von — 200° bis 575° C, Widerstandsthermometer, Thermoelemente nebst Meß- und Registriervorrichtungen für Messungen bis 1600°, optische Pyrometer, Kalorimeter; Bestimmung von Schmelz- und Siedepunkten, spezifischen Wärmen und Verbrennungswärmen; Abel-Prober, Siedeapparate für Mineralöle, Zähigkeitsmesser u. a.);

Elektrizität (Widerstände, Normalelemente, Strom-, Spannungs-, Leistungsmesser, Elektrizitätszähler, Strom- und Spannungswandler, Frequenz- und Phasenmesser, Kapazitäten, Induktivitäten, Wellenmesser; Leitungs-, Widerstands-, Isolationsmaterialien, Dielektrika, Installationsgegenstände; Primärelemente, Akkumulatoren, Generatoren, Motoren, Transformatoren u. a.);

Magnetismus (magnetische Apparate und Materialien);

Optik (Hefnerlampen und Glühlampen für photometrische Zwecke, Beleuchtungslampen und Zubehör, photometrische Apparate; Bestimmung der optischen Konstanten von festen und flüssigen Körpern sowie von Linsen, Prismen und dioptrischen Apparaten; Untersuchung von Planflächen und Planparallelplatten, Quarzplatten und Saccharimetern u. a.).

Außerdem werden auch Untersuchungen anderer Art ausgeführt, wie die Prüfung von Glassorten auf Verwitterbarkeit und das Verhalten gegenüber chemischen Agentien, die Untersuchung von Metallen hinsichtlich ihrer Verwendbarkeit bei der Anfertigung von Apparaten u. dgl.

Prüfungsanträge.

§ 2. Die Prüfungsanträge sind schriftlich an die Physikalisch-Technische Reichsanstalt — Abteilung II — einzureichen. Ebenso sind alle sonstigen Schreiben, welche Prüfungsarbeiten betreffen, an die genannte Adresse, nicht an einen Beamten der Reichsanstalt zu richten.

Die Prüfungsanträge sollen die nötigen Angaben über Art und Umfang der Prüfung enthalten. Gegebenenfalls sind Gebrauchsanweisungen, Zeichnungen, Schaltungsskizzen u. dgl. beizufügen.

Von dem Eingang der Prüfungsanträge und der zugehörigen Gegenstände wird der Antragsteller benachrichtigt (vgl. §§ 6 und 9). In den Benachrichtigungsschreiben wird bemerkt, daß die Prüfungsbestimmungen für das Rechtsverhältnis zwischen der Reichsanstalt und dem Antragsteller maßgebend sind.

Zulassung zur Prüfung und Beglaubigung.

§ 3. Zur Prüfung zugelassen werden Gegenstände aus dem Arbeitsgebiete der Reichsanstalt, wenn die Untersuchungsergebnisse sich zahlenmäßig angeben lassen.

Die Prüfung kann gegebenenfalls mit einer Beglaubigung verbunden werden.

Zur Beglaubigung zugelassen werden nur diejenigen zur Prüfung geeigneten Gegenstände, vorwiegend Apparate und Instrumente, deren Herstellung und Material eine hinreichende Unveränderlichkeit der Angaben sichert und für welche amtlich Fehlergrenzen bekanntgegeben sind.

Die Angaben der zu beglaubigenden Apparate und Instrumente müssen auf den gesetzlichen oder amtlich vorgeschriebenen Einheiten beruhen. Diese Einheiten sowie die Firma oder das Fabrikzeichen des Verfertigers und eine Fabriknummer müssen auf den Gegenständen angegeben sein, soweit nicht in den besonderen Bestimmungen Ausnahmen vorgesehen sind.

Ob eine Gattung von Erzeugnissen einer Firma beglaubigungsfähig ist, wird — wenn nicht genügende Erfahrungen darüber in der Reichsanstalt bereits vorliegen — durch eine eingehende, auf Kosten der Firma vorzunehmende systematische Untersuchung entschieden.

Prüfung erster und zweiter Ordnung.

§ 4. Bei einer Reihe von Gegenständen, welche in den besonderen Bestimmungen angegeben sind, können zwei verschiedene Verfahren der Prüfung angewendet werden. Bei dem einen, der Prüfung I. Ordnung, wird eine möglichst hohe Meßgenauigkeit angestrebt und der Einfluß von Nebenumständen (z. B. der Temperatur, Einschaltungsdauer usw.), soweit erforderlich, ermittelt.

Bei der Prüfung II. Ordnung begnügt man sich mit einem geringeren Grade der Genauigkeit und im allgemeinen mit einer beschränkten Anzahl von Beobachtungspunkten.

Wenn beide Arten von Prüfungsverfahren zugelassen sind, ist bei Einreichung des Prüfungsantrags anzugeben, in welcher Weise die Prüfung geschehen soll. Enthält der Antrag keine derartige Angabe, so verfährt die Reichsanstalt nach eigenem Ermessen.

Ort der Prüfung.

§ 5. Die Prüfungen erfolgen in den Räumen der Reichsanstalt, ausnahmsweise nach besonderer Vereinbarung auch außerhalb.

Erledigungsfristen gewöhnlicher und beschleunigter Prüfungen.

§ 6. Die Prüfungen werden in derjenigen Reihenfolge erledigt, in der die Prüfungsanträge und zugehörigen Gegenstände eingehen. Die Erledigungsfristen richten sich nach der jeweiligen Geschäftslage und werden dem Antragsteller in dem Benachrichtigungsschreiben (vgl. § 2) mitgeteilt.

Beschleunigte Prüfungen unter Abweichung von der oben angegebenen Reihenfolge werden nur in dringenden Fällen und gegen Zahlung erhöhter Gebühren ausgeführt. Dem Einsender eines dahin gehenden Antrags wird umgehend mitgeteilt, ob letzterem stattgegeben werden kann und innerhalb welcher Zeit die Erledigung erfolgen wird.

Ablehnung von Prüfungsanträgen.

§ 7. Prüfungsanträge können abgelehnt werden,
1. wenn der Antragsteller zur Bedingung macht, daß die Reichsanstalt von der Einrichtung des zu prüfenden Gegenstandes nicht Kenntnis nehmen darf;
2. wenn die zur Durchführung der Prüfung erforderlichen Einrichtungen in der Reichsanstalt fehlen oder zuverlässige Methoden zur Erledigung des Prüfungsantrags nicht bekannt sind;
3. wenn der eingereichte Gegenstand so augenfällige Mängel oder Beschädigungen aufweist, daß eine Prüfung zwecklos sein würde;
4. wenn ein Antragsteller fremde Erzeugnisse, insbesondere zum Zwecke der Vergleichung von Fabrikaten verschiedenen Ursprungs, zur Prüfung einreicht, einen von der Reichsanstalt verlangten Nachweis aber nicht erbringen kann, daß die fremden Fabrikate einwandfrei, oder daß die Fabrikanten mit der beantragten Prüfung einverstanden sind;
5. wenn für die Ausführung der Prüfung ein wissenschaftliches oder technisches Interesse nicht besteht;
6. wenn der Antragsteller sich einer Zuwiderhandlung gegen § 15 schuldig gemacht hat;
7. wenn der Antragsteller sich den von der
8. Reichsanstalt erlassenen Prüfungsbestimmungen nicht unterwirft.

Anlieferung und Verpackung der Prüfungsgegenstände.

§ 8. Die Anlieferung der Prüfungsgegenstände hat — soweit sie nicht durch die Post oder die Bahn geschieht — an Werktagen zwischen 9 und 3 Uhr zu erfolgen.

Auf die Verpackung ist besondere Sorgfalt

Prüfungsbestimmungen der P. T. R.

zu verwenden. Die Versendung unter Wertversicherung[1]) ist ratsam.

Betreffs der Rücksendung bzw. Rückgabe der Prüfungsgegenstände siehe § 17.

Befund bei der Einlieferung.

§ 9. Die zur Prüfung eingereichten Gegenstände werden unmittelbar nach ihrem Eingang auf ihre Vollständigkeit, Übereinstimmung mit dem Begleitschreiben oder Prüfungsantrag und auf ihren Zustand untersucht. Zeigen sich hierbei Beschädigungen oder liegt ein Grund zur Beanstandung vor, so wird dem Einsender umgehend Mitteilung darüber gemacht (vgl. § 2).

Ausbesserung und Justierung.

§ 10. Kleinere Ausbesserungen an beschädigt eingehenden Gegenständen, sowie Einregulierungen und Justierungen können von der Reichsanstalt auf Kosten des Einsenders ausgeführt werden, sofern dies im Interesse der raschen Erledigung der Prüfung liegt und der Einsender sein Einverständnis erklärt.

Kennzeichen der erfolgten Prüfung und Beglaubigung.

§ 11. a) Prüfungsscheine und Beglaubigungsscheine. Die Untersuchungsergebnisse von geprüften und beglaubigten Gegenständen werden dem Einsender zahlenmäßig in Scheinen mitgeteilt, soweit nicht besondere Bestimmungen ein anderes Verfahren vorschreiben[2]). Die Scheine tragen die Bezeichnung „Prüfungsschein" oder „Beglaubigungsschein".

Allgemeine und vergleichende Urteile über die Güte oder Brauchbarkeit der untersuchten Gegenstände werden in den Scheinen nicht abgegeben.

„Beglaubigungsscheine" erhalten nur diejenigen geprüften Gegenstände, welche den im § 3 angegebenen Bestimmungen genügen und die vorgeschriebenen Fehlergrenzen nicht überschreiten.

„Prüfungsscheine" erhalten die übrigen von der Reichsanstalt auf Antrag untersuchten Gegenstände. Erweist sich jedoch ein Gegenstand bei der Prüfung als für seinen Zweck ungeeignet, so wird ein Prüfungsschein nicht ausgestellt, sondern das Prüfungsergebnis dem Antragsteller in dem Abfertigungsschreiben mitgeteilt.

Die Beglaubigungsscheine führen oben den Reichsadler, um sie äußerlich von den Prüfungsscheinen zu unterscheiden.

b) Stempelung. Geprüfte Gegenstände, welche mit einem Prüfungsschein versehen

---

[1]) Versicherungsgebühr 10 Pf. bei Postsendungen bis zum Werte von 600 M.
[2]) Ärztliche Thermometer und Legierungskörper für Dampfkessel-Sicherheitsapparate erhalten keine Scheine.

werden und eine Stempelung zulassen, erhalten zum Nachweis der erfolgten Prüfung das Stempelzeichen PTR.

Bei beglaubigten Gegenständen tritt zu dem Zeichen PTR der Reichsadler hinzu.

Apparate, welche einer Prüfung I. Ordnung (§ 4) unterworfen und beglaubigt werden, erhalten bei der Stempelung außerdem als „Präzisions-Apparate" einen fünfstrahligen Stern.

Die zu stempelnden Gegenstände können ferner eine Nummer, die Jahreszahl der Prüfung und einen amtlichen Verschluß erhalten.

Nachprüfung.

§ 12. Unter Nachprüfung wird die wiederholte, in der Regel vereinfachte Prüfung solcher Gegenstände verstanden, welche sich als bereits früher in der Reichsanstalt geprüft identifizieren lassen. Gegenstände, an denen seit der letzten Prüfung oder Beglaubigung wesentliche Teile geändert oder die Verschlüsse entfernt worden sind, werden nicht zur Nachprüfung zugelassen, sondern so behandelt, als ob sie zum erstenmal an die Reichsanstalt eingesandt worden wären.

Der zuletzt ausgestellte Prüfungs- oder Beglaubigungsschein ist mit einzureichen. Er wird ungültig gemacht und dem Einsender zurückgegeben.

Kann nach dem Ausfall der Nachprüfung ein neuer Prüfungs- oder Beglaubigungsschein ausgestellt werden, so wird in diesem auf die frühere Prüfung hingewiesen.

Im übrigen wird bei der Nachprüfung, wie folgt, verfahren:

a) bei geprüften Gegenständen.

Wird ein neuer Prüfungsschein ausgestellt, so erhält der Gegenstand die Jahreszahl der neuen Prüfung, wenn sein Stempel die Angabe eines Jahres bereits enthielt.

b) bei beglaubigten Gegenständen.

Der Gegenstand wird nur hinsichtlich des Einhaltens der Beglaubigungs-Fehlergrenzen geprüft. Liegen seine Angaben, eventuell nach Justierung durch die Reichsanstalt (vgl. § 10), innerhalb dieser Fehlergrenzen, so behält der Gegenstand seinen alten Beglaubigungsstempel und wird nötigenfalls mit der Jahreszahl der neuen Prüfung versehen.

Hält er die Fehlergrenzen nicht ein, so wird der Beglaubigungsstempel entfernt oder ungültig gemacht und das Prüfungsergebnis dem Einsender in einem Prüfungsschein oder im Abfertigungsschreiben mitgeteilt.

Gebühren.

§ 13. Soweit nicht in den besonderen Bestimmungen feste Gebührensätze für die Prüfung und Beglaubigung von Instrumenten usw. vorgeschrieben sind, erfolgt die Berechnung der Gebühren nach Maßgabe der aufgewendeten Arbeitszeit und des Verbrauchs an Material und elektrischer Energie. Hierbei wird für die Arbeitsstunde eines wissenschaftlichen Beamten der Satz von 5 M, für die anderer Beamten der Satz von 2,50 M zugrunde gelegt.

Bei beschleunigten Prüfungen (§ 6) gelten die doppelten, bei Nachprüfungen (§ 12) ermäßigte Gebühren. Ausnahmen hiervon sind in den besonderen Bestimmungen angegeben.

Für Prüfungen außerhalb der Reichsanstalt (§ 5) wird das 1½fache der Gebühren berechnet; dazu treten gegebenenfalls Reise- und Tagegelder, Transportkosten für Apparate, Ersatz barer Auslagen u. dgl.

Die Gebühren für Nachtarbeiten sind besonders zu vereinbaren.

Bei gleichzeitiger Einreichung einer größeren Anzahl gleichartiger Apparate zur Prüfung kann eine der verminderten Arbeitsleistung entsprechende Kürzung der Gebühren eintreten.

Mitteilung von Prüfungsergebnissen an dritte.

§ 14. Die Ergebnisse der Prüfung werden nur mit schriftlicher Zustimmung des Antragstellers anderen mitgeteilt.

Veröffentlichung von Prüfungsergebnissen.

§ 15. Schreiben der Reichsanstalt, welche Prüfungsergebnisse enthalten, sowie Prüfungs- und Beglaubigungsscheine dürfen für geschäftliche Zwecke in Zeitschriften, Geschäftsanzeigen und sonstigen Drucksachen nur im vollen Wortlaut veröffentlicht werden, Auszüge aber sowie Fassungen, die durch Zusätze oder Kürzungen entstanden sind, nur dann, wenn der Wortlaut der beabsichtigten Veröffentlichung von der Reichsanstalt gebilligt worden ist.

In der Reichsanstalt beschädigte Prüfungsgegenstände.

§ 16. Für die bei der Prüfung durch Zufall oder Fahrlässigkeit entstehende Beschädigung von Prüfungsgegenständen wird ein Ersatz nicht geleistet.

Für den beschädigten und einen an seiner Stelle eingereichten gleichen Gegenstand werden Prüfungsgebühren nicht erhoben. Diese Vorschrift findet keine Anwendung auf Verbrauchsgegenstände und in solchen Fällen, bei denen das Verschulden den Antragsteller trifft.

Bei Glasinstrumenten (Thermometern usw. werden die Prüfungsgebühren nur für das beschädigte Instrument erlassen.

Rücksendung bzw. Rückgabe der Prüfungsgegenstände.

§ 17. Die Prüfungsgegenstände werden von der Reichsanstalt im allgemeinen in derselben Weise und in derselben Verpackung zurückgesandt, wie die Einsendung erfolgte (vgl. § 8). Muß eine neue Verpackung verwendet werden, so trägt der Antragsteller die Kosten.

Gegenstände, welche vom Antragsteller persönlich oder durch Boten eingeliefert worden sind, werden nach Erledigung der Prüfung dem Einsender zur Abholung zur Verfügung gestellt. Werden die Gegenstände innerhalb dreier Monate nicht abgeholt, so ist die Reichsanstalt berechtigt, sie zu vernichten, oder sonst nach ihrem Ermessen mit ihnen zu verfahren. Die Frist läuft von der Absendung der Mitteilung an, durch welche der Prüfungsgegenstand zur Abholung zur Verfügung gestellt wird. Die Frist läuft auch dann, wenn die Mitteilung den Adressaten nicht erreicht.

Charlottenburg, den 31. März 1910.

Physikalisch-Technische Reichsanstalt.
E. Warburg.

Sachverzeichnis.

Abschmelzstrom 54, 62.
Abstufung von Stromstärken 137.
Anlasser 131, 145, 165, 179.
Anschlußbolzen 137.
Anzeigevorrichtung 116, 127
Apparate 7, 13, 101, 143, 147, 163.
Armaturen für Glühlicht 84.
Ausführungsregeln 15, 102, 140.
Auslösemagnete 115, 124.
Auslösestrom 115, 125.
Ausschalter 23, 26, 111, 144, 165, 168.
Bahnvorschriften 162.
Bajonettkontakt 11, 190.
Beleuchtungskörper 148, 166
Bergwerksvorschriften 140, 158.
Berührungsschutz 141.
Betriebsräume 154.
Bezeichnungen 159.
Bezeichnung von Klemmen 179.
Bienenwachs, Prüfung mit 24, 33.
Blechkappen 30.
Bolzen (Anschluß) 137.
Darstellungen, schematische 159.
Dosenschalter 23, 26, 143, 144, 163, 165.
Drahtgewebekapselung 177.
Drucker 23.
Edisongewinde 87, 91.
Edisonsicherungen 46, 54.
Elektromagnete 115, 124.
Emaillierung 20, 107.
Erdung 168.
Erdungsanschluß 20, 21, 107, 109.
Erklärungen z. d. Bahnvorschriften 162.
Erklärungen z. d. Errichtungsvorschr. 140.
Errichtungsvorschr. 139.
Fahrschalter 131, 145, 167.
Fassungen 64, 81, 147.
Fassungen mit Bajonettkontakt 11, 190.

Fassungsnippel 91.
Fassungsringe 65, 83.
Fernschalter 115, 123.
Feuchtigkeitssicher 18, 19, 105, 109.
Feuersicher 18, 19, 105, 109.
Freileitungen 153.
Frostbeständigkeit von Isolierstoffen 185.
Gehäuse 23, 29, 107, 109
Geschlossene Kapselung 175.
Gewindekorb 64, 82, 86.
Glühlampen 64, 81, 83, 147, 168.
Glühlampenfüße 65, 81, 83.
Glühlampenfüße mit Bajonettkontakt 190.
Glühlichtarmaturen 84.
Goliathgewinde 88.
Griffdorne 111, 119.
Griffe 23, 29, 107, 109.
Großes Edisongewinde 88.
Grundplatten für Apparate 109.
Grundzeichen 159.
Hahnfassungen 86.
Halbwattlampen 84.
Handlampen 84, 93, 148, 166.
Handräder 107, 109, 131, 143, 170.
Hebelschalter 111, 116, 144, 165, 170.
Hochspannung 140, 142, 162.
Höchststrom-Auslösung 115, 123.
Installationsmaterial 14.
Isolationszustand 142, 162.
Isolierfassungen 64, 82, 84.
Isolierrohre 96, 98.
Isolierstoffe, Prüfvorschriften 182.
Isolierte Leitungen 150.
Kennvorrichtung 51, 63.
Ketten 23, 29.
Klemmenbezeichnung 132, 179.
Kommission für Installationsmaterial u. Schaltapparate 7.
— für Isolierstoffe 9.

Kontaktbahn 132, 136, 145.
Kontakte 20, 22, 23, 29, 37, 43, 107, 109, 112, 119, 137, 144, 145.
Kontaktfedern 108.
Kontaktschrauben v. Stöpselsicherungen 48, 59.
Konzentrische Steckvorrichtungen 44.
Kragensteckvorrichtungen 45.
Kreuzstücke 97, 98, 154.
Kugeldruckhärte von Isolierstoffen 184.
Kuppeltraversen 109.
Kurzschlußprüfung v. Stöpselsicherungen 52, 60.
Lackierung 20, 107.
Lampenfüße 64, 83, 147.
Leitungen 151, 163, 167.
Lichtbogensicherheit von Isolierstoffen 188.
Magnetwicklungen 115, 123, 132.
Maximalrelais bei Drehstrom 127.
Mechanische Prüfung von Isolierstoffen 183.
Messerschalter 111, 118, 144, 165, 170.
Metallgehäuse 23, 29, 64, 83, 144.
Metallrohre 96, 98, 154.
Mignongewinde 88, 91.
Momentschaltung 29, 144.
Nennspannungen, Normale 11.
Nennstrom, Nennspannung, Nennleistung 18, 19, 105, 107.
Nennstromstärken, Normale 11.
Niederspannung 140.
Nippel 91.
Nippelgewinde 90.
Normalabmessungen 15, 102.
Normal-Edisongewinde 88, 91.
Nullspannungs-Auslösung 115, 123.
Oberflächenwiderstand von Isolierstoffen 186.
Offene Schmelzsicherungen 128.
Ölanlasser 132, 136.
Ölbehälter 114, 122.
Ölkapselung 177.
Ölschalter 111, 114, 116, 121, 144.
Ölstandanzeiger 114, 122, 132.
Panzerrohre 97, 154.

Papierrohre 96, 98, 154.
Patronensicherungen 55.
Pauschalfassungen 75, 79.
Physikalisch-Technische Reichsanstalt, Prüfbestimmungen 191.
Plattenschutzkapselung 176.
Prüfanstalten, Vereinigung 11.
Prüfformulare 16, 103.
Prüfungsbestimmungen der P. T. R. 191.
Prüfvorschriften 15.
Prüfvorschriften für Isolierstoffe 182.
Rachenlehren 59.
Reduziernippel 93.
Reflektoren 84.
Regeln 15, 102.
Regulierwiderstände 131, 133, 145, 170, 178, 180.
Reparierte Schmelzeinsätze 58, 146.
Rohre 96, 154, 163.
Sammelschienen 98.
Schaltanlagen 98, 142, 166.
Schaltapparate 14, 101, 143, 163.
Schaltbild 132, 136.
Schalter 23, 26, 111, 116, 144, 165, 170.
Schalter in Fassungen 79, 86, 93, 147.
Schalterstellung 114, 121, 144.
Schaltfassungen 80, 86, 147, 166.
Schaltleistung 112, 120.
Schalttafeln 98, 142, 166.
Schlagbiegefestigkeit von Isolierstoffen 183.
Schlagwetter-Schutz 175.
Schleifkontakt 23, 29.
Schlitze bei Anlassern 132, 136, 145.
Schlitze bei Schaltern 111, 118, 144.
Schmelzeinsatz 55, 128.
Schmelzraum 46, 57.
Schmelzsicherungen 46, 54, 128, 146, 165.
Schmierung der Kontakte 108.
Schnurpendel 148.
Schraubkontakte 137.
Schutzerdung 168.
Schutz gegen Berührung 141.
Schutz gegen Schlagwetter 175.
Selbstschalter 115, 123, 144, 146, 165, 168.
Serienschalter 32.

Sachverzeichnis.

Sicherungen 46, 54, 128, 146, 165.
Sicherungen in Steckdosen 43.
Sparsicherungen 58.
Stahlpanzerrohre 97, 154, 163.
Steckvorrichtungen 34, 40, 145, 165, 178.
Stiftsteckvorrichtungen 37.
Streifensicherungen 128, 146, 165.
Stromstärken, normale 12, 137.
Stromwandler 116, 125, 147, 169.
T-Stücke 97, 98, 154.
Trennschalter 111, 118, 144, 170.
Umschalter 23, 26, 111, 144, 165, 168.
Unverwechselbarkeit 36, 43, 48, 59, 75, 86, 145, 146.
Ursprungszeichen 20, 22, 108, 110.
Verteilungsanlagen 98, 142, 166.
Verteilungstafeln 98.
Verwechselbare Stecker 35, 43, 145.
Verzögerung 116, 125.
Vielfachsicherungen 58.
Vorschriften u. Regeln 15, 102, 140.
Wärmebeständigkeit von Isolierstoffen. 184.
Wärmeprüfung von Isolierstoffen 183.
Wärmesicher 18, 19, 105, 106.
Wechselschalter 27, 32.
Widerstände 131, 133, 145, 170, 178, 180.
Winkelstücke 97, 98, 154.

Verlag von Julius Springer in Berlin.

Die elektrische Kraftübertragung.
Von Obering. Dipl.-Ing. **Herbert Kyser.**

Erster Band: **Die Motoren, Umformer und Transformatoren.** Ihre Arbeitsweise, Schaltung, Anwendung und Ausführung. Mit 277 Textfiguren und 5 Tafeln.
In Leinwand gebunden Preis M. 11.—.

Zweiter Band: **Die Leitungen, Generatoren, Akkumulatoren, Schaltanlagen und Kraftwerkseinrichtungen.** Ihre Berechnungsweise, Schaltung, Anwendung und Ausführung. Mit 469 Textfiguren und 1 Tafel.
In Leinwand gebunden Preis M. 16.—.

Bau großer Elektrizitätswerke.
Von Prof. Dr. **G. Klingenberg.**

Erster Band: **Richtlinien, Wirtschaftlichkeitsrechnungen und Anwendungsbeispiele.** Mit 180 Textabbildungen und 7 Tafeln.
In Leinwand gebunden Preis M. 12.—.

Zweiter Band: **Verteilung elektrischer Arbeit über große Gebiete.** (Mit einer Baustatistik von Elektrizitätswerken und einer Arbeit über „Elektrizitätsversorgung der Großstädte" als Ergänzung des I. Bandes.) Mit 205 Textfiguren.
In Leinwand gebunden Preis M. 9.—.

Elektrische Starkstromanlagen.
Maschinen, Apparate, Schaltungen, Betrieb. Kurzgefaßtes Hilfsbuch für Ingenieure und Techniker sowie zum Gebrauch an technischen Lehranstalten. Von Dipl.-Ing. **Emil Kosack,** Oberlehrer an den Kgl. Vereinigten Maschinenbauschulen zu Magdeburg. Zweite, erweiterte Auflage. Mit 290 Textfiguren.
In Leinwand gebunden Preis M. 6.—.

Kurzes Lehrbuch der Elektrotechnik.
Von Dr. **Adolf Thomälen,** Elektroingenieur. Sechste, verbesserte Auflage. Mit 427 in den Text gedruckten Figuren.
In Leinwand gebunden Preis M. 12.—.

Die wissenschaftlichen Grundlagen der Elektrotechnik.
Von Prof. Dr. **Gustav Benischke,** Berlin. Dritte, teilweise umgearbeitete und vermehrte Auflage. Mit 551 Textfiguren.
In Leinwand gebunden Preis M. 15.—.

Das elektrische Kabel.
Eine Darstellung der Grundlagen für Fabrikation, Verlegung und Betrieb. Von Dr. phil. **C. Baur,** Ingenieur. Zweite, umgearbeitete Auflage. Mit 91 Textfiguren.
In Leinwand gebunden Preis M. 12.—.

Zu beziehen durch jede Buchhandlung.

Verlag von Julius Springer in Berlin.

Die Wechselstromtechnik.

Herausgegeben von Prof. Dr.-Ing. **E. Arnold,** Karlsruhe.
In fünf Bänden.

I. Theorie der Wechselströme von **J. L. la Cour** und **O. S. Bragstad.** Zweite, vollständig umgearbeitete Auflage. Mit 591 Textfiguren.
In Leinwand gebunden Preis M. 24.—.

II. Die Transformatoren. Ihre Theorie, Konstruktion, Berechnung und Arbeitsweise. Von **E. Arnold** und **J. L. la Cour.** Zweite, vollständig umgearbeitete Auflage. Mit 443 Textfiguren und 6 Tafeln.
In Leinwand gebunden Preis M. 16.—.

III. Die Wicklungen der Wechselstrommaschinen. Von **E. Arnold.** Zweite, vollständig umgearbeitete Auflage. Mit 463 Textfiguren und 5 Tafeln.
In Leinwand gebunden Preis M. 13.—.

IV. Die synchronen Wechselstrommaschinen. Generatoren, Motoren und Umformer. Ihre Theorie, Konstruktion, Berechnung und Arbeitsweise. Von **E. Arnold** und **J. L. la Cour.** Zweite, vollständig umgearbeitete Auflage. Mit 530 Textfiguren und 18 Tafeln.
In Leinwand gebunden Preis M. 22.—.

V. Die asynchronen Wechselstrommaschinen.
1. Teil: Die Induktionsmaschine. Ihre Theorie, Berechnung, Konstruktion und Arbeitsweise. Von **E. Arnold, J. L. la Cour** und **A. Fraenckel.** Mit 307 Textfiguren und 10 Tafeln.
In Leinwand gebunden Preis M. 18.—.

2. Teil: Die Wechselstromkommutatormaschinen. Ihre Theorie, Berechnung, Konstruktion und Arbeitsweise. Von **E. Arnold, J. L. la Cour** und **A. Fraenckel.** Mit 400 Textfiguren, 8 Tafeln und dem Bildnis E. Arnolds.
In Leinwand gebunden Preis M. 20.—.

Wechselstromtechnik.

Von Dr. **G. Roessler,** Professor an der Königlichen Technischen Hochschule in Danzig. (Zweite Auflage von „Elektromotoren für Wechselstrom und Drehstrom".) I. Teil. Mit 185 Textfiguren.
In Leinwand gebunden Preis M. 9.—.

Die Fernleitung von Wechselströmen.

Von Dr. **G. Roeßler,** Professor an der Königlichen Technischen Hochschule in Danzig. Mit 60 Textfiguren.
In Leinwand gebunden Preis M. 7.—.

Theorie der Wechselströme.

Von Dr.-Ing. **Alfred Fraenckel.** Mit 198 Textfiguren.
In Leinwand gebunden Preis M. 10.—.

Zu beziehen durch jede Buchhandlung.

Verlag von Julius Springer in Berlin.

Bedienung und Schaltung von Dynamos und Motoren,

sowie für kleine Anlagen ohne und mit Akkumulatoren. Von Ingenieur **Rudolf Krause**. Mit 150 Textfiguren.
In Leinwand gebunden Preis M. 3.60.

Anlasser und Regler für elektrische Motoren und Generatoren.

Theorie, Konstruktion, Schaltung. Von Ingenieur **Rudolf Krause**. Zweite, verbesserte und vermehrte Auflage. Mit 133 Textfiguren. In Leinwand geb. Preis M. 5.—.

Messungen an elektrischen Maschinen.

Apparate, Instrumente, Methoden, Schaltungen. Von Ingenieur **Rudolf Krause**. Zweite, verbesserte und vermehrte Auflage. Mit 178 Textfiguren.
In Leinwand gebunden Preis M. 5.—.

Elektrotechnische Meßkunde.

Von Dr.-Ing. **P. B. Arthur Linker**. Zweite, völlig umgearbeitete und verbesserte Auflage. Mit 380 Textfiguren.
In Leinwand gebunden Preis M. 12.—.

Elektrotechnische Winke für Architekten und Hausbesitzer.

Von Dr.-Ing. **L. Bloch** und **R. Zaudy**. Mit 99 Textfiguren.
In Leinwand geb. Preis M. 2.80.

Elektrizität im Hause.

In ihrer Anwendung und Wirtschaftlichkeit dargestellt von **Georg Dettmar**, Generalsekretär des Verbandes Deutscher Elektrotechniker. Mit 213 Textfiguren.
In Leinwand gebunden Preis M. 4.—.

Herstellung und Instandhaltung elektrischer Licht- und Kraftanlagen.

Ein Leitfaden auch für Nicht-Techniker unter Mitwirkung von Gottlob Lux und Dr. C. Michalke verfaßt und herausgegeben von **S. Frhr. v. Gaisberg**. Sechste, umgearbeitete und erweiterte Auflage. Mit 55 Textfiguren. In Leinwand gebunden Preis M. 2.40.

Alles elektrisch!

Ein Wegweiser für Haus und Gewerbe. Preisgekrönte Bearbeitung von **H. Zipp**, Ingenieur in Cöthen. Neue, durchgesehene Auflage. 81. bis 100. Tausend. Preis M. —.25.
Bei Bezug von 50 Expl. an ermäßigt sich der Stückpreis auf 20 Pf., bei 100 auf 16 Pf., bei 500 auf 14 Pf. und bei 1000 Expl. auf 12 Pf.

Der elektrische Landwirt.

Ein Merkbüchlein in Frage und Antwort. Von Dipl.-Ing. **A. Vietze**, Oberingenieur in Halle a. S. 31. bis 40. Tausend. Preis M. —.40.
Bei Bezug von 50 Expl. an ermäßigt sich der Stückpreis auf 36 Pf., bei 100 auf 34 Pf., bei 500 auf 32 Pf. und bei 1000 Expl. auf 30 Pf.

Zu beziehen durch jede Buchhandlung.

Beiträge zur Psychologie des Sehens

Ein experimenteller Einblick in das unbewußte Seelenleben

von

Dr. Emil Berger

ausl. korresp. Mitglied der kgl. Akademien der Medizin von Madrid und Turin

Mit 4 Figuren im Text und 6 stereoskopischen Tafeln (worunter 2 Doppeltafeln)

München
Verlag von J. F. Bergmann
1925

Nachdruck verboten.

Ubersetzungen, auch ins Russische und Ungarische, vorbehalten.

Universitätsdruckerei H. Stürtz A.G., Würzburg.

Einleitung.

Die Forscher, welche sich mit Untersuchungen über das unbewußte Seelenleben befaßten, sind zu dem Schlusse gelangt, daß in unserem Seelenleben das Unbewußte eine bei weitem größere Rolle spiele als das Vollbewußtsein.

Das Vollbewußtsein steht unter dem fortwährenden Einflusse der im Unbewußten aufgestappelten Erinnerungsbilder (von Prof. Forel Mnemen genannt). Der hirnanatomische Sitz unseres Vollbewußtseins ist in den „stummen" Hirnwindungen zu suchen, d. h. denjenigen, deren Zerstörung nicht lokalisierte Ausfallserscheinungen zur Folge hat. Nervenfäden verbinden dieses hirnanatomische Zentrum mit den Hirnrindengebieten, in welchen die Erinnerungsbilder aufgestappelt sind. Ohne diese Erinnerungsbilder wäre unser Vollbewußtsein nicht im Stande, die durch unsere Sinnesorgane erhaltenen Empfindungen zur richtigen Erkennung der Außenwelt zu verwerten.

Sehr eingehende Untersuchungen über das unbewußte Seelenleben konnten erst in der Neuzeit, wo die Untersuchungsmethoden der Psychologie eine wesentliche Vervollkommnung erhalten haben, ausgeführt werden. Wir müssen uns darüber Rechenschaft geben, daß in keiner Wissenschaft die Forschungsmethoden im Laufe von Jahrtausenden größere Wandlungen durchgemacht haben, wie dies bei der Psychologie der Fall war. Es mußte in dieser Wissenschaft erst so mancher vom Altertum herübergebrachte Schutt abgeräumt werden, um genauere Vorstellungen über das Wesen der Seelentätigkeit Platz zu machen. Bekanntlich hat ja die Psychologie im Altertum hauptsächlich in theoretischen Deduktionen von Theologen und Philosophen über das Wesen der Seele bestanden.

Erst in der Neuzeit entstand, hauptsächlich unter dem Einfluß von Herbart, Benke u. A. die empirische Psychologie. Vergeblich suchte die rationale Psychologie unter Hegel u. A. das Wesen der Seele auf spekulativem Wege zu ergründen. Allein ihre wichtigsten Fortschritte hat die Psychologie erst ungefähr seit einem Menschenalter gemacht, wo dieselbe hauptsächlich unter der Anregung von Helmholtz zu einer experimentellen Wissenschaft wurde und dadurch als neues Glied in die große Gruppe der Naturwissenschaften eintrat. Die Zeiten sind vorüber, in welchen der Unterricht der Psychologie in den Hochschulen darin bestand, daß ein Professor oder Dozent auf dem Katheter erschien und aus Notizen die Theorien zur Erklärung der Erscheinungen des Seelenlebens vorlas. Vielfach entstanden eigene Laboratorien für experimentelle Psychologie, deren Forschungsgebiet durch die Begründung von Laboratorien für vergleichende Psychologie wesentlich erweitert wurde. Solche, speziell für die Untersuchung des Seelenlebens der Tiere bestimmte Laboratorien wurden zuerst an zwei amerikanischen Universitäten, der Harward University und der Hopkins University, errichtet.

Was aber die experimentelle Psychologie von anderen experimentellen Naturwissenschaften (Physiologie, experimentelle Pathologie, Biologie usw.) besonders unterscheidet, ist der Umstand, daß die für die erstere erforderliche Experimentaltechnik bei weitem schwieriger ist, als bei den oben angeführten Naturwissenschaften und deshalb dürften trotz gerechter Anerkennung des bisher auf dem Gebiete der experimentellen Psychologie Geleisteten, viele wichtige Forschungen, vielleicht sogar die wichtigsten, den zukünftigen Generationen vorbehalten sein.

Ein Teil der von mir hier mitgeteilten Experimenten war Gegenstand von Vorlesungen und Demonstrationen, welche ich in als „Gast" an mehreren Schweizerischen wissenschaftlichen Vereinigungen abgehalten habe. Übrigens waren mehrere Ergebnisse meiner Untersuchungen bereits früher in meinem Namen von Herrn Dr. G. Weiss, Professor der Biologischen Physik an der medizinischen Fakultät in Paris in der dortigen Académie de Médecine und der Société de Biologie als biologische Erscheinungen mitgeteilt worden. Erst nachdem die Untersuchung einer großen Anzahl geübter Forscher mit meinen Experimenten erfolgt war, konnte ich die Verwertung derselben für die Psychologie vornehmen. Das Interesse für meine experimentellen Untersuchungen hat sich insbesondere sehr gesteigert, seitdem sich ergab, daß dieselben einen wichtigen Einblick in das unbewußte Seelenleben gestatten. Diesem Umstande habe ich offenbar zu verdanken, daß auch die Tagespresse meine diesbezüglichen Mitteilungen sehr ausführlich besprach oder von mir selbst abgefaßte Auto-Referate verlangte.

Der Nachweis von Mnemen (Erinnerungsbildern) von Doppelbildern im unbewußten Seelenleben.

Seit dem Altertum wurde vielfach die Frage diskutiert, warum wir die Außenwelt nicht doppelt sehen, da die Netzhautbilder welche von derselben in unsere beiden Augen projiziert werden, verschieden sind. Ohne auf alle diese sehr komplexe Frage betreffenden Diskussionen hier einzugehen, will ich nur die Tatsache feststellen, daß beim Kind, welches das Erkennen der Außenwelt durch den Gesichtssinn erlernt, zweifellos zuerst vielfach Doppelbilder der von ihm gesehenen Gegenstände auftreten. Es kann diese Tatsache dadurch bekräftigt werden, daß die visuellen Erinnerungsbilder dieser Doppelbilder selbst beim Erwachsenen noch nachweisbar sind, mithin im Hirnrinden-Zentrum für visuelle Erinnerungsbilder aus dem Kindesalter her erhalten blieben.

Das Kind lernt aber durch die Erfahrung, daß die von ihm täglich in Doppelbildern gesehenen Gegenstände, in Wirklichkeit einfach sind und daß die doppelten Konture eines Gesichtes oder von Gegenständen des täglichen Gebrauches usw. nicht einem wirklichen Bestehen derselben entsprechen. Das Kind und der Erwachsene haben zwei durch die angeborene Organisation der diesbezüglichen Nervenzentren (mithin nativististisch) gegebene Mittel, um das auf empirischem Wege als einfach erkannte und bekannte trotz der doppelten Konture auch einfach zu sehen:

1. Ist der beobachtete Gegenstand so aufgestellt, daß sein Netzhautbild auf die Stelle des feinsten Sehens (Fovea centralis) projiziert wird, so macht im Interesse des Einfachsehens das eine der Augen eine Rotationsbewegung, die jedoch im allgemeinen nicht 3⁰ in vertikaler und 5⁰ in horizontaler Richtung übersteigen kann und bringt durch diese im Interesse des binokulären Einfachsehens dem Beobachter unbewußt aufgezwungene monokuläre Rotationsbewegung die beiden Doppelkonture zur Fusion.

2. Wird das Doppelbild in einem anderen Teile des Gesichtsfeldes, in welchem die Sehschärfe, welche bekanntlich von dem Zentrum des Gesichtsfeldes (Fixierpunkt) nach der Peripherie zu abnimmt, entworfen, dann kommt es deshalb nicht zur Wahrnehmung von Doppelbildern, weil das Gehirn imstande ist, eines der beiden Netzhautbilder (am leichtesten jenes des schlechteren Auges) unbewußt zu unterdrücken.

Von dem Bestehen der erstgenannten Erscheinung kann man sich leicht durch folgenden Versuch überzeugen: Wird ein Prisma mit horizontaler Kante (Prismen lenken bekanntlich die Lichtstrahlen nach der Kante ab) vor ein Auge gesetzt, so sehen beide Augen einen fixierten **Punkt doppelt**: mit dem nicht mit dem Prisma versehenen Auge an der **richtigen Stelle**, mit dem mit dem Prisma versehenen Auge hingegen in vertikaler Richtung **verschoben**. Stellt man das Prisma mit horizontal ablenkendem Winkel (vertikal gerichtete Kante) vor ein Auge, so entsteht die analoge Erscheinung, nur ist dann das Doppelbild eines fixierten **Punktes** in horizontaler Richtung verschoben.

Wird jedoch ein **bekannter** Gegenstand des täglichen Lebens (Kopf u. dergl. mehr) mit dem Prisma vor ein Auge gehalten, binokulär beobachtet, so wird, falls die Prismenablenkung die oben erwähnten Grenzen nicht übersteigt, derselbe in Folge der unokulären Rotationsbewegung **einfach** gesehen, da in Folge der unokulären Rotationsbewegung die doppelten Konture zur Fusion gebracht werden.

Genau dieselbe Erscheinung tritt an den nach meiner Angabe von Herrn E. Horn, Ingenieur in Paris, ungemein genau ausgeführten Tafeln zur Bestimmung der Sehschärfe schwachsichtiger Augen auf[1]).

Bekanntlich wurde bisher bei Arbeitern, deren Sehschärfe infolge einer Verletzung geschädigt wurde, zur Bestimmung der Schädigung der beruflichen Arbeitsfähigkeit abwechselnd jedes Auge für sich mit Buchstaben, Ziffern oder Figuren von verschiedener Größe geprüft. Da der Verletzte im Stande ist, das mit dem geschädigten Auge gesehene mit den vom anderen Auge gesehenen zu vergleichen, so pflegt er, um eine möglichst hohe Prämie von der Versicherungsgesellschaft zu erhalten, die Schwachsichtigkeit des verletzten Auges zu **übertreiben**. Es gibt zahlreiche Methoden, um die Simulierung derartiger

---

[1]) I. Teil. Verlag von J. F. Bergmann, München. Der Text ist in deutscher Sprache. Die Aufschriften der Tafeln sind in deutscher und französischer Sprache.

Übertreibungen zu entlarven. Damit ist aber noch nicht festgestellt, wie groß die Sehschärfe des schlechteren Auges ist und wie hoch mithin die Prämie sein sollte, welche eine Versicherungsgesellschaft in dem vorliegenden Fall zu zahlen verpflichtet wäre.

Um Simulierung zu vermeiden, verwandte ich das Stereoskop, mit welchem man die Sehschärfe jedes Auges bei **Offenbleiben beider Augen** prüfen kann, ohne daß der Untersuchte weiß, **welches Auge** geprüft wird. An meinen stereoskopischen Tafeln (Fig. 1 und Tafel I) sind drei gleich große Quadrate angebracht: ein Quadrat zur Fixation des besseren und zwei Quadrate für die Untersuchung der Sehschärfe des schlechteren Auges. Durch die Untersuchung mit diesen Tafeln, an welchem die Quadrate in verschiedener Größe angebracht sind, wird festgestellt, bei welchem kleinsten Durchmesser der Quadrate dieselben vom schlechteren Auge noch als von **einander getrennte Flecken** erkannt werden. Damit ist das **minimum separabile** des schlechteren Auges bestimmt (vergl. Fig. 1).

■

■ ■

Fig. 1. Stereoskopische Tafel[1] I.

Haben beide Augen eine gute Sehschärfe, dann tritt bei der Fusion im Stereoskop eine überraschende Erscheinung auf (vergl. Fig. 2): Das Quadrat des fixierenden Auges wird mit einem der

---

[1] Die im Texte eingefügten Abbildungen sind aus Abhandlungen entnommen, in welchen ich bereits früher einige der hier besprochenen Erscheinungen in der „Schweizerischen Pädagogischen Zeitschrift" beschrieben habe. Für die frdl. Aufnahme dieser Abhandlungen sage ich dem Redakteur derselben Herrn Prof. Dr. W. Klincke und für die frdl. Überlassung der Klischees für diese Abhandlung von Seite des Verlages Orell Füssli in Zürich statte ich beiden meinen verbindlichsten Dank ab.

Doppelquadrate des anderen Auges fusioniert, trotzdem die Tafeln so angelegt sind, daß bei parallel gerichteten Sehlinien (Ruhelage der Augen) die Fusion in Form eines Schachbrettes erfolgen sollte.

Fig. 2. Fusion der 3 Quadrate im Stereoskope.

Es hat mithin bei dem in Fig. 2. abgebildeten Fusions-Phänomen eine **monokuläre Rotation stattgefunden**, welche **genau dieselben Grenzwerte aufweist**, wie bei dem früher beim Vorhalten eines Prismas vor ein Auge bereits erwähnten monokulären Rotation, welche letztere, wie bereits erwähnt wurde, **unbewußt** die Vermeidung von Doppelbildern veranlaßt.

Unser Unbewußtes, in welchem Erinnerungsbilder an beobachtete Doppelbilder aus der ersten Kindheit haften geblieben sind, nimmt mithin an, daß die beiden in Tafel I dargestellten Quadrate Doppelbilder des Einzelquadrates der anderen Seite seien. Dieses Fusionsphänomen bleibt selbst bei mit Experimentieren Vertrauten weiter bestehen, wenn man diese Forscher über die Anlage der Quadrate der stereoskopischen Tafeln aufgeklärt hat.

Unbewußtes und Vollbewußtsein. Unbewußte Schlüsse.

Im Seelenleben spielen, wie bereits früher erwähnt wurde, das **Unbewußte** und das **Unterbewußte** eine viel wichtigere Rolle, als allgemein angenommen wurde. Das Vollbewußtsein ist im vorliegenden Versuch **nicht im Stande, die irrtümlich im Unbewußten haftende Annahme,** daß die Doppelquadrate Doppelbilder des Einzelquadrates der anderen Seite seien zu **korrigieren.**

Bekanntlich haben in Deutschland hauptsächlich **Hartmann** das Unbewußte und in Frankreich **Bergson** das Unterbewußte im Seelenleben genauer untersucht. Aus Anlaß der Wahl des Letzteren in die Französische Akademie hob **Hanotaux** mit Recht hervor, daß bei der großen Masse ganz insbesondere **der Einfluß des Unbewußten und des Unterbewußten jenen des Vollbewußtseins überwiegt,** und daß sich in dieser Weise das Entstehen von Kriegen und Revolutionen erkläre, welche die Völker bei richtiger Einschätzung ihrer Folgen unterlassen hätten.

Eine andere Erscheinung tritt bei dem Fusions-Phänomen auf, welche unsere besondere Beachtung verdient. Das fusionierte Quadrat, über welchem der oberhalb des Einzelquadrates angebrachte schwarze Punkt liegt (vergl. Fig. 2), scheint **näher dem Beobachter** zu liegen, als das andere Quadrat. Dies erklärt sich dadurch, daß das fusionierte Quadrat infolge der Überlagerung von **zwei schwarzen Flächen,** "schwärzer", mithin deutlicher zu sein scheint. Eine ähnliche Erscheinung sehen wir an Gebirgen, welche bei reiner Atmosphäre angenähert zu sein scheinen. Unser Unbewußtes nimmt die Transparenz der Atmosphäre als einen **konstanten Faktor** an und beurteilt demgemäß die Entfernung der Gebirge nach der Klarheit, mit welcher sie gesehen werden, da andere Anhaltspunkte für die Schätzung ihrer Entfernung fehlen.

Anders verhält es sich, wenn die **Entfernung** des gesehenen Gegenstandes oder Bildes in zwei mit einander verglichenen Experimenten **dieselbe** ist. Nehmen wir z. B. zwei gleich große

Kaffee-Schalen, an deren Boden eine Blume angebracht ist. Man gieße in eine Schale klares Wasser, in die andere eine nicht transparente Flüssigkeit. Hier wird niemand daran zweifeln, daß die Blume am Boden der Kaffeeschale im letzteren Falle weniger deutlich erscheint, wie im ersteren, weil d i e Flüssigkeit weniger transparent ist.

Es ergibt sich, wie das Fusions-Phänomen beweist, daß es nicht nur unbewußte Schlüsse, welche bereits Helmholtz annahm, gebe, sondern daß diese unbewußten Schlüsse auch falsch sein können.

Die psychische Unterdrückung von Gesichtsempfindungen und von Erinnerungsbildern.

Dort wo eine psychische Inhibition der Empfindung eines Netzhautbildes oder eines Teiles desselben oder die Inhibition von Erinnerungsbildern auftreten, erfolgen dieselben, ohne daß wir von dem Auftreten dieser Erscheinungen uns bewußt sind.

Die in dieses Gebiet gehörenden Erscheinungen sind so häufig und von so großer praktischer Bedeutung, daß es unverständlich ist, warum dieselben selbst von Fachmännern so wenig beachtet werden. Zum Teil mag sich dies dadurch erklären, daß so manche der hierher gehörenden Erscheinungen in verschiedenen Wissensgebieten beschrieben sind und daß zum Nachweis dieser Erscheinungen spezielle Untersuchungsmethoden erforderlich sind. Es fehlte daher eine richtige Erklärung von so manchen hierher gehörenden Erscheinungen.

Die Erscheinungen des Ausfallens der Funktionen eines Nervenzentrums durch die Reizung eines anderen Nervenzentrums wurden zuerst von meinem Lehrer Prof. Brown-Séquard, in dessen Laboratorum im Collège de France in Paris ich die Ehre hatte, wissenschaftliche Experimente auszuführen, nachgewiesen. Diese Ausfallserscheinungen (Inhibition) sind seitdem von Physiologen und Neurologen vielfach bestätigt und ihre hohe Bedeutung für das Verständnis pathologischer Erscheinungen allgemein anerkannt worden. Als Beispiel diene nur die bekannte Tatsache, daß bei lokalisierten Erkrankungen des Gehirns (Abszeß, Geschwulst) nicht nur die erkrankten Hirnzentren entsprechende Ausfallserscheinungen (Lähmungen sensitiver und motorischer Nerven) hervorrufen, sondern daß auch Funktionsstörungen in vom Krankheitsprozeß nicht ergriffenen Nervengebieten die man als „Fernwirkung" beschrieb, auftreten können. Sehr häufig tritt z. B. als Fernwirkung Halbsehen auf. Es werden diese Ausfallserscheinungen als Folge von Inhibition gedeutet welche in dem genannten Beispiele im Kortikalen (Hirnrinden) Sehzentrum auftreten.

Hierher gehört z. B. auch die vom Pariser Augenarzt Dr. E. Javal als „Neutralistion" beschriebene Erscheinung: Bei Schielenden werden je ein Netzhautbild des gesehenen Gegenstandes auf verschiedene (nicht korrespondierende) Netzhautstellen entworfen. Es sollte mithin der Schielende doppelt sehen, aber durch die unbewußte psychische Unterdrückung des Netzhautbildes des schlechteren Auges wird Doppelsehen vermieden. Diese psychische Inhibition erfolgt im Interesse des binokularen Einfachsehens. Im übrigen wird ausnahmsweise zu Beginn des Schielens Doppelsehen klinisch beobachtet, und es kann andererseits zwischen der Stelle des feinsten Sehens und der exzentrisch gelegenen Stelle des Schielauges, welche der Gesichtslinie entspricht, ein **neues korrespondierendes**, die Tiefenwahrnehmung förderndes Verhältnis entstehen (vikariierende Makula, **Bielschowski**), welches aber weit hinter der Feinheit der Tiefenwahrnehmung des normalen Binokular-Sehens zurücksteht.

Für das **Entstehen** der psychischen Inhibition von Gesichtsempfindungen mag folgendes bekannte Experiment eine Vorstellung geben: Man betrachte im Stereoskop eine Tafel, auf welcher z. B. für das rechte Auge das Bild eines Hundes, für das linke Auge das Bild einer Katze angebracht sind. Da diese beiden Bilder (im Gehirn) nicht fusioniert werden können, so tritt **Wettstreit der Sehfelder** ein. Mit Intervallen von 8 bis 12 Sekunden wird bald ein Hund, bald eine Katze gesehen. Diese Interwalle entsprechen nach **Helmholtz** dem Wechsel unserer Aufmerksamkeit. Wird aber die **Aufmerksamkeit auf eines der Bilder** gerichtet, dann erfolgt eine **unbewußte Inhibition des anderen Netzhautbildes.**

Die psychische Unterdrückung des einen Netzhautbildes tritt nach einiger Lehrzeit in Berufen auf, welche nur die für ein Auge bestimmten Vergrößerungsgläser (das Mikros der Uhrmacher z. B.) verwenden. Ich habe über die berufliche „Einäugigkeit" in Schweizerischen Industrien und ihre Folgezustände an einer anderen Stelle[1]) berichtet. Der Hauptschaden, welchen die lange Benützung monokulärer optischer Instrumente anrichten kann, besteht darin, daß auch außer der Zeit der Benützung dieser Instrumente die psychische Inhibition des Netzhautbildes das für die Arbeit nicht verwandten Auges weiter bestehen kann. Eine Anzahl von hervorragenden Schweizerischen Uhren-Indu-

---

[1]) Natur und Technik. 1922, Februarheft. Die in den Gewerbeschulen tätigen Lehrer und Schulärzte würden gut tun, dieser wichtigen Frage ein warmes Interesse entgegenzubringen.

striellen, wie z. B. Paul Ditisheim in La Chaux-de-Fonds, welchen ich durch den Schweizerischen Physiker und letzten Nobelpreisträger, Herrn Dr. Ch. Ed. Guillaume, kennen lernte, beobachteten an sich selbst das Auftreten dieser durch lange unbewußte Unterdrückung eines Netzhautbildes bedingten Einäugigkeit und wandten zur Behebung derselben stereoskopische Übungen mit Erfolg an. Ein anderes, viel einfacheres Mittel zur Vermeidung dieser durch psychische Inhibition bedingten beruflichen Einäugigkeit besteht in dem Ersatze der monokulären Lupen durch nach meiner Angabe konstruierte, binokuläre Lupen[1]), die vielfach in Gewerbeschulen (zuerst in St. Jmmer, Schweiz) und gewerblichen Betrieben in Verwendung sind.

Ein sehr interessantes Beispiel von partieller psychischer Unterdrückung eines Netzhautbildes bietet folgendes von Helmholtz erwähnte Experiment: Blickt man binokulär in die Ferne, während man vor ein Auge einen Finger hält, so erscheint derselbe nach kurzer Zeit durchsichtig. Ich habe dieses Experiment weiter geprüft und folgendes konstatiert: Hält man bei binokulärem Sehen den Finger vor ein Auge und blickt man z. B. auf einen Baum, so erscheint der Finger durchsichtig. Verschiebt man den Finger hierauf gegen den konturlosen Himmel, dann erscheint der Finger, demselben entsprechend, nicht transparent. Auch, wenn man an einem mit mehreren elektrischen Lampen beleuchteten Plafond die Beobachtung dunklerer und hellerer Schatten vornimmt, so wird der Finger an der Stelle des Wechsels dunklerer und hellerer Schatten transparent, an anderen Stellen aber wieder undurchsichtig. Es handelt sich in diesen Experimenten um eine

---

[1]) Compt. Rend. Acad. des Sciences Paris, 1899, 23. Nov.

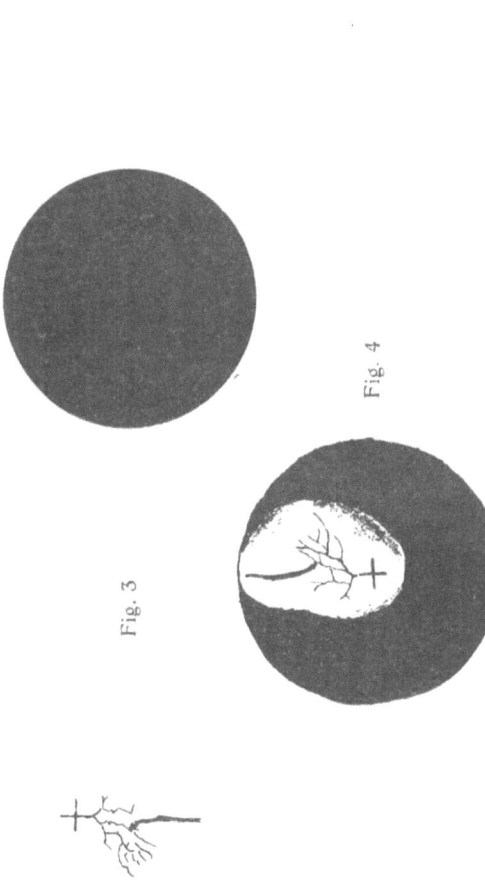

Fusion von Tafel II im Stereoskope. Unbewußte partielle Inhibition des rechten Netzhautbildes zum Zwecke der Wahrnehmung der Konture (Netzwerk) im linken Netzhautbild.

unbewußte-psychische, im Interesse des Erkennens von Konturen und Helligkeits-
unterschieden erfolgende, partielle Unterdrückung der Empfindung eines Teiles
eines Netzhautbildes.

Ein anderes Experiment welches das Entstehen von unbewußter partieller Unterdrückung eines Netzhautbildes, welche im Interesse des richtigen Erkennens von Konturen erfolgt,
beweist, ist folgendes:

Ich habe zur Bestimmung der Sehschärfe bei hochgradiger Schwachsichtigkeit eines Auges[1])
stereoskopische Tafeln angefertigt, in welchen zur Fixierung des besseren Auges ein Kreuz und zur
Prüfung des schwachsichtigen Auges runde schwarze Flecken von verschiedener Größe verwendet werden.
Im Stereoskop sieht man (Fig. 4) das Kreuz auf dem schwarzen Flecke von einem hellen Hofe
umgeben. Daß dieser helle Hof nicht durch einen Helligkeitskontrast im Sinne von E. Hering erklärt werden kann, ergibt folgender zweiter Versuch: Man zeichne auf ein Ende des Kreuzes ein fein-
maschiges Netz (vergl. Fig. 3) auf, welches bei der Fusion im Stereoskop einem Sektor des schwarzen
Fleckes entspricht. Bei der Fusion im Stereoskop erkennt man, daß der ganze dem Netze entsprechende Teil des schwarzen Fleckes heller erscheint.

Zahlreiche klinische Untersuchungen und Experimente, welche ich mit meinen Tafeln vor-
nahm, ergaben, daß leicht beim Erwachsenen und noch viel leichter beim Kinde eine unbewußte totale oder partielle Unterdrückung eines Netzhautbildes auftreten kann und daß die lange

---

[1]) Stereoskopische Tafeln zur Bestimmung der Sehschärfe schwachsichtiger Augen. II. Teil. München. J. F. Bergmann.

Anwendung von monokulären optischen Instrumenten auch in der Zeit der Nichtverwendung dieser Instrumente diese psychische Inhibition weiter bestehen kann, wodurch das Binokular-Sehen gefährdet wird. Der Russische Augenarzt Dr. B o r b r i ck hat mit Recht darauf aufmerksam gemacht, daß insbesondere im Kindesalter die lange Anwendung monokulärer Instrumente (z. B. der Uhrmacher-Lupe) zum Auftreten von Strabismus disponieren kann.

Daß Schreck, Angst u. dgl. m. auf die Erinnerungsbilder von Kindern hemmend wirken können, ist bekannt. Vielfach werden mit Unrecht Kinder der Unglaubwürdigkeit beschuldigt, wenn sie angeben, ein Geschehnis um welches sie befragt werden, nicht gesehen zu haben. Bekannt ist ja, daß infolge dieser Tatsache der Wert der Zeugenaussagen von Kindern vor Gericht angezweifelt wird. Auch die Tatsache, daß selbst glänzend vorbereitete Schüler beim Examen versagen können, ist auf u n b e w u ß t e psychische Inhibition von Erinnerungsbildern zurückzuführen. So mancher Examinand hat infolge dieser Erscheinung seine ursprünglich angestrebte Karriere verlassen müssen und hat sich später auf einem anderen Gebiete glänzend bewährt.

Die unbewußte psychische Unterdrückung eines Netzhautbildes hat manche Analogie mit der hysterischen monokulären Amblyopie und Amaurose.

Bekanntlich werden die klinischen Erscheinungen der Hysterie auf funktionelle Störungen der Hirnrinde zurückgeführt. Da der stereokognostische Sinn bei Hysterischen gestört ist, d. h. die beiden Netzhautbilder nicht zum Erkennen der Reliefunebenheiten verwendet werden können, so wird ein Netzhautbild im Interesse des binokulären Einfachsehens psychisch inhibiert. Sehr klar geht diese Auffassung aus Versuchen von L. D o r hervor. Bei einer Hysterischen wurde durch Übungen die Sehschärfe des schlechteren Auges gebessert. Als dies gelungen war, ergab sich jedoch, daß die Sehschärfe des früher besseren Auges nunmehr schlechter geworden war.

Mit einiger Wahrscheinlichkeit kann man sich über die Lokalisation der psychischen Unterdrückung des Netzhautbildes eines Auges und der analogen Erscheinung der hysterischen Amblyopie und Amaurose folgende Vorstellung machen. Das Netzhautbild des rechten Auges wird wahrscheinlich von der linken und jenes linken Auges von der rechten Hirnrinde psychisch wahrgenommen. Diese Erklärung ist nur dann annehmbar, wenn man mit Charcot annimmt, daß die im Cuneus anlangenden ungekreuzten Sehfasern weiter oben sich erst kreuzen. Es ist sehr leicht möglich, daß die im Handbuch der Anatomie von Testut abgebildete Faserverbindung zwischen beiden zentralen Teilen der beiden im Cuneus gelegenen Sehzentren dieser zweiten Kreuzung dienen. Auch könnten in dieser Fasergruppe jene Nervenfasern enthalten sein, welche die hirnanatomische Grundlage der Korrespondenz beider Netzhäute bilden. Eine, beide Netzhäute direkt verbindende Faserkommissur besteht bekanntlich nicht, kann mithin zur Erklärung dieser Korrespondenz nicht verwendet werden. Erst genauere pathologisch-anatomische Untersuchungen der hier in Betracht kommenden Hirngebiete kann uns weitere Aufschlüsse über die hier aufgeworfenen Fragen verschaffen.

Die Bedeutung von Konturen und Schatten zum Erkennen der Formen gesehener Gegenstände.

Bekanntlich kommt Konturen und Schatten beim Erkennen der Formen gesehener Gegenstände die größte Bedeutung zu. Wir sehen hier vom Erkennen der feinsten Niveau-Unterschiede ab, welche nur in dem mit Zapfen versehenen Netzhautteile erfolgt und welches hauptsächlich durch die Forschungen von E. Hering genauer aufgeklärt ist.

Damit die Form eines Gegenstandes richtig erkannt werde, müssen die in jedem Auge von der Außenwelt entworfenen Netzhautbilder von einander verschieden sein. Nur dann kann die Fusion der Bilder jedes Auges im Stereoskope uns die richtige Vorstellung der Form eines Gegenstandes erwecken, wenn diese beiden Bilder mit den Erinnerungsbildern (Mnemen) dieses Gegenstandes übereinstimmen. Unbewußt tritt während des Sehens der in stereoskopischen Tafeln dargestellten, uns bekannten Gegenstände eine Vergleichung der für jedes Auge bestimmten Bilder mit den gleichen Erinnerungsbildern dieser Gegenstände auf.

Stimmen beide mit einander überein, dann herrscht kein Zweifel darüber, welche körperliche Beschaffenheit der im Stereoskope dargestellte Gegenstand hat. Das richtige Erkennen von im Stereoskope dargestellten Körpern gehört mithin in das Gebiet der unbewußten Schlüsse.

Ein Beispiel möge dies näher klar legen. In Tafel III—IV ist eine abgestutzte Pyramide abgebildet, deren Spitze bei Verlängerung der Konture weiter vom Beobachter entfernt liegen würde, als die Basis der Pyramide. Man mag dieses einen Pyramidentrichter nennen. In Tafel III sind sowohl die Konture als die Schatten dieses Körpers richtig ausgeführt und erhält man dann bei der Fusion dieser Tafel im Stereoskope eine sehr klare Vorstellung von der richtigen Form des dargestellten Körpers.

Anders ist dies in Tafel IV, wo die Konture richtig dargestellt sind, aber die Halbschatten falsch dargestellt sind, so wie wenn dieselben bei einer Beleuchtung von rechts erhalten würde, während die Abbildung so ausgeführt ist (und auch so beobachtet werden soll), als wenn die Beleuchtung von links aus erfolgen würde. Auch hier wird die Form des Pyramidentrichters trotz der fehlerhaften Schatten richtig erkannt. Den Konturen kommt mithin, wie dies Helmholtz mit Recht gegen Panum behauptet hat, die Hauptbedeutung für das richtige Erkennen der Form gesehener Gegenstände zu.

Noch klarer tritt dies in der Tafel V—VI hervor. In Tafel V ist dieselbe Pyramide mit nach vorn gerichteter (durch Fortsetzung der Konture sich ergebender) Spitze dargestellt. Die nicht beleuchteten Teile der Pyramide sind in Halbschatten. Es kann kein Bedenken dagegen erhoben werden, daß hier die körperliche Beschaffenheit der Pyramide richtig erkannt wird. Dreht man die Tafel V um, so erhält man die Tafel VI: Die Konture sind hier richtig ausgeführt, die Schatten hingegen falsch. Man erhält bei der Fusion von Tafel VI den Eindruck, daß auf eine richtig dargestellte Pyramide die Schatten nicht der Realität entsprechen, sondern daß sie hier auf die hellen Flächen der Pyramide aufgemalt wären.

Man sollte glauben, daß es genügen würde, die beiden photographierten Bilder einer stereoskopischen Tafel mit einander zu vertauschen, um pseudoskopisch zu sehen. Dies gilt jedoch nur für den Fall, daß wir den dargestellten Gegenstand aus unserer Erfahrung sowohl im erhabenen als im vertieften Relief kennen, wie dies z. B. bei der abgebildeten Pyramide (Tafel III—IV und V—VI) der Fall ist.

Bringen wir aber an einer Tafel, welche einen Gegenstand, den wir nur im erhabenen Relief kennen, die Photographie des rechten Netzhautbildes auf die linke und jene des linken Netzhautbildes auf die rechte Hälfte der stereoskopischen Tafel an, dann sehen wir trotz der falschen Konture den dargestellten Körper nicht pseudoskopisch. Wir erhalten bei richtigen Schatten dann trotz der falschen Konture eine richtige Vorstellung der körperlichen Eigenschaften. Nur ist das Relief bei weitem schwächer, als es bei richtigen Konturen und Schatten uns erscheint. Es sind mithin in diesem Falle die Schatten für das richtige Erkennen der Körper maßgebend, weil unser Unbewußtes keine Erinnerungsbilder von Menschen, Pferden u. dgl. m. mit vertieftem Relief besitzt.

Als Beispiel hiefür diene Tafel VII—VIII. In Tafel VII sind spielende Kinder dargestellt, die bei der Fusion deutlich im Relief erscheinen. Bei der Vertauschung der beiden photographischen Netzhautbilder (Tafel VIII) erscheinen die Kinder gleichfalls körperlich. Aber die Deutlichkeit des Reliefs steht weit hinter jener von Tafel VI zurück. Es gelingt allerdings manchen Gelehrten (weil. Prof. Ewald) nach langer Übung von pseudoskopischen Abbildungen von Menschen, Tieren u. dgl. m., dieselben in Widerspruche zu den Erinnerungsbildern vertieft zu sehen.

Die Tafeln III—IV und V—VI sind in ungemein gewissenhafter Weise von Herrn Ingenieur Emile Horn in Paris ausgeführt worden. Die Tafel VII habe ich der stereoskopischen Darstellung von spielenden Kindern der Neuen Photographischen Gesellschaft A.G., Steglitz-Berlin 1906 entnommen.

Die Tafel VIII ergibt sich durch die Umstellung der beiden Bilder der Tafel VII. Für meine Versuche haben diese Tafeln sich als sehr wervoll erwiesen.

Dieser kurze experimentelle Einblick in unser unbewußtes Seelenleben wird, wie ich hoffe, den Wert der hier verwandten experimentellen Methode dartun. Sollte es mir gelingen, Freunde und Anhänger für diese experimentelle Methode zu gewinnen und damit Forscher zu weiteren Untersuchungen des unbewußten Seelenlebens zu ermuntern, dann hat meine Abhandlung ihren Zweck erreicht.

Anmerkung: Die stereoskopischen Tafeln sind so zu beobachten, daß die römische Zahl in dem unteren Teile der Tafel angebracht ist. Beobachter, deren linkes Auge eine wesentlich schlechtere Sehschärfe aufweist, als das rechte werden gut tun, die Tafeln I und II so zu untersuchen, daß die römische Zahl nach oben liegt. Die Doppeltafel III/IV ist so zu beobachten, daß durch die Einstellung der Zahl III nach unten sich die Tafel III, jene mit der Zahl IV nach unten sich die Tafel IV ergibt. Für die Doppeltafel V/VI gilt dasselbe: V nach unten bedeutet Tafel V, VI nach unten bedeutet Tafel VI. Behufs raschen Findens der Tafeln sind die Nummern auch an den Seiten angebracht. Zur Untersuchung dient das amerikanische Stereoskop mit verschiebbarer stereoskopischer Tafel (Modell von Dr. Holmes).

| MIX |
| Papier aus verantwortungsvollen Quellen |
| Paper from responsible sources |
| FSC® C105338 |

If you have any concerns about our products,
you can contact us on
ProductSafety@springernature.com

In case Publisher is established outside the EU,
the EU authorized representative is:
**Springer Nature Customer Service Center GmbH
Europaplatz 3, 69115 Heidelberg, Germany**

Printed by Libri Plureos GmbH
in Hamburg, Germany